低碳目标下的住区模式特征选择与碳排放行为机制研究

李建 × 马溪茵 × 陈青长 ◎ 著

辽宁大学出版社
Liaoning University Press | 沈阳

图书在版编目（CIP）数据

低碳目标下的住区模式特征选择与碳排放行为机制研究/李建，马溪茵，陈青长著. --沈阳：辽宁大学出版社，2023.6

ISBN 978-7-5698-1096-7

Ⅰ.①低… Ⅱ.①李…②马…③陈… Ⅲ.①城市－二氧化碳－排气－研究－中国 Ⅳ.①X511

中国国家版本馆CIP数据核字（2023）第023765号

低碳目标下的住区模式特征选择与碳排放行为机制研究

DITAN MUBIAO XIA DE ZHUQU MOSHI TEZHENG XUANZE YU TAN PAIFANG XINGWEI JIZHI YANJIU

出 版 者：辽宁大学出版社有限责任公司

（地址：沈阳市皇姑区崇山中路66号 邮政编码：110036）

印 刷 者：沈阳市第二市政建设工程公司印刷厂

发 行 者：辽宁大学出版社有限责任公司

幅面尺寸：170mm×240mm

印 张：19

字 数：310千字

出版时间：2023年6月第1版

印刷时间：2023年6月第1次印刷

责任编辑：李珊珊

封面设计：留白文化·张丹

责任校对：郭 玲

书 号：ISBN 978-7-5698-1096-7

定 价：98.00元

联系电话：024-86864613

邮购热线：024-86830665

网 址：http://press.lnu.edu.cn

前　言

城市的发展与人类行为活动产生的碳排放密切相关，减少能源消耗并有效减少二氧化碳排放水平已经成为城市规划学术界所关注的核心问题。住区作为城市功能主要构成单元，其既是城市空间碳排放的集中区域，也是居民生活的活动场所，降低住区能耗水平是实现城市节能减排和低碳化发展的重要实施手段和组成内容。基于我国当前快速城镇化阶段所出现的“高层高密度”现象盛行，需要对住区模式发展加以理论研究与实证分析，并通过解析住区模式对碳排放的内在影响机制，建立基于低碳目标的住区模式与碳排放行为相关性检验模型。

从城市形态的可持续发展趋势来看，未来城市规划需要融入生态、低碳和集约发展的要求，并应在空间规划中对住区模式评价做出系统考量和综合安排。基于低碳价值观的住区模式研究包含三大要素——物质空间环境、社会组织结构、能耗行为特征。对住区模式与碳排放特征综合评价研究，既是可持续发展思想的延伸，也是为住区模式低碳化发展提供可计量化的衡量标准。其中，住区物质空间环境是个体以及家庭能耗行为载体，交通出行和家庭直接能耗是住区能耗碳排放的主要来源，社会组织结构区隔化导致了不同模式类型下的碳排放差异性。

在住区空间模式类型研究中，将上海曹杨新村住区模式特征演化划分成三个历史阶段，并对其共时性形态特征与历时性演进逻辑加以总结。根据空间模式的演进方式，采用类型学谱系研究方法将其归纳成八种住区模式类型，分别是低层行列式、多层行列式、多层混合式、多层围合式、小高层行列式、小高层围合式、高层点式、高层独栋式。住区空间模式类型既是个体、家庭和住房因素的多样化组合表现，也是社会结构组织与能耗行为碳排放的物质载体。

结合GIS空间数据以及“六普”数据，从密度性、可达性、多样性三方面建构了住区模式的空间指标参数，并得出住区模式类型与密度指标、多样性指标是具有显著相关性的，且社会空间分异性显示出住区模式具有空间“筛选器”的作用机制。在上海曹杨新村住区模式的社会区隔化分析中，发现个体、家庭和住房的区段化分布特征。因此，居住空间的区段化分异现象是住区社会结构和组织关系维持、强化或类型重构的结果，也必然会对空间的行为碳排放产生影响作用。

在通勤交通出行非集计模型的低碳效应评价中，本研究发现，居民通勤出行方式选择以公共交通方式为主且具有时空替代效应，其与住区外部的城市功能结构、职住分离性等外部环境条件相关，且曹杨新村职住平衡、本地就业化以及完善的公共交通服务水平对于减少私家车使用具有显著性作用。在休闲出行行为SEM结构方程模型的低碳效应评价中，研究发现居民休闲交通出行方式选择不但具有个体偏好效应，同时还具有设施使用的集体关联效应。此外，曹杨新村土地混合利用方式以及完善的公共设施配套水平，使居民整体休闲交通出行具有低碳特征。因此，多种住区模式类型组合对于增加本地就业机会、提供多层次多种类的服务设施、减少交通出行能耗是一种有效的空间组织形式，同时它也将计划和市场两种不同空间资源配置方式有效加以平衡。在家庭直接能耗消费的多元线性回归中，家庭人口规模的影响作用最为显著，且住房面积对能耗消费具有边界锁定效应。在居民能耗时段行为特征方面，居住面积和能耗时段的乘数效应是导致家庭能耗高碳排的主导因素，且主体生活习惯对减少能耗碳排放尤为重要。

在住区模式类型与碳排放相关性研究中发现：不同模式下的人均通勤交通碳排放差异性特征不大。住区模式的人均通勤碳排放高低与公共交通站点可达性、出行结构（时间和距离）等因素密切相关，个人通勤出行碳足迹更多会与城市空间结构发生作用关系。不同模式下的人均休闲交通碳排放差异性较大，住区模式的人均休闲交通碳排放高低与居民年龄、职业、教育等社会因子以及私家车使用特征密切相关，个人休闲出行碳足迹会与社会经济要素发生作用关系。

在密度指标与家庭直接能耗碳排放评价中，呈现出区段条件下的人均碳排放非线性变化趋势，其是社会居民构成、家庭结构、住房使用等因子综合叠加作用后的空间碳排放投影。在可达性指标与交通出行碳排放评价中，服务设施种类、空间配置及交通设施可达性对于交通出行碳排放具有显著性影响作用，也是社会经济因素以及出行需求多样性叠加作用的空间碳排放投影。

最后，站在城市空间规划演进的历史视点上，住区模式发展选择需要面对“低碳导向、社会公正和生活质量”三方面的可续发展和价值平衡。住区模式既是物质的也是社会的，基于低碳目标的住区模式与碳排放行为相关性研究应首先明确碳排放内在的影响机制与边界条件，由此才能真正在低碳目标下建立一个可供未来住区规划模式选择的参考目标集。

作者

2022年8月

目　录

第七章 住区模式与行为碳排放特征评价

第八章 研究结论与展望

第一章　低碳城市与住区模式选择

1.1 研究背景与问题提出

1.1.1 研究背景

2009 年 12 月，联合国在丹麦哥本哈根召开气候变化大会，此后，低碳发展成为全球关注的焦点热点问题，以低能耗、低排放、低污染为基础的经济发展模式成为全球经济发展的新趋势。2009 年 7 月召开的八国集团首脑会议上，17 国领导人共同发表宣言，到 2050 年全球的温室气体排放量应减少至 50%，发达国家的温室气体排放量应在 1990 年或其后某年的基础上减少 80%，借此希望将全球平均温度比工业化前的升幅控制在 2℃以内。中国在哥本哈根会议前夕也作出了承诺，正式发布了《中国应对气候变化国家方案》，并正式对外公布到 2020 年将单位国内生产总值的 CO_2 排放比 2005 年下降 40%~50%。我国改革开放以来，从 1978 年至 2012 年，我国城市人口数量从 1.72 亿增加到 6.9 亿，城镇化率也由 17.92% 上升到 51.27%，与此同时，排放 CO_2 总量占全球的 2/3。若按照惯性发展速度不采取应对措施，中国 CO_2 排放量从 2035 年至 2045 年将达到顶峰，城市 CO_2 排放量则将增加到 90%。由此可以看出，我国需要改变传统的城市发展模式来避免“高碳”城市所带来的各种灾难风险，因此，如何结合低碳城市建设工作来推动产业升级优化、生态环境修复、能源结构调整、城市品质提升，实现可持续的城市发展模式，既是一项巨大的挑战，也是千载难逢的发展机遇。

1.1.2 问题提出

而对于变革时代下的我国城市规划建设来说，基于低碳发展目标下，中国城市规划者要清楚地认识到：快速城镇化及产业结构转型要求我们必须改变现有“量”上扩张的发展模式，转向于“量”和“质”协调发展、有序并进的发展模式。而对低碳背景下的生态城市发展的理论探寻和实证研究，既要符合国际发展的趋势规律更要符合中国国情，中国未来城镇建设路径又要在低碳发展的大背景下以生态及可持续发展价值观来加以指导。另外，不同于西方“先工业化、城市化，再追求生态文明”的发展路径，顺应新能源革命、新产业革命和新生活方式革命是我国低碳城市建设内容的最为关键的组成部分，也是决定低碳经济发展、低碳社会实现的重中之重。另外，需要进一步指出的是，传统城市规划核心内容一直关注城市空间结构、用地人口规模、开发强度与密度等规划建设管理控制性因素，而对于城市密度和强度与人居环境公平性、效率性、舒适性之间关联的深入思考却较少。在全球日益重视低碳生态城市建设的新背景下，城市规划需要进一步拓展理论视野和研究范畴，围绕空间规划这一主题，对人与行为空间的低碳特征进行系统考量，在规划中融入生态、低碳、集约的发展要求。

1.2 概念界定与研究对象

1.2.1 模式理论与住区模式概念

（1）“模式”理论与语言研究

“模式”的定义：其原意为事物的标准样式（《现代汉语词典》）；在《说文解字》中，解释为“模，法也”。亚历山大认为，在人们的日常生活中，存在着大量的事件，而频繁发生的事件在特征上总是相似的，这就是事件的模式。事件模式支配着人们生活的各个方面，复杂的生活其实是由少量的人们一次次参与的事件模式所组成的。事件模式不能与它们发生的空间相分离：事件总是在空间中发生，而空间又总是存在着事件的空间。

因此，发现模式的过程实际上是寻找引起空间感受的一系列事件及其相关关系的过程。模式研究的过程即是将抽取出来的要素加以特征分析和类型归纳。这种转换不同于对空间数学意义的精确描述，而是需要将空间直觉转化为类型联系。一旦发现并确定某一模式之后，便是对该模式的评价。模式的评价要求源于真实、整体的感觉。类推法和隐喻法是建筑模式语言的基础，“原型化”使得模式语言有了更强的外延性和适用性。建筑模式语言的研究方法就是将空间形态和规划设计问题分解成一系列元素，然后再根据形式需要对它们重新加以组合，并形成新的“模式”。

（2）“模式语言”与住区模式

亚历山大所提出的“无名特质”是不能够通过语言进行精确描绘的，而这所谓的“无名特质”却又难以真正地指导规划实践。按照他的理论逻辑，一个建筑基本由几十种模式所限定，而一个城市最多则由几百种模式所限定。模式有巨大的力量与足够的深度，它们有能力创造无穷的变化，“它们是人造世界的原子”。由此来看，无名特质从本质上来说是对复杂系统生成问题的哲学反思，但核心思想却体现了一种“和谐”。对于规划设计来说，则需要参与主体关注能够容易被感知的东西，当对空间进行规划时要从具体的对象入手，如街区、地标、公共开放空间等，模式语言则是个各种各样关系的组合和实践法则。

从“表象—内涵”的联系方式来看，运用模式语言可以将复杂的人居环境系统分解为一系列可控的“子系统”。在住区模式规划设计中，模式语言则用来沟通“住区类型”与“行为特征”之间的相互作用关系。因此，住区模式语言源于对住区中人地之间作用关系的总结归纳，并通过“共时性”拼贴和“历时性”演变来概括抽象成图式语言，它将城市形态表象、要素组合方式以及表象背后的社会经济组织联系在一起。住区模式作为直接面向物质空间形态的“经验图示”，通过类型转译可以概括成既具有空间形态特征又同时反映社会结构分布的模式类型。

1.2.2 低碳发展与住区模式相关性研究

（1）低碳发展价值观辨析

低碳发展与可持续发展在发展价值观方面是具有高度关联性的，主要体现在以下几个方面。

首先，从可持续发展与低碳发展理念出现的时间及相关背景来看：可持续发展这一概念最早是在 1972 年斯德哥尔摩举行的联合国人类环境研讨会上被提出的，此后可持续发展涉及了自然、环境、经济、科技、政治等诸多方面；从全球绿色建筑发展过程的时间大事表来看，低碳发展理念最早源于环境保护问题，最早是由英国工程师 Callendar 提出了全球变暖的议题，但真正提上国际议题日程的标志性事件却是 1997 年在日本京都通过的《京都议定书》，虽然低碳思想最早应用于经济领域，但随后其扩展到社会人文、生活方式、交通出行等各个领域，低碳研究成为 21 世纪各国学者在城市各研究领域的热点问题。

其次，从对城市建成环境的认知范畴来看：可持续发展思想认为城市建成环境不应仅仅关注于物质形态方面的建设，同时还应从经济、社会、文化诸多方面以多维度、多尺度及政策实施角度加以理念拓展，并实现城市的经济—社会—环境三者整体协调发展；低碳发展思想则认为城市建成环境不仅仅是能源系统减排、低碳技术应用、产业结构优化等经济领域的问题，同时还与城市社会发展模式及资源环境约束密切相关。因此，二者对于城市环境的认知结构都突破了物质范畴，在强调经济环境发展的同时还应关注其与社会环境、生态环境的协调。

最后，从发展议题所体现的核心价值观来看：可持续发展思想主要关注的是人类在资源使用和环境保护二者之间如何加以有效平衡，可持续发展价值观的本质是既满足当代人需要又不影响后人；而低碳发展思想则是基于全球环境变暖的时代背景下，各国开始关注通过各种技术与发展策略来减少人类社会的碳排放，低碳发展价值观的本质是将人类发展中的能源消耗及二氧化碳排放对环境影响的程度降到最低。低碳发展无疑将是 21 世纪人类发展的核心议题，而低碳发展与可持续发展对于环境保护与资源利用方面的核心价值观是具有高度一致性的。

（2）低碳目标下的住区规划内涵

上文提到，可持续发展思想对于住区规划建设发展价值观是具有重要理论指导意义的，住区作为城市构成的基本单位，无疑承载了城市可持续发展及低碳发展的空间主题。低碳目标下的住区发展则从碳排放角度阐述了住区发展路径以及可量化程度。同时，可持续发展在物质空间层面所提出的紧凑空间、功能混合、住区规模控制等发展策略，对于减少住区碳排放具有同样的实践指导性意义。

（3）住区模式与碳排放特征相关性

如果说低碳发展目标对住区发展从价值观以及实践方法上提供了理论依据，那么对于住区模式的“高碳”与“低碳”判别则需要从碳排放特征加以综合比较，在这之后才能实现对低碳目标的科学评价。需要加以说明的是，住区碳排放计算本身并不涉及“强度”这一概念，但从评价角度来说则必须要结合碳排放计算来比较住区模式的碳排放差异性特征。一直以来，规划界对住区碳排放的“高”“低”判断往往是从住区物质建设以及开发强度来思考的，但实际上当真正界定何为“高碳”或“低碳”时，我们必须要对住区能耗主体的行为碳排放变化加以定量分析。

从住区全生命周期来看，住区的碳排放特征受到物质环境与行为规范双向合力作用，住区能耗碳排放变化不但具有动态特征，同时居民能耗行为还受到具体环境因素的限制性作用。正因如此，住区模式低碳发展路径所涉及的不仅仅是对物质环境发展观的转变，还包括了社会低碳的转型策略。另外，即使住区空间规划可以在短时间以及大范围内通过物质干预和技术优化实现碳排放的减少，但对个体行为节能减排和低碳生活认知提升的实施效果却要复杂得多。因此，随着地理时空结构的不断延伸，空间碳排放在不同层次水平上所涉及的主体角色会愈发多元化，这也意味着低碳目标导向下的住区模式评价将更加趋向于物质与社会的有机统一。

综上所述，住区模式源于人们对物质空间形态的定性描述和主观认知①，低碳目标下的住区模式与碳排放特征评价可以从以下四方面加以理解：

第一，从可持续发展角度来看，住区碳排放的高低程度受到住区模式特征多方面因素的影响，住区模式特征主要包括物质因素、社会因素、行为因素，这三方面因素与住区人居环境低碳发展是密切相关的。

---

①通常我们对住区模式的定义多是从密度现象加以阐释的，作为住区模式研究的重要物质载体——密度，其所承载的社会意义是深刻的，密度指标可以反映街区活力、就业环境、生活交往、出行选择等一系列社会现象，也是对一定空间范围内土地使用强度与人口规模的定量描述与可接受程度的判断。

第二，从行为地理学角度来看，住区居民能耗行为既具有偏好选择行为的个体差异性，同时又具有空间制约条件下行为发生的集体关联性，住区物质空间环境与低碳认知观念决定了居民能耗行为的碳排放特征。

第三，从住区能耗运行角度来看，现有国内大量住区碳排放计算都是从住区建筑材料和建造角度进行的，而基于居民主体能耗行为下的碳排放特征评价却并不多。因此，住区模式与碳排放特征综合评价，在模式要素考察方面既要有空间性内容也要有社会性构成意义。

第四，只有深入挖掘住区物质形态背后的社会结构关系，以及由于社会组织结构分异所导致的行为碳排放差异性影响机制，才能从本质上解释住区模式与碳排放之间的相互作用关系，进而对基于低碳目标下的住区发展模式提出具体建议。而住区模式的低碳发展目标不仅是对其碳排放状态的定性描述，同时也是对碳排放量减少的行为过程定义。

1.2.3 实证研究对象

本研究以上海曹杨新村作为研究对象并加以实证分析的原因在于：

首先，从住区空间布局角度来看，它是以“邻里单位”理论原型为指导进行规划设计和建造的新中国第一个工人新村，其住区内部具有较为完善的公共服务配套设施体系与层级明晰的空间结构。另外，曹杨新村内部因地制宜形成的环滨公共空间网络以及对外便捷的公共交通组织系统，对居民住区内部的绿色交通出行以及住区外部的公共交通出行具有较强的空间引导性。

其次，从住区形态模式演进特征来看，在六十多年住区有机更新过程中，它形成了多层次、多样化的住区空间模式，同时多种住区模式类型的组合拼贴和土地混合使用促进了社会多样性的生长。从其区域位置条件来看，上述住区演进特征与模式类型混合不但实现了不同社会阶层对住房的多样化需求，同时也有利于住户和就业岗位在城市尺度层面的就近分布。

最后，从调查样本的分布特征来看，曹杨新村的个体社会经济特征、家庭结构特征、住房使用特征等自变量数据的分层结构对于空间能耗行为及碳排放分布具有较好的解释力，同时也便于数据相关性检验及建模回归的定量研究工作。

1.3 研究设计：数据与方法

1.3.1 调查点选取组织

问卷调查的方法是基于行为地理学的科学研究方法展开的，对于研究中需要的量化数据则采用问卷调查的方式来获得。一般来说，实证研究主要分为定性研究（Qualitative Research）和定量研究[①]（Quantitative Research）两大类，本研究则主要采用以定量研究为主、定性研究为辅的研究方法。采用问卷进行数据搜集方法需要关注以下几个方面：

一是调查目标明确，基于低碳城市目标下的住区模式研究，需要对影响住区碳排放的个体及家庭特征数据加以简化提炼；

二是问卷抽样和发放需要符合科学抽样操作方法；

三是确保研究样本数量足够大以及实施方法的严谨性，在此基础上才能保证调查样本所得到的分析结果能够扩展到研究总体；

四是问卷数据中的编码和取值要便于被访者理解与选项填写；

五是整体问卷数据结构中的变量应符合因果逻辑关系，对于个体社会经济特征、家庭特征以及住房特征变量来说，其作为后续交通出行、家庭能耗行为以及服务设施使用的行为模型建构的自变量主体，要能够保证不同组别、不同类型的行为主体对行为模型回归检验具有较好的解释性和碳排放影响机制的差异性。

1.3.2 调查问卷模块开发

（1）问卷设计步骤

本研究对于问卷量表的开发以及变量设定具体工作步骤如下（见图 1.1）：

---

①定性研究又称“质化研究”，是指解释、建构或归纳物质自然环境下活动主体——人的各种行为现象，其主要是对复杂并具有全局联系特征的空间行为通过文字描述的方式加以归纳总结。定量研究则主要是指对各种行为数据的实证研究或经验研究，并基于统计变量的数理分析检验理论进行变量之间的假设关系验证，在研究分析过程中分成描述性统计分析、相关性假设关系、数据模型建构三个阶段，其也反映出科学研究由表及里、由现象到抽象的理性研究方法。

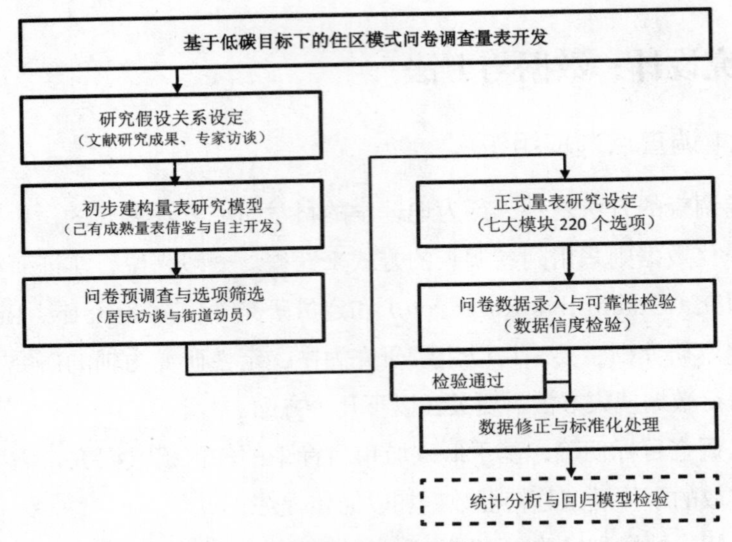

图 1.1　问卷量表开发的具体工作步骤

第一步，在阅读大量相关文献以及研究结论的基础上，通过专家访谈以及初始问卷调查对变量选取以及选项设置进行可行性分析，并根据访谈以及问卷预调查结果对初始问卷变量加以筛选和指标剔除。

第二步，结合初步问卷设计与调查结果进行正式量表的开发，并确定了问卷结构的主要模块调查内容和变量类型，进一步对量表数据之间的相互关联性结构以及检验标准加以明确，同时在居民个体社会经济特征、家庭特征以及住房特征三个基本模块设定上不仅参考了国内外已有的成熟量表标准，还结合基于低碳目标下的住区模式研究内容加以修正。

第三步，为了保证量表开发的科学有效性和数据分析可靠性，在问卷数据进行正式分析之前对其进行信度检验，根据检验结果最终确定本研究所需要进行统计分析的调查选项。

综合以上工作思路和实施步骤，本研究最终确定了四个问卷调查模块和 220 个指标题项，其中态度感知评价模块是主观抽象的并且无法直接测量的，本研究对其变量采用了分级打分的方式加以测度，而交通出行模块、家庭能耗模块属于多维调查变量，其需要在该模块维度中对类型变量加以概念分解与内容设定，最终的指标选项内容能够符合研究后续对数据的进一步转换处理和回归模型检验。

（2）问卷设计模块

基于低碳目标下住区模式碳排放特征研究的核心内容是居民及家庭有关碳排放行为的相关因素调查。因此，本研究的问卷结构共分成了五个基本信息模块，分别是社会特征模块、交通出行模块、设施使用模块、家庭直接能耗模块以及行为态度感知评价模块（见表 1.1）。

表 1.1　调查问卷五模块分类

统计模块	调查内容
1. 社会特征模块	人口社会经济特征
	家庭结构特征
	住房使用特征
2. 交通出行模块	个人日常通勤交通出行结构
	个人日常休闲交通出行结构
	公共交通出行特征
	私家车使用特征
3. 设施使用模块	住区内部服务设施使用频次特征
	住区外部服务设施使用频次特征
	日常生活步行到最近生活服务设施时间
4. 家庭直接能耗模块	家庭直接能耗消费支出
	采暖降温行为特征
	家用电器拥有状况
5. 行为态度感知评价模块	住房居住满意度评价
	步行出行环境满意度评价
	公共设施使用问题感知评价
	低碳节能行为能力

本研究拟结合住区模式类型研究结论，对不同的住区模式下居民碳排放特征加以比较研究，进而从空间行为发生的多元化行为主体以及相关碳排放行为角度，将模式类型特征与碳排放计算及影响因素建立解释关联。

（3）问卷变量说明

本问卷量表调查包含五个基本构成模块、104个初始变量（见附录A）。问卷量表的变量属性包括变量名称、变量类型以及初始变量选项说明。对于分类变量来说，编码设定应尽量符合研究目的以及规范性要求，特别是活动类型编码的设定要结合行为方式、活动内容、功能需求等因素加以选项编码。

1.3.3 调查结果及处理方式

由于调查问卷在数据录入时采用的是二维表格数据信息，为了便于数据的查询分析，将问卷数据与GIS平台相链接，对于数据库建构以及数据处理如下：

首先，在数据管理（Data Management）可靠性分析方面，在进行变量间显著性相关性分析以及假设关系设定之前需要对整体数据结构进行整体信度检验，即针对问卷的分类模块的标准化α系数[①]判别标准加以确定（见表1.2）。

表1.2　量表信度指标值的标准化α系数判别标准

内部一致性α系数值	分量表信度
0.900以上	非常理想
0.800~0.899	甚佳
0.700~0.799	佳
0.600~0.699	尚可
0.500~0.599	可以但偏低
0.500以下	欠佳最好删除

①常用的信度检验可采用多种信度检验方法，如折半信度（Split Half Reliability）、库德理查森信度（Kuder Richardson Reliability）、克伦巴赫系数（Cronbach's α）等。本研究采用标准化α系数（也称“克伦巴赫系数”）是由于时间和调查对象的一般性，使得对样本无法进行重复测试。该系数由Wortzel在1979年最早应用于社会学研究，他指出α系数越高则说明问卷中的每个分量表的信度就越高，若问卷中选项未达到标准要求则应当考虑予以删除并保证整体数据的一致性提高。另外，美国统计学家Jeseph F. Hair，Ronald L. Tanthan以及Willian C. Black共同指出，当α系数>0.7时表明量表数据信度较高，α系数>0.6时表明量表数据是可靠的，α系数>0.5时表明量表数据信度不高需要修改问卷。本研究则采用α系数>0.5来判断问卷中各分量表的整体信度。

虽然问卷设计和调查过程中对数据可靠性进行了严密监控，但在回收的数据中不可避免会存在着数据错漏或是逻辑错误问题，因此在数据进行正式计量分析之前要对数据内部结构的信度加以检验，从而保证数据分析结果的准确度和科学性。从问卷数据的各分类统计模块的内部一致性 α 系数值来看，五个统计模块的可信度基本符合量表信度的科学规范性要求（见表 1.3），其中公共服务设施使用问题感知评价选项可信度稍差，其他问卷选项则基本列于尚可与甚佳标准之间，检验结果说明问卷数据的可靠性较高。

表 1.3 住区模式调查问卷中分类模块数据的信度检验结果

住区模式分类特征统计模块		内部一致性 α 系数值	可信度标准判别
1. 社会特征模块	人口社会经济特征模块	0.629	尚可
	家庭结构特征模块	0.521	可以但偏低
	住房使用特征模块	0.647	尚可
2. 交通出行模块	个人日常通勤交通出行结构	0.773	佳
	个人日常休闲交通出行结构	0.773	佳
	公共交通出行频次	0.595	可以但偏低
	私家车使用特征	0.862	甚佳
3. 设施使用模块	住区内部服务设施使用频次特征	0.668	尚可
	住区外部服务设施使用频次特征	0.642	尚可
	日常生活步行到最近生活服务设施时间	0.844	甚佳
4. 家庭能耗模块	家庭直接能耗消费支出	0.726	佳
	采暖降温行为	0.533	可以但偏低
	家用电器拥有状况	0.783	佳
5. 满意度及行为感知评价模块	住房居住满意度评价	0.960	非常理想
	公共服务设施使用问题感知评价	0.375	欠佳最好删除
	步行环境满意度评价	0.883	甚佳
	低碳生活行为能力	0.779	佳

其次，在数据分布的完整性方面，本研究对于一些数值变量如个人年龄、经济收入、家庭人数、设施使用频次等需要加以数据结构的正态分布检验，其多采用 P-P 图、箱式图、直方图等对样本数据的累计概率做出判断。统计数据正态分布是统计分析的基础，相关性检验、方差分析、回归分析等统计方法要求指标必须要服从正态分布。但对于本研究来说，由于数据样本数量本身较大且误差分布在可控制范围之外，因此数据正态分布要求只能说是近似而不是绝对。

最后，在数据链接方面，空间管理单元的物质社会属性信息是以小区边界进行加载的，为了确保调查问卷的数据与空间数据库的对接，在问卷调研中的小区 ID 编号上必须保证和空间 ID 编号的一致性，即被调查的 54 个小区数据查询最终可以达到两个数据库之间的相互交换和扩展分析要求。

1.4 研究技术路线

基于低碳目标下的住区模式与碳排放特征评价研究需要从低碳价值观判断、住区模式划分、行为模型建构、碳排放量估算、住区模式与碳排放特征评价五个阶段加以展开，见图 1.2。

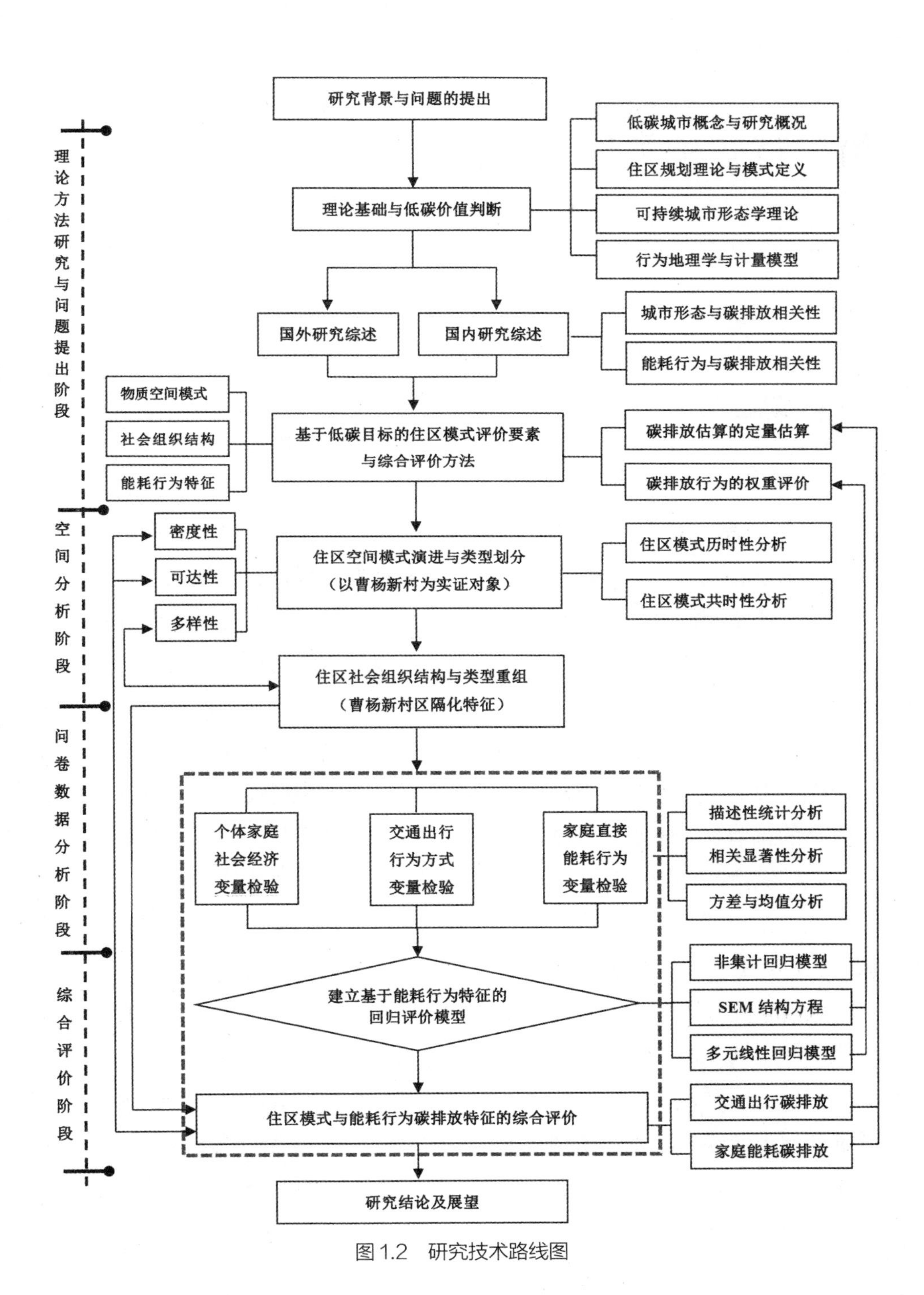
研究背景与问题的提出
理论方法研究与问题提出阶段
低碳城市概念与研究概况
住区规划理论与模式定义
理论基础与低碳价值判断
可持续城市形态学理论
行为地理学与计量模型
国外研究综述
国内研究综述
城市形态与碳排放相关性
能耗行为与碳排放相关性
物质空间模式
社会组织结构
能耗行为特征
基于低碳目标的住区模式评价要素
与综合评价方法
碳排放估算的定量估算
碳排放行为的权重评价
空间分析阶段
密度性
可达性
多样性
住区空间模式演进与类型划分
（以曹杨新村为实证对象）
住区模式历时性分析
住区模式共时性分析
住区社会组织结构与类型重组
（曹杨新村区隔化特征）
问卷数据分析阶段
个体家庭
社会经济
变量检验
交通出行
行为方式
变量检验
家庭直接
能耗行为
变量检验
描述性统计分析
相关显著性分析
方差与均值分析
综合评价阶段
建立基于能耗行为特征的
回归评价模型
非集计回归模型
SEM 结构方程
多元线性回归模型
住区模式与能耗行为碳排放特征的综合评价
交通出行碳排放
家庭能耗碳排放
研究结论及展望

图 1.2　研究技术路线图

第二章　相关理论研究

2.1 低碳城市

2.1.1 低碳城市的定义

目前，学术界对于低碳城市（Low-carbon City）的定义有很多理解。部分国内学者认为，低碳城市即是在城市实行低碳经济，实现低碳生产和低碳消费，建立资源节约型、环境友好型社会，建设良性的可持续发展的能源生态体系；也有学者研究认为，低碳城市是以低碳经济为发展模式及方向、市民以低碳生活为理念和行为特征，城市管理以低碳社会为建设标本和蓝图的城市；同济大学诸大建认为低碳城市指的是经济增长与能源消耗增长及二氧化碳排放的相对脱钩，即碳排放的增长相对于经济增长或者城市发展是相对较小的正增长，属于相对脱钩，若零增长或者负增长，属于绝对脱钩。可见，低碳城市就是旨在为低碳经济提供城市空间和物质载体，通过最大限度减少城市温室气体排放，形成结构优化、提高能效的经济模式，构建健康、低碳、适宜生活与消费的模式，最终实现城市的可持续发展。

低碳经济虽然强调实践生态文明时代人与自然“两个中心”协调、“两种价值”并重的理念，但人们在实践中逐步发现，低碳经济只解决生产领域减少碳排放的问题，其他领域的主体也应该有所作为。低碳经济、低碳社会、低碳交通、低碳社区、低碳家庭等一系列概念最终聚焦到低碳城市。从这个意义上讲，低碳城市实质上就是城市尺度的生态文明形态，是具有生态文明时代特征的城市发展模式。

2.1.2 国外低碳城市的研究体系

低碳城市是低碳经济、低碳社会的空间载体。国外学者以稳定自然生态系统、降低碳排放为核心，从城市学、地理学、环境学、生态学、社会学和经济学等多个学科对低碳城市进行了深入研究。秦耀辰等人从城市中的“碳转移与控制”过程中碳排放、碳循环与碳代谢、碳规划与碳管制为切入点，系统梳理了西方学者的低碳城市研究体系。

城市碳排放的影响因素分为宏观和微观。外在的宏观因素包括城市化导致的人口和经济增长、城市扩张、低碳技术、低碳城市政策和体制创新，以及城市所依赖的能源结构等。有研究表明，不同地区碳排放量与人均 GDP 之间存在 N 型、线性和倒 U 型关系；城市的有效扩张引发城市格局和功能的变化，将导致碳排放时空分布模式和构成也发生变化；先进的碳排放技术可直接影响城市生产和能耗消费的碳排放量及成本，城市政策是追求可持续发展和实现低碳排放的有效手段。而微观因素则能从根本上影响城市的碳排放量。

低碳城市环境管治以环境经济地理学为基础，把城市环境置于市场平台，分析碳排放的收益与成本，探索合适的低碳城市发展途径，即将自然与经济相结合，站在经济、生态、技术、管制的角度去关注碳抵消、碳交易等减碳项目的成本、效益及背后的空间机制。Caetanoa 等认为，运用碳金融、碳贸易等市场手段，可使 CO_2 得到有效减排。从技术经济角度看，Manne 等发现内生新、技术学习、政策诱发的技术变革在减少碳排放量的同时降低了排放成本；从管治层面说，Bailey 等认同政府、企业、个人重要的作用，并认为不仅要考虑市场环保论、新环境政治工具的运用，也要考虑不同区域的社会文化特性，以及各种机制适用的空间尺度。

2.1.3 国内低碳城市研究概况

目前，低碳城市已成为城市发展理论研究的热点课题。主要观点如下：

第一，为什么要建设低碳城市。绝大部分学者认为，城市作为人类活动的中心，是人口、建筑、交通、工业和物流的集中地，也自然是高耗能碳排和高碳排的集中地，是国家低碳发展的核心区域。

第二，关于低碳城市的内涵。学术界对于低碳城市内涵的认识经历了一个逐步深化的过程，其研究从生产领域逐步向消费、建筑、交通、社会文化及城市管理、政府决策等领域延伸。中国能源和碳排放研究课题组（2010）的观点具有一定代表性：低碳城市是以低碳经济为发展模式和方向、市民以低碳生活为理念和行为特征、政府公务管理层以低碳社会为建设标本和蓝图的城市。

第三，低碳城市的发展目标。黄辉等学者认为，低碳城市的本质是如何处理人与环境和谐发展，低碳城市建设追求的目标是如何在经济增长和城市发展的过程中降低碳排放量。何涛舟、施丹峰认为，低碳城市建设的最终目标是达到碳源小于碳汇。张莉侠依据美国经济学家格鲁斯曼的"环境库兹涅茨曲线"理论，指出经济增长与环境质量存在关系，碳排放减少需要有经济发展水平和人民收入提高作为支撑。单晓刚则肯定了"碳减排"目标，并提出以城市为单位进行"碳补偿"。

第四，低碳城市的衡量标准。对于低碳城市的标准，目前的研究基本上处于定性研究阶段，而定量研究较少。诸大建、陈飞认为，低碳城市表现在城市发展或经济增长与 CO_2 排放趋于脱钩，表现为两个方向：一是 CO_2 排放与经济增长绝对脱钩，即 CO_2 排放随经济增长表现为负增长；另一种是 CO_2 排放仍然是正增长，但是排放的速率低于经济增长或低于不采取政策措施的所谓基准情景（BAU），这是相对脱钩的低碳城市。

第五，低碳城市建设的路径。尽管学者们的切入视角不同，但都以降低碳排放为中心，从源头上关注能源结构，过程上关注技术进步，使用上关注社会性节约，出口上关注增加碳汇。刘志林等将低碳城市划分为低碳经济和低碳社会发展两个层面；倪外、曾刚认为构建低碳城市发展路径包括低碳建筑、低碳交通、低碳产业、低碳能源、低碳消费、碳捕获与封存技术，以及低碳管理与制度等七个方面；王可达认为，低碳城市的构成包括绿色能源、清洁技术、碳规划、低碳建筑、低碳消费、低碳制度。

2.1.4 国内外学者关于低碳城市评价指标的研究现状

量化、微观、细分、解析一直是西方学者的主流研究方法。从西方的低碳城市研究体系看，对城市碳排放因素、碳管理效应及碳循环代谢进行量化分析贯穿于西方学者低碳城市研究的始终，并形成了一系列分析模型，见表 2.1。

表 2.1　西方学者低碳城市研究模型与方法分类

<table>
<tr><th colspan="2">分类</th><th>代表模型方法</th><th>简单描述</th><th>代表人物</th><th>典型代表模型评述</th></tr>
<tr><td rowspan="5">城市碳排放因素分析</td><td rowspan="3">指数因素分解法</td><td>Laspeyres 指数法</td><td>以基期数量指标作为权重，其他变量不变</td><td>Park S H</td><td rowspan="5">对数平均权重（LMDI）指数法是一种对数平均完全分解方法，是从城市一区域层面研究低碳城市模型的核心方法。该方法弥补了解释残差的缺陷。但是该方法也存在诸多缺陷，比如仅从能源消费（排放）总量、结构。强度等因子分析直接碳排放，缺乏对其背后影响机制的探究，也无法核算不同城市之间、不同产业之间的碳排放</td></tr>
<tr><td>简单平均分解法（SAD）</td><td>用研究变量始年和末年的某种平均值做权重，LMDI 法得到广泛应用</td><td>Boyd G A
Ang B W</td></tr>
<tr><td>自适应权重分解法（AWD）</td><td>利用时间段内积分求平均值</td><td>Liu X Q
Ang B W</td></tr>
<tr><td>结构分解法</td><td>部门投入产出模型</td><td>将碳排放分解为产业部门的排放系数、投入产出系数、最终消费比例以及总产值等因子的乘积</td><td>McGregor G
Swakes J K</td></tr>
<tr><td>完全分解法</td><td>Kaya 恒等式</td><td>将经济、人口、政策同碳排放量联系起来</td><td>Kaya Y</td></tr>
<tr><td rowspan="6">低碳生态城市模型</td><td rowspan="3">城市碳循环</td><td>碳通量平衡模型</td><td>计算城市生态系统中生产、分解、输出以及土地利用变化引起的碳排放</td><td>Svirejeva H A</td><td rowspan="6">Hybrid-EIO-LCA 方法是从城市层面研究低碳城市模型的核心方法。该方法融合生命周期与投入产出方法的优点，既能分析单个产品从“摇篮到坟墓”的环境影响，又能结合稳定的环境账户数据，研究中观（部门）水平所有经济活动的碳排放量。混合碳足迹法的理念比较科学，将自上而下方法与自下而上方法整合；核算项目比较齐全，既考虑直接碳排放，也计算了间接碳排放；但是，该方法对数据质量要求高，不仅要有详尽的统计数据，也要有可靠的调查数据，因而应用成本较高，操作流程复杂</td></tr>
<tr><td>涡度相关模型</td><td>直接计算城区地面—大气中的 CO_2 交换量</td><td>Grimmoda B</td></tr>
<tr><td>双参数“Γ 分布”模型</td><td>估算人口密度和城市扩张面积，进而估算城市碳排放量</td><td>Svirejeva H A</td></tr>
<tr><td rowspan="3">城市碳代谢</td><td>生命周期分析（LCA）</td><td>用于分析单个产品从“摇篮到坟墓”的环境影响</td><td>Tukker A</td></tr>
<tr><td>环境投入产出法（EIO）</td><td>结合稳定的环境账户数据，综合估算碳足迹</td><td>Leonthef W
Wiedmann T</td></tr>
<tr><td>混合分析法（Hybrid-EIO-LCA）</td><td>综合使用生命周期法和环境投入产出法</td><td>Heijungs R</td></tr>
</table>

续表

分类		代表模型方法	简单描述	代表人物	典型代表模型评述
低碳城市空间规划	情景分析法	情景分析法	确认未来可能发生的态势，描述各种态势的特征及发生的可能性，分析各种态势的发展路径	Shinada K	城市规划 CA 模型是一种时间、空间、状态都离散，空间相互作用和时间因果关系皆局部的网格动力学模型，是目前从城市空间层面研究低碳城市的核心模型。其特点是通过简单的局部转换规则来模拟出复杂的空间结构，充分体现了“复杂结构来自于简单子系统的相互作用”这一复杂性科学的精髓，适用于具有复杂时空特征的城市规划研究。但是，这一模型忽略了宏观决策对城市空间形态演化的影响，低碳城市建设不是一个简单的时空概念，将这一模型运用到低碳城市的研究中具有一定的局限性和片面性
	系统动力学模型	FML 模型	基于 SD 模型，研究和调控复杂反馈系统	Fong W K	
	城市 CA 模型	城市规划 CA 模型	基于 CA 模型，模拟和预测城市空间形态的变化	Li X	
低碳环境管理	自下而上模型	长期能源规划模型技术（LEAP）	以能源需求、消费和环境影响为研究对象，预测其影响，分析能源方案的经济效益	Shin H C	CGE 模型的优点在于能全面分析经济系统，通过模型参数和外生变量的设置，不仅能描述城市碳排放的基准情景，模拟城市碳排放量、部门碳减排量、控制成本等问题，还可以探析能源需求变化。该模型的不足在于：假设条件多，适用于市场体制发育完善的区域；模型参数多，缺乏统一的标准，大量的估测数据难以保证部分参数的有效性；对技术进步的考虑不够，不能控制技术进步对经济的影响
	自上而下模型	可计算的一般均衡模型（CGE）	基于经济学一般均衡理论，模拟能源、经济、环境之间的关系	Ghi G S K	
	混合模型	Markal-Macro 模型	将代表经济系统的宏观经济模型与代表经济系统的市场分配模型相结合，探讨 CO_2 减排的影响	Contal di M	

资料来源：根据秦耀辰、张丽君等（2010）《国外低碳城市研究进展》一文整理所得。

这些模型与方法尽管在揭示二氧化碳排放、管理、控制机理方面从不同角度作出了重要贡献，特别是对自然过程的碳循环有较为深入的研究，但测度模型多应用于经济学、环境学、系统学等不同学科领域，除了在应对气候变化这一点上具有相同的出发点外，各自的理论基础、空间尺度、学术背景相距甚远，其学术成果很难整合，且由于城市本身的复杂性，这些研究还远不能为低碳城市提供一个可以有效指导低碳城市建设实践的量化目标。

2.2 城市形态与碳排放相关性研究

2.2.1 城市形态学概念

城市形态为测度城市空间变化提供了很好的研究视角。城市形态的研究是城市科学的重要组成部分，是众多相关学科共同参与的研究领域，体现出很强的开放性特征，方法论呈现出多样化和多元视角，具有多重主体的趋势。参与研究的相关学科和分支之间具有密切的联系，但由于各学科研究进展不同，使得城市形态研究呈现出多维度、多尺度、多角度和多阶段共存的状态。在城市形态学中，研究者普遍认同的前提是，在一定文化传统下，一定的时间区段内，城市不断地受社会和经济的集聚作用而发展变化，因此城市的物质形态是解读城市的重要媒介。在时间（time）、形态（form）和尺度（scale）三个维度中，城市的建成环境始终处于连续的演替状态，任何形态学研究均不能脱离“时间”这个变量。城市形态并不是一个新的话题，西方传统上对城市形态的研究有着多源性。所有的学科都通过各种的研究传统、研究路径、分析工具，或者通过特有的研究问题和研究对象影响着它们进入城市形态学领域后的作用路径。按照认知研究的侧重点，可以将其进一步分成内部主义—认知研究和外部主义—认知研究。

（1）内部主义—认知研究

内部主义—认知研究的城市形态学研究建构来自于 Schlüter 建构形态学（morphology）和形态发生学（morphogenesis）等相关本体知识，且是主要集中于英国、法国和意大利的城市形态学学派。19 世纪末德国的 Schlüter 为代表的“城镇平面分析”和“形态发生学”奠定了城市形态学最早的理论基础。20世纪60年代，形态发生理论在Conzen的著作中被进一步发展，他详细分析了欧洲中世纪城镇的平面格局，并将规划设计元素划分为街道和由它们构成的交通网络、用地单元（plots）和由它们集合成的街区，以及建筑物及其平面安排等形态要素。基于建筑学传统，Caniggia和Maffei等意大利城市形态学家发展出另外一种城市形态学的理论框架和相关分析工具——将建筑类型作为工具应用于城市发展项目和建筑项目，而Maffei在这个过程中则将建筑类型发展成为城市肌理的历史分析工具。法国的城市形态学的研究的发展呈现出不一样的知识框架，其将一种崭新的知识带入城市形态研究之中，并结合了美国的城市社会学研究成果，将城市变化视为社会空间的动态变化的结果，如Castex在城市建筑和形态转换研究中就将技术文化联系在一起。

（2）外部主义—认知研究

在外部主义—认知研究方法领域，最主要的跟城市形态有关的理论贡献来自于城市地理和城市历史的相关研究，以及混合外部条件的动态作用及过程的城市发展动力学研究。但鉴于相关研究过于宽泛，且研究成果极为众多，相关综述将其加以一定程度的缩减。

在城市历史研究方面，西方著名城市研究学者Morris、Giedion、Kostof、Mumford和Sjoberg等对传统城市的研究详尽地描述了西方城市历史形态演变过程以及引起其变化的原因。他们通过研究城市历史形态演变过程，来探讨城市形态形成与引起变化的原因，并对创造城市环境和改变城市形态的因素做出了大量的总结和解释。

在城市空间形态演变的政治经济学研究方面，从20世纪70年代后期到现在，在整个城市人文科学领域中，以马克思主义的研究方法进行的研究不断增加。城市空间的政治经济学派（新马克思主义学派），从诞生那天起就将城市空间过程放在资本主义生产方式下加以考察，将对城市空间的分析与对资本主义生产方式、资本循环、资本积累、资本危机等社会过程结合起来。其创始人法国的理论家Lefebvre认为，城市理论及其所支持的城市规划是建立在否定空间的内在政治性前提下的，它完全忽视了形塑城市空间的社会关系、经济结构及不同团体间的政治对抗。Harvey用政治经济学的方法分析城市形态的变化和资本主义发展动力之间的矛盾关系，在此基础上建立了“资本循环”理论，他指出城市形态变化过程中蕴含了资本置换的事实。

在生态学视角的城市形态研究方面，伴随着全球化和信息化背景，城市结构与形态研究向区域化、信息网络化发展的趋势明显加强，同时强调了自然、空间与人类融合的结构演进。人类面对石油危机和生态危机的威胁，逐渐认识到了地球“增长的极限”，这也唤醒了人类的生态意识。按照生态学的原则，城市中的人类活动必须限制在一定范围内，也就是具有明确的生态学规模和边界。M. Wackennagd 和 W. Ress 提出“环境容量”和“生态足迹”（ecological foot）的思想，认为人们应该有限度地开发空间资源，大城市扩张的加快，使空间的发展经受着巨大压力。

2.2.2 可持续城市形态的理论背景

欧洲共同体委员会是最早提出要对城市形态发展加以政策引导并由此实现更为紧凑的城市形态（Commission of European Communities, 1990）。该组织认为紧凑的城市形态能够控制城市无序蔓延并保护农田和土地使用的集约性，通过混合性的土地使用、可选择的交通出行方式、对现有建筑的能耗使用效率的改进等一系列手段来引导城市物质环境、社会环境以及经济效益达到最优化。从近些年国外可持续城市形态理论研究的发展轨迹来看可以将其分成两个阶段：第一阶段大致从 1990—2000 年，这一时期主要关注城市紧凑发展与分散发展两种不同发展模式的优劣比较和实证研究；第二阶段在 2000—2010 年，这一阶段主要关注城市形态背后不同要素对于城市可持续发展的影响程度和因果逻辑关系，并从对传统的物质空间形态的研究转向对城市社会、经济、政策、环境、交通等各个领域的相关性研究。国外最新研究成果表明，城市形态与可持续发展的关系并不是简单的因果对应关系，大量非物质形态变量对于城市可持续发展的促进作用会更具有显著性，而且物质形态与非物质形态要素在城市发展过程中的合力作用机制，往往比我们所观察到的现象或从数据分析所得出的结果要更为复杂。

（1）可持续城市形态的概念解析

根据已有国外相关文献来看，可持续性城市形态概念的扩展延伸是基于紧凑城市形态理论基础之上的。紧凑城市形态的概念主要包括：①紧凑城市可以更好地提供高品质的生活和高质量的服务设施；②高密度城市形态可以更好地提升城市能源的可持续使用，特别是对于住房来说具有显著性意义；③减少日常生活和工作的交通出行距离以及出行频次，能更有效地解决由于出行所造成的环境污染问题。但有关紧凑城市形态是否为最可持续的城市形态至今还没有形成统一结论，只是紧凑城市形态相对于蔓延城市形态而言是更为可持续发展的。

通常，我们对于可持续的城市形态认知有一种误区，即认为城市形态的可持续发展就是可持续的城市形态，但其实却并不是二者之间的简单叠加。Joe.Ravetz 从城市系统角度对可持续性和城市形态之间的关系进行了论证，他通过下面的等式给出了可持续城市形态的定义：

城市建成环境的可持续性（人类在城市系统内的活动与环境资源的可承载性平衡）+城市发展（基于全球背景下的人类城市系统视角和城市物质环境系统的演化更新）=可持续的城市发展（通过对现有城市发展模式的转向来实现城市建成环境的可持续）+可持续的城市形态（上式明确表达出：物质形态以及空间类型对城市可持续发展具有重要的影响作用，但绝对不是简单的或是固定化的形态模式）

相对于紧凑城市形态而言，可持续城市形态研究进一步扩展了城市形态研究的理论范畴，同时从环境可持续发展角度（经济、社会和物质）来阐述城市形态是如何与之作用的。Anderson 则认为“城市形态对于环境的影响性应当是基于一定的发展背景之下的，影响的程度与效果需要深刻理解发展的限制性与可能性”。鉴于此，本研究认为，对于城市建成环境的可持续性理论研究要回归到“城市”本体的认识论，即城市是在一定区域或空间单元内人类各种活动的环境载体，对于可持续的城市形态来说并不是将其简单理论化之后便可以直接用于指导城市建设实践活动的，我们首先需要对发展模式与城市形态之间进行价值判断与逻辑关系梳理。城市建成环境表象是一种物质形态的演进过程，在物化现象背后正是空间环境与人类社会经济发展以及选择行为相适应的发展规律，可持续的城市形态会随着使用者本身功能需求和价值观的变化而产生调整。

在有关可持续发展城市中关于物质和环境方面所提出的发展策略中（见表2.2），虽然有关城市形态方面的引导只占了其中一部分，但从中却可以看出，关于可持续发展的城市形态并不是将其仅限于某种特定的物质形态，如对高密度或是低密度、较大街区规模或较小街区规模的选择，更多的是在物质与社会形态的不同方面、层次和维度上来界定城市在发展过程中应当遵循的原则和选择条件。讨论可持续的城市形态需要明确它是怎样的本体，各类要素是如何组织的，以及“形态”本体随着时间的变化会产生哪些方面的自我调整。

表 2.2 可持续发展的城市建成环境的相关方面控制引导

土地使用和空间形态	能源的保护	物质的循环和再利用	交通出行
· 对土地使用功能的优化 · 绿色廊道与开放空间网络系统 · 社区建筑的自我管理 · 在一定高密度水平下的土地功能混合使用 · 可支付性的住房 · 可持续性的建筑材料 · 灵活可变的设计标准 · 对建筑隔音效果的改进	· 区域能源采用热电联供方式 · 可再生的能源系统 · 减少能耗消费 · 更高水平的保温节能效果 · 人工智能化照明，高效整合安全管理、加热、IT 系统 · 对建筑进行绿色评估 · 小型发电厂设计	· 中水系统应用 · 生活污水的再循环利用 · 雨水收集和再利用 · 减少建筑在建造过程中的材料浪费和能耗使用 · 碳排放中和与生活方式的低碳化	· 城市轻轨系统设计与引导 · 汽车俱乐部以及循环使用的交通设施 · 基于行人友好方式的道路交通设施的设计 · 交通出行环境的能耗引导——出行频次、出行距离和能源效率提升

（2）可持续城市形态的规划要素

可持续城市形态是城市形态研究领域的一个崭新的分支。虽然城市形态在本质上是指城市的物质形式，但它既是与土地使用和交通系统相关的一系列特征的配置形式，也是城市中所有大型的、稳固的、永久的物质实体的空间组合方式。城市形态研究虽然是城市规划学科范畴中比较陈旧的课题，但却又是理论研究和建设实践的重要部分。可持续城市形态作为一个全新的理论分支，具有自身的独特内涵。它是在当代可持续发展理念的影响之下，为了应对全球城市化现象所带来的矛盾和挑战，在城市规划学科领域中对城市形式与功能之间相互关系的重新反思，而逐步形成一种全新的科学理念。即认为通过设计合理的城市形态，能够有助于维持人类社会的可持续发展目标。

从已有的大量研究成果来看，可持续城市形态的规划要素归纳起来主要涵盖了紧凑度（compactness）、可持续交通（sustainable transport）、密度（density）、用地功能混合（mixed land uses）、多样性（diversity）、太阳能设计（passive solar design）、绿化（greening）等各个方面。通过上述这些规划要素的不同组合，才形成了世界各地的可持续城市形态实践模式。同时，上述要素又是彼此相互关联的。例如：提高城市紧凑度可以保护乡村土地，提升生活质量，降低能源消耗，减少温室气体排放；提高城市密度则具有减少能源消耗、空间使用、交通出行和基础设施成本等优点；可持续交通能够平衡机动性、安全性、环境质量和社区活力的不同需求；用地功能混合允许相容的功能在空间上就近布局，旨在有效地降低相关外部活动的交通距离，从而减少机动车的使用，并且有助于居民方便地使用社会公共设施；而多样性意味着城市的社会整合和文化兼容，有助于提高城市活力。

（3）可持续城市形态与空间能耗的关系

在有关城市可持续发展的形态模式选择方面，Pressman 和 Minnery 给出了相关的城市形态几何结构与特征描述，其分别是以下五种城市形态模式的选择条件（见表 2.3）：

表 2.3　可持续发展的城市建成环境的相关方面控制引导

1	分散型的城市形态	由于人口扩张所导致的低密度郊区蔓延，并由此产生了居住与工作地点之间的分离，该形态模式对于城市服务和基础设施需求是以道路建设为主导的
2	紧凑型的城市形态	通过提高城市人口密度实现，特别是针对郊区来说更具有实际意义，该模式是以公共交通系统建设为导向的
3	近郊型的城市形态	在选定的城市功能节点，通过提高人口密度、住房密度及就业岗位来实现可持续发展，该形态模式是以边缘城市与城市中心之间的高速公路建设为导向的
4	走廊型的城市形态	强调线性交通走廊对于廊道两侧区域发展的形态与功能优化作用，该模式是以大运量城市公共交通系统为支撑的
5	远郊区的城市形态	该模式对城市某些功能和人口的疏解具有重要作用

可持续城市形态与能耗之间的关系主要包含三个方面：一是用来维持住宅自身正常运行的能耗，其主要指加热、降温以及炊事方面所需的能耗；二是每天通勤交通出行等必要性活动所产生的能耗；三是休闲娱乐等必需性活动所产生的能耗。当然，城市形态对能耗的影响作用不仅局限于交通出行行为，城市建成环境同时还会影响到与之相关的社会状况、经济条件、生态系统等方面，上述诸多方面也都纳入到了有关可持续城市形态发展的判断依据准则中，如 Erling Holden 和 Ingrid T. Norland 则进一步给出了家庭特征、住房条件、能耗行为、能耗消费以及环境需求之间相关的假设逻辑关系（见图 2.1）。

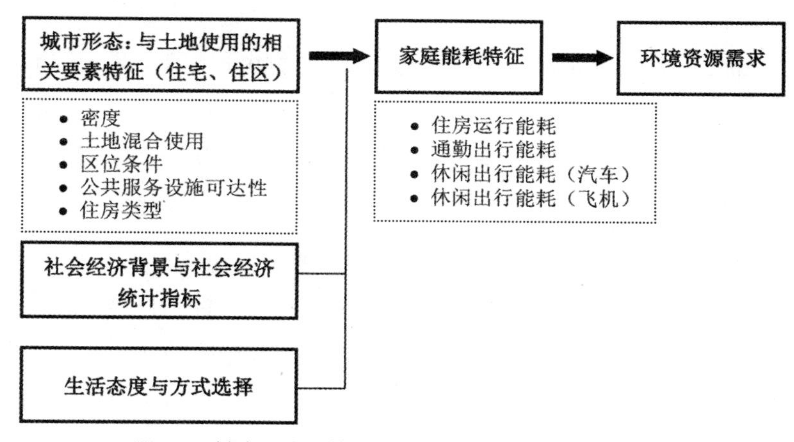

图 2.1　城市形态对能耗行为影响作用的假设逻辑关系

资料来源：Erling Holden and Ingrid T. Norland.Three Challenges for the Compact City as a Sustainable Urban Form: Household Consumption of Energy and Transport in Eight Residential Areas in the Greater Oslo Region［J］.Urban Studies, 2005, 42（12）, 2145-2166.

2.2.3 城市形态与碳排放相关性研究

（1）国外城市形态与碳排放相关性研究

第一，城市形态与交通出行相关性研究。

更为紧凑的高密度和混合使用的城市形态对于减少对外交通出行需求和出行距离是具有积极促进作用的，同时在住区内部提供更为安全便捷的步行路径以及完善的生活配套设施对于城市交通总体交通出行量减少亦具有一定的显著性。在发达国家，政策制定者十分钟情于“紧凑城市”的发展理念，并通过提高对土地使用强度的控制来减少交通出现能耗，其主要基于两个原因：一是通过居住、就业和服务设施的聚集减少步行出行距离，降低机动车出行频率；二是减少对私家车的使用依赖性，鼓励出行采用公共交通方式。但同时也应看到，采用上述交通出行方式与城市公共交通服务水平、居民经济收入、工作与居住地距离、个人出行习惯等诸多因素相关，因此交通出行行为与城市形态之间的关系在相关研究中所引入的解释变量往往是根据研究目的和数学模型来确定的。

从上述有关城市形态与交通出行之间正反两方面的研究综述来看，之所以无法形成共识的主要原因在于：

首先，双方对于研究方法或是理论模型建构的空间边界条件不一致。在研究交通出行时很多研究者以城市形态变量作为解释性自变量，同时还引入了个体的社会经济特征。从城市形态本身来看，它具有物质空间特征且在进行测度时具有空间边界条件，但它所包含的居住个体以及个体交通出行行为却是随机的且随着空间边界变化而变化的，这就导致了大量研究在空间边界条件不一致性导致得出了不同甚至是相反的研究结论。

其次，很多国外研究对于交通出行选择的数据内容和精确程度是不一致的，最能够通过城市形态来影响交通出行的变量数据质量不高或是欠缺，如出行频次和出行交通费用两个变量往往比距离变量更具有解释性，但在研究中却往往会被忽略掉。因此，本研究认为，城市形态与交通出行之间的研究，并不能仅仅简单地认为是由于空间形态紧凑或蔓延、密度增大或减少导致了出行距离和出行时间的变化，出行者的选择偏好和出行成本的边际替代性虽然不是由城市形态直接作用的，但会由于形态变化产生间接影响作用，同时在空间上有其自身的分布规律。

最后，对于城市形态对交通出行影响的研究结论的价值判断是不一致的。从城市形态可持续发展的角度来看，紧凑的、高密度的、混合性的不仅仅是对形态本身的定性描述，同时也是从量化角度对发展过程提出了引导策略。当其作为政府部门进行政策制定或城市规划部门进行土地使用规划的依据时，已经接受了城市形态对于交通出行具有引导作用的事实，故在具体规划实践过程中必然会对交通出行行为产生影响。倘若以没有经过规划引导的实证对象进行分析研究，得出的结论也必然会与前者的不一致。

第二，城市密度与交通出行相关性研究。

西方学术界有关城市密度与交通行为的研究兴起比较早且研究成果也较为丰富，从有关住区密度和交通出行方面的相关文献检索结果来看，本研究对近三十年来共有七十多篇文献进行了结论归纳，限于篇幅原因研究将通过列表的形式将一些重要的研究结论加以归纳，具体研究结论见表 2.4。

表 2.4 国外居住密度对交通出行的影响研究结论

国外居住密度对交通出行的影响研究结论	研究者
城市客运交通运输需求由市区规模和居住密度决定	Pushkarev and Zupan
根据 1990 年 NPTS 的数据，密度和交通模式选择之间的关系临界值为 10000 人 / 平方米	Smith
高密度社区的家庭拥有私家机动车水平比低密度社区的家庭要低（控制收入变量），没有私家车的个人出行更多使用公共交通	Levison and Kumar
公共交通会产生较少的车辆出行里程	Schimek
城市密度对交通行为具有负相关的影响作用，与可达性强度呈正相关性	Kockelman
高密度城市形态及结合社区规划设计，可以有效减少出行率并鼓励个人采用非机动车出行模式	Cevero and Kockelman
根据 1985 年的 AHS 数据，密度对于工作交通出行以及轨道交通使用具有明显的影响作用，同时随着密度的增加，土地混合使用程度增大，导致个人私家车拥有数量和乘公交车距离减少	Cevero
密度对于交通出行的选择方式、公共交通出行具有显著性影响	Parsons Brinkerho, Quade and Douglas nc
密度对私家车拥有水平具有影响，并不直接对工作交通出行里程产生直接影响	Miller and Ibrahim
若考虑到社会经济要素，靠近轨道交通站点的居住密度对于出行者主动采用步行方式并没有显著的解释	Loutzenheiser

综观国外近二十年有关密度与交通出行相关性研究，一致性结论主要包括以下四个方面：

一是密度与公共交通使用频次与效率呈正相关、与私人交通使用呈反相关，这也就意味着城市密度越大公共交通使用效率就越高，使用私人交通频率会相应减少，并导致其人均交通能耗水平降低。

二是在住区尺度层面，密度越大就意味着住区内部各类配套设施会更完善，这样就会减少出行者日常生活的平均出行距离，另外高密度会导致住区交通使用资源的供给紧张，这也会使拥有私家车的住户尽量减少小汽车出行，进而转向选择公共交通尤其是大运量的轨道交通方式。

三是关于人均交通能耗是否与密度存在显著性的负相关关系，还需要进一步加以分析证实。

四是国外近些年相关研究结论中还发现，居民工作密度（市区在单位面积上可以提供的就业岗位数量）与交通能耗存在着相关性。

第三，城市形态与住宅能耗相关性研究。

从国外已有研究成果来看，城市形态对于家庭能耗使用的影响特征主要是从人均居住面积和住宅单元形式两个方面来综合考虑的。理论上来说，人均住房面积与电力能耗、燃气等能耗特征紧密相关，人均住房面积越大则照明以及空调制冷、制热的需求越大。而在单位用地面积内，独栋建筑越少，集合式多单元的住房越多，则房屋墙壁的单位面积热耗散会越小，并使得单位住户的电力能耗相对较低。有研究结论认为，住宅户密度与碳排放直接相关，多户住宅的家庭碳排放仅是单户住宅家庭碳排放的38%，每公顷四户的郊区家庭碳排放比每公顷 20 户的城市家庭高出 25%。Larivière 和 Lafrance 则根据加拿大主要城市的相关数据，对城市人口密度和每个居民用电消耗之间进行了相关性研究，研究结果显示，高密度城市比低密度城市的人均单位能耗要低，而城市人口密度变化对用电消耗比对燃气消耗的影响性要低很多。里德·尤因指出城市形态对于家庭能耗影响是一个全新的研究领域，并认为现有研究对于住区发展模式对能耗使用造成影响的因果途径探讨的深度不够，他本人在此基础上构建了城市形态与住宅能耗之间的因果途径关系图并进行了实证研究。

（2）国内城市形态与碳排放相关性研究

国内有关城市空间形态与碳排放关系研究尚处在起步阶段，各类研究方法以及相关结论在逐步完善中，但已逐步从开始的纯定性研究转为定量研究，从较为单一的城市要素转向多要素综合研究。已有研究结论表明，城市形态是影响城市碳排放的主要影响因子，从研究方法和理论视角来看则可以分为以下两类：

一类是建立在传统建筑科学“城市形态—能源消耗”的关系研究，其主要以城市形态学和建筑类型学为理论支撑，关注城市中微观层面的碳排放效应和分布特征。如龙惟定等认为中国低碳城市的城市形态特征应该是“紧凑型城市”，即高密度（Highdensity）、高容积率（High plot ratio）和高层（High rise）的三“H（高）”城市，但却没有提出相关量化的标准。王建国等指出我国当前城市发展模式的不可持续性，并认为转型时期的城市设计应当转变传统的思维方式，倡导建立基于整体和环境优先的绿色城市设计思想与研究方法。邱红等强调了我国传统规划思维在应对气候变化背景下理论创新的必要性，并认为低碳导向下的城市规划设计应当关注于两方面，即城市空间形态要素与碳排放的“机理性研究”和关于低碳城市规划及设计方法的“机制性研究”。

另一类则是建立在规划学与地理学“城市形态环境绩效”研究的基础上，以统计学、经济学、交通学、城市形态学为理论支撑，通过对人口规模、交通流量、土地开发等多元化数据的相关性研究来关注和探讨城市宏观尺度层面的碳排放水平。例如：杨选梅、葛劲松等人利用灰色斜率关联度，对碳排放量与城市规模中的人口、经济、土地等要素进行了实证研究，结论证明新增人口的人均碳排放高于存量人口，土地开发密度越低碳排放量越高；杨磊、李贵才肯定了城市空间形态对居民交通、建筑碳排放是有影响作用的，并认为城市规模、人口密度、建成区形状、中心区状况以及邻接性这五个空间形态要素是影响居民碳排放的关键因素。

综上所述，城市空间形态与碳排放关系的定量研究已成为国内外低碳城市规划研究的基础性工作和热点领域。需要指出的是，城市规划传统思维方式是把城市形态以物质方式表达出来，但事实上通过物质形态背后城市的经济、文化、社会等各种因素决定和影响着城市能源与资源的使用效率。因此，研究城市形态与碳排放之间的关系需要将空间形态和社会形态结合起来，并通过建立碳排放评估模型对碳排放影响因素加以基础性技术支撑。本研究认为，基于低碳理念下的住区模式规划研究则首先应关注空间尺度与碳排放之间的对应关系，从微观层面来说，应关注居民家庭生活、出行方式等能耗行为方面的碳排放影响因素，在中观层面来说则需将住区的密度分布、公共服务设施布局、社会经济结构等形态要素与碳排放之间建立起相互作用关系。

2.3 住区模式相关理论及要素测度方法

2.3.1 住区规划理论与“密度之辩”

从西方国家住区模式理论的发展转变历程来看，已将对住区物质空间规划设计的探讨逐渐转向于理论批评和实践修正，特别是当城市现代性增长使得住区理论无法与之相适应时，各国理论研究都针对本国国情和地域特征展开了一系列有关住区模式发展理念的激烈讨论。无论是“紧凑城市”发展理念所提倡的适当提高居住密度、提高住区功能自我支持性、就业与居住平衡、步行与公交为主导、减少机动车出行比例等规划议题，还是新城主义发展理念所涉及的回归传统社区、精明增长、能源消耗、公平参与等诸多方面的社会问题，其核心价值观充分反映出住区模式理论是与时代发展背景紧密联系的，而住区模式自身又是具有生命周期性发展特征的，并不断与新的发展价值观相融合形成自我调整的演进机制规律。

（1）住区规划模式的比较研究

其一，田园住区的遗憾：住区发展规模的失控。

霍华德的田园城市理论提出建立一系列布局紧凑并能够自给自足的社区，外围以绿带环绕，同时还设想了田园城市的群体组合模式——由六个单体田园城市围绕中心城市，构成城市组群，他称之为“无贫民窟无烟尘的城市群”（见图 2.2）。有关田园城市的空间模式早已为人们所熟知，但田园城市绝不是一个理想的物质模式。霍华德对于田园城市密度特征是这样描述的：每个田园城市（即外围城市）用地约 24 平方公里，其中城市用地约 4 平方公里，农业用地约 20 平方公里。如果我们将 32000 人口全部算进去，则田园城市的人口密度约为 75 人 / 平方公里，人均用地面积约为 750 平方米。这一数值并不是可以简单地理解为是一座低密度的城市，因此田园城市绝不是倡导低密度发展模式。

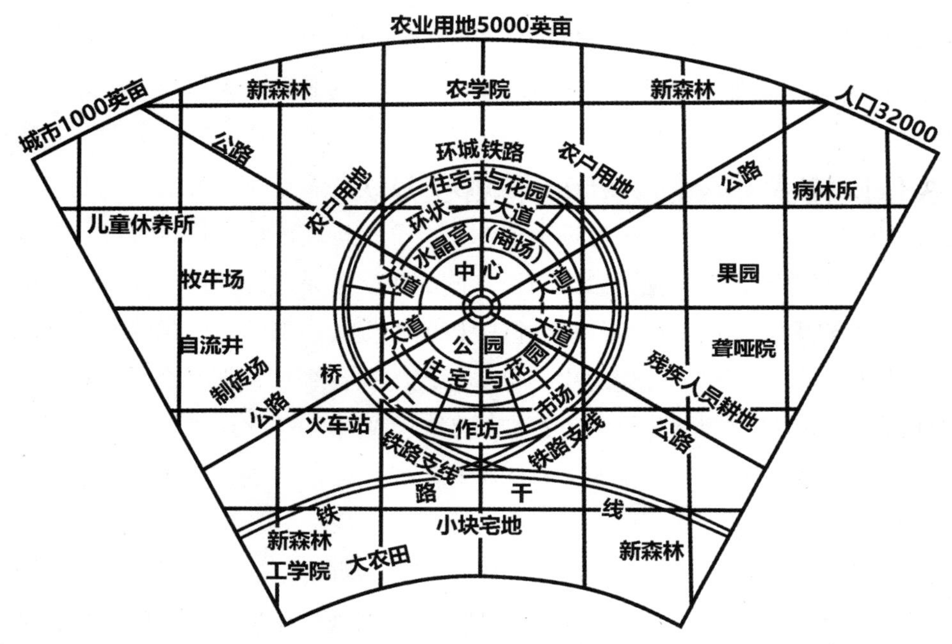

图 2.2 霍华德的田园城市理论

资料来源：王建国 . 城市设计［M］. 北京：中国建筑工业出版社，2009.

值得反思的是，英国在二战后新城规划中的第一代新城——哈罗新城是按照组团单元模式进行建设的，每个组团单位的人口规模是 4000 人（人口密度 125~175 人 / 公顷），但实际建成后由于缺少城市生活服务设施导致了人口回流大城市，在第二代以及第三代新城规划中（坎伯诺、朗科恩）每个邻里单位的人口规模增加到 8000 人，此外还出现了 8~12 层的公寓式建筑以达到高密度的要求；其后西方规划家认为邻里规模之所以扩大，一方面是由于小汽车的流动性带来出行半径的扩大，另一方面城市服务设施配给的经济性需要高密度人口来支撑。霍华德当时提出的田园城市人口规模 32000 人（人口密度为 80 人 / 公顷），到 20 世纪 70 年代末英国新城市运动基本结束时，其所设想的人口规模早已被突破，而合理的组团规模和人口密度标准最终却成为一个含糊且难以定义的问题假设，田园城市的模式最终演绎出来的是一种住宅商品化的大规模消费活动。

其二，邻里单位的原则：分级策略与设施平衡。

佩里最早提出了“邻里单位”尺度的六个原则，明晰了邻里单位物质构成要素：规模、边界、开敞空间、公共设施区位、地方商店和内部街道系统。他认为邻里内部交通应该采用环绕模式，来削弱汽车穿越邻里。邻里单位理论在 1929 年的雷德朋（Radburn）规划中得以运用和深刻体现。G. 费德在 1932 年的《新城市》论著中提出以分级的生活圈为基础来系统地构成城市的理论，是相对邻里单位理论的深化。分级构成理论的重点放在公共服务设施的理想模式上，强调以人与设施间的对应关系为原则。因此，住区的服务配套设施种类和可获得性与住区规模紧密相关，但住区内部的服务设施规模与种类却处于动态变化之中，且与居民的社会经济特征、空间形态的网络特征、周边城市区域的经济发展变化等诸多要素相关，这种变化需要政府的计划调节和市场的最优配置两种手段相互结合才能实现其设施配置的动态平衡。

其三，新城市主义与精明增长：城市无序蔓延的批判。

20 世纪 90 年代初，美国新城市主义在田园城市和现代主义的规划失效基础上，综合了西特“按照艺术原则作城市规划”的设计元素，延伸了雅各布斯所倡导的城市活力来源于密度、混合使用以及多样性街区的理论论点，借用了凯文林奇的城市意向理论以及亚历山大的“模式语言”等诸多规划设计理论家的精华，拼合出了一个试图可以控制郊区蔓延和改变以汽车为导向的“TOD 模式”。新城市主义倡导的另外一种住区发展模式“TND 模式”，则针对的是现代主义规划中住区空间封闭化所产生的诸多问题。与 TOD 模式所不同的是，TND 更多是从住区这个中观层面来解决城市发展问题的，并主张通过社区密集地开发、功能混合、活动场所等规划设计手段来实现居民既能享受既有传统城市生活，又能享受现代城市文明的新城市社区生活。但从实际效果上来看，近十年美国学者对该发展模式进行了反思以及质疑，甚至戏称 TOD 住区发展模式最终创造出了新的“郊区大院”，特别是当一些地区的公共交通使用正在走向衰退，人们已经形成了开车出去购物工作的生活习惯时，住区内部的土地混合性和采用公共交通出行并非通过设计就可以解决的，上述种种问题使得以公共交通为导向和倡导步行的新城市主义者无法直面相对。

本研究认为，无论是“新城市主义”还是“精明增长”，二者在发展价值观以及规划原则上是大同小异的，但在面对城市蔓延的问题上它们却存在着很多的关联和互补。同时二者也并不是纯粹的“理论”或“主义”，虽然是由两条不同发展线索衍生出来的[①]，但都混合了规划原则、设计方法以及政策实施等内容。因此，虽然新城市主义和精明增长产生于西方，但其主要思想对我国当代住区规划模式是具有重要启示性意义的，同时对于解决我国当前城市快速扩展及向郊区蔓延等带来的城市交通堵塞、传统城市形态的缺失等一系列问题也具有重要的理论借鉴意义。

其四，经典住区规划模式的比较。

本研究认为，无论住区规划理论如何变化，其本质上都贯穿着人本主义的思想以及对人的情感与价值的关注，但在借用住区规划理论的同时还需要明确其在住区模式研究中的具体应用。

首先，住区规划设计理论并不是简单的理论范式集合，而是一个比较研究对象，从“田园城市”“邻里单位”以及“新城市主义”三大住区规划理论的比较来看，其所对应的住区空间特征或是指导实践的重点是不一样的（见表 2.5）。

表 2.5　经典住区规划理论的模式特征比较

	田园城市（韦林）	邻里单位（Hordel、雷德朋）	新城市主义（Seaside）
住区规模	根据田园城市的居住人口进行划定	根据小学的服务半径进行划定	根据多功能的公共设施的服务半径进行划定（约 1.6 千米范围内）
街坊规模	200 米 ×200 米	传统邻里单位模式的街坊规模与田园城市相似；雷德朋规划 500 米 ×500 米	200 米 ×200 米

①“新城市主义”运动的发起人是城市设计师和建筑师，其实施具有市场依赖性，而“精明增长”概念的提出者是城市规划师和环境学者，在实施方面具有一定的政策依赖性。

续表

	田园城市（韦林）	邻里单位（Hordel、雷德朋）	新城市主义（Seaside）
土地混合利用	单一的房屋形式	单一的房屋形式	多样的房屋形式和商店、学校、工作场所
土地开发强度	低强度的土地开发	低强度的土地开发	中等强度和高中强度的土地开发
公共设施配置	由城市公共设施服务住区居民	住区有独立的公共设施且布置在中心，商业设施布置在住区外围	混合利用的社区中心结合公共交通站点布置在住区中心
交通模式	人车混行；道路的布置尊重现状地形；采用尽端路的形式	强调住区内部道路的安全性；利用尽端路的组织形式；步行系统成体系；小汽车使用的分离	方格网或半方格网形态的人行道系统；倡导公共交通
邻里空间组织	通过围合的方式营造共同的邻里空间	通过完善步行体系营造共同的邻里空间	通过街道功能的组织营造共同的邻里空间

其次，基于中西方文化以及国情差异性，西方理论学术界一开始就把城市蔓延以及住区发展模式与汽车使用及交通出行捆绑在一起，这其实是陷入了城市固有的增长逻辑误区，因为真正能够影响住区模式选择的并不仅仅是物质空间规划设计，其中还包含着居民生活方式、家庭结构、经济效用等其他相关因素。

最后，虽然住区模式可以影响城市空间形式和功能，但对于理解和解释变化中的物质模式形态，需要进一步采用社会学以及统计学的定量方法加以测度。

（2）住区开发模式研究焦点——“密度之辩”

首先，住区密度演变溯源：集中与分散。

西方文化中对于高密度住区的理解是相对于独立式住区概念而提出的，而这与当时大规模化的工业生产的时代背景紧密相关，正因如此才有了1922年柯布西耶提出的一种更适合于成批生产的住区生产模式——光辉城市（也称“300万人城市”）。光辉城市体现着一种明显的几何式构图空间结构（见图2.3），24幢高度为60层的塔楼能够容纳40万人，人口密度为3000人/

公顷，保留了85%的空地；环形居住带有可容纳60万居民的多层连续板式住宅楼，人口密度为500人/公顷，保留了48%的空地；最外围则是可容纳200万居民的田园式住宅。这种空间布局模式的核心思想，便是中心区住宅向上增长以留出更多的空地和容纳更多的人口。通过光辉城市的住区布局模式可以看出，它是西方理论家对于人口集中和分散的深度思考，并认为高密度住区是一个可以有效容纳更多居住人口的容器，它的理论意义就在于可以将土地和人口高度集中起来，改变由于城市蔓延所产生的空间分散性。

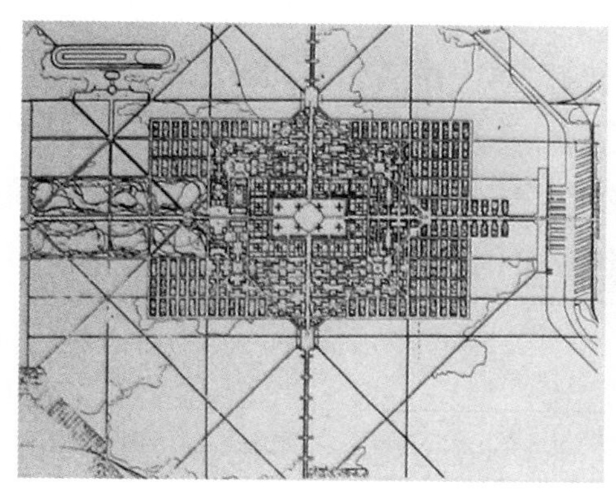

图2.3　光辉城市的空间发展模式

资料来源：洪亮平．城市设计的历程［M］．北京：中国建筑工业出版社，2002.

其次，密度发展的价值转向：紧凑城市。

20世纪末城市用地的扩张蔓延问题引发了全球性的资源环境问题，1990年，欧洲共同体委员会（CEC）发布了《城市环境绿皮书》，该书中首次提出以“紧凑城市”（Campact City）发展理念来实现城市可持续发展。该发展模式同时认为城市的形态、尺度、密度和土地利用方式都会对城市的可持续性产生重要影响，强调建设“高密度、多用途、社会和文化的多样性”的城市。其目标在于避免因城市边界的不断延伸逃避目前城市所面临的问题，而是在现存的边界内解决城市问题。随着紧凑城市发展模式的提出，国外很多学者也从不同角度对紧凑概念进行了探讨，如Ewing认为紧凑是职住场所的聚集，包括用地功能的混合；Gordon和Richardson认为“紧凑”是高密度的或单中心的发展模式；Galster等认为“紧凑”是集聚发展和减少每平方英里上开发用地的强度。综上所述，尽管西方学者对于紧凑城市的解释较为不一致，但其基本达成的共识是，紧凑城市是高密度的、功能混合并支持公共交通和步行交通出行，同时它所引导的城市形态还具有减少能源消耗、保护乡村、提高公共服务设施可达性、有效利用城市基础设施等优点。

从空间尺度来看，紧凑城市发展涉及三个层面，分别对应着宏观—中观—微观空间层次，就社区或居住区而言，“紧凑”这一概念直接反映的就是密度高低。紧凑城市的城市形态主要体现了城市高密度、功能混合和活动密集化，这一特征同样也适用于紧凑住区，住区密度与生活质量之间是具有相关性的。以 E. 霍华德、勒·柯布西耶、简·雅各布斯、都市村庄等提出的不同规划设计理论为例，其对于住区模式特征描述并不仅仅是物质形态上的区别（见表 2.6），也是密度变量介入之后对城市生态环境、居民生活质量等方面的适应性调整。

表 2.6　不同规划设计理论的住区密度特征

规划设计理论	规划实践背景	人口毛密度人（户）/ 公顷	用地功能	建筑空间形态	住区密度特征
E. 霍华德	二战后新城建设	74 人，13.6 户	居住和工业	低层	中等密度
勒·柯布西耶	大城市中心区郊外住区	200~3000 人	居住和办公	高层	低密度
简·雅各布斯	商业区、内城更新	250 人以上	多样性的功能混合	多层 + 低层建筑	高密度
都市村庄、TOD、TND	郊区与城市新区开发	54 户左右	在步行圈范围内的用途混合	低层沿街建筑	中等密度

资料来源：海道清信．紧凑型城市的规划与设计：欧盟·美国·日本的最新动向与事例［M］．苏利英，译．北京：中国建筑工业出版社，2009.

再次，紧凑发展就是“高密度”吗？

虽然“紧凑”与“高密度”是两个相生相依的概念，但本研究认为我国当前对于“高密度”的理解是有断章取义之嫌的，高密度并不是一味地提高土地开发强度，城市功能、结构与规模的高效紧凑才能实现城市形态可持续发展。而对于住区规划建设来说，只有通过对不同密度模式的发展背景加以解析才有可能实现住区建设的可持续性。“高密度”不能仅仅从指标数值单方面来看待，由于地域特征文化以及国情差异性，各国对“高密度”的理解也是不一样的，它应该是有发展前提和选择边界的密度类型混合。紧凑城市核心思想就是“能够利用较少的城市土地提供更多城市空间，以承载更多高质量生活内容”。以下我们以三种不同的密度模式来探讨基于紧凑城市理论下的价值判断背景，并通过具体的指标比较来阐述城市形态和增长模式对于密度变化的影响。在我国当前快速城镇化选择阶段以及土地资源开发的约束性条件下，由于住区密度环境现象自身具有地域性和复杂性特征，对于住区模式研究的聚焦问题——“密度”来说，其不仅仅是空间开发强度数值，同时具有密度现象与城市可持续发展之间内在逻辑对应性。

从欧洲模式、美国模式以及亚洲模式比较来看：欧洲大多数城市形态属于多层高密度模式，而美国的城市郊区则属于低层低密度模式，亚洲的日本属于低层高密度模式，亚洲的新加坡、中国香港则属于高层高密度模式。然而，各个国家和地区对于密度模式的“高”与“低”的空间概念和价值判断则完全不同。紧凑城市所倡导的“高密度”本质上是一个发展价值观的议题，西方大量相关“高密度”形态的实证研究结论对我国目前规划建设实践工作并不具备普遍性的指导意义。

西方社会所倡导的较高密度一般不超过 60 户 / 公顷，但即使如此我们将其与中国一些旧城区高密度城市比较却发现，我们城市的密度会高出其 8~10 倍，紧凑城市提出的提高城市密度在我国是否切实可行是一个值得讨论的问题。基于本国国情与西方社会的差异性，我们需要进一步从时空维度对密度的差异化特征加以比较，并由此认知“高”或“低”密度表象背后的内在影响机制。由于规划设计师往往过多关注于物理密度，但居民却更多关心的是感知密度，这使得对于住区模式的高低密度之辩愈发变得复杂化和非理性化。

（3）密度具有时空差异化特征

第一，空间密度的“转换”与“叠加”。

密度最早成为英国政策制定的关注内容是在 19 世纪，其主要原因是该时期城市快速扩张与发展并造成了城市居住环境过度拥挤，由此引发了大量贫民对其居住环境改善的迫切期望，英国当局则采用了疏解人口、降低密度的办法来解决社会问题。另外，住区空间密度演化在时代变迁、社会发展和生活质量变化上还具有历时性叠加特征，密度类型在时间维度上反映了社会结构演化更替的发展规律。

密度的指标和数值是基于空间本身相对客观地来描述一个给定区域的人口规模和建设开发强度，但对于空间密度的概念则需要从国情、文化、政治、经济等各方面因素来统筹考虑，在一个给定空间区域的密度数值会随着社会发展阶段的更替变化，而产生内在的动态转化和空间累积叠加。以上海为例，上海高层建筑的数量从2000年的3529栋发展到2008年的16109栋，从城市角度看显然极大增加了城市的建筑密度，但是人均居住面积（以常住人口计）却从2000年12.97平方米/人增加到了2008年的24.99平方米/人，因此就人均居住建筑面积而言，上海数据显示出了密度转换使得居民达到了更高的居住水平。由此可以看出，密度转换是具有时空内在双向性与自我调整特征的。

第二，感知密度的“差异”与“可控”。

由于感知密度是由于空间效应所产生的心理情绪变化，因此很多研究者都认为过高密度的住区会使人的心理产生压抑感，由于过度拥挤会导致高犯罪率，对外界环境采取排斥、隔离的态度等诸多社会问题。凯文林奇在尺度心理划分理论中提到，25米左右为环境中“视觉识别”的舒适尺度，这也就说明了为什么多层住区环境能够给人以亲切感知而高层住区对于人的心理影响会如此强烈。密度感知还具有地域文化的内涵，在不同密度水平下居住的居民对于拥挤的感知程度也是不一样的。例如：在英国的住房政策里已明确指出，每公顷单位土地上新建的居住建筑至少要能容纳30个住户，但即使是这样，国外有些学者却认为这样的密度水平是高密度的甚至是不可接受的。与此同时，我们若以中国香港作为比较，在香港即使每公顷300个住户都被认为是低密度的。很明显，上述两个地区对于密度“高”与“低”的定义和感知差距非常大。另外，住区密度的感知还具有自我选择特征，当不舒适环境对人心理产生环境压力变化时，个体会选择主动适应或是强烈排斥。因此，从环境心理学角度来看，住区模式的感知密度“高”与“低”选择必须要基于“可控化”的前提条件，感知密度的主体选择和支配性需要在空间密度上能够保证其具有更好的包容性与多样性。

第三，密度混合的社会向量维度。

住区密度混合性除了具有空间向量外还具有社会向量。从理论上来说，社会阶层的混合可以提高居民本地就业的机会，同时不同社会阶层会选择与其社会经济特征相适应的住房类型，因此住区不同建筑类型混合与差异性群体混合二者之间是相互作用的，这种适应性选择的混合不但可以提升住区活力，还可以缓解社会矛盾和隔离问题。

2.3.2 住区模式概念与划分因素

（1）住区模式具有社会空间特征

从国内已有文献检索来看，对住区模式的定义和探讨主要源于从计划经济向市场经济转型过程中，居住区规划建设过程中出现的一系列空间问题，并由此展开了有关从“封闭式住区”向“开放式街区”转变的理论思考和规划设计方法修正。邓卫认为居住小区是我国当下住区的主要模式，并总结了居住小区模式的三大特点：规模性、封闭性和配套设施的自完整性。他还认为住区规划应突破现有僵化模式，创造富有地域特色、满足人们生活需求与审美情趣的多元化住区新模式。朱怿则认为居住小区模式与计划经济条件下的“大街区—宽马路”相对应，并认为住区模式改进应从城市道路结构、住区规模、公建性质、配套建设方式、住宅类型、城市基层管理等方面加以策略优化。张巍等认为我国住区模式起源于计划经济年代，并具有内向性和自完整性特征。同时他也指出，虽然该模式能够给居民带来较为安静的环境和生活便利，但也随着经济体制改革出现了诸如用地规模过大、外界封面封闭、建设模式单一、风貌趋同的不足之处，并倡导由传统的独立居住小区转变为开放的居住街区模式。

综上所述，我国学者对于住区模式的讨论从最初的空间问题逐渐转向于社会问题，而一系列有关住区模式特征的描述及问题诊断却不能仅停留在物质空间层面，所谓的“大街区”“封闭住区”等一系列住区模式发展矛盾本质上是基于我国居住社会经济结构演化造成的。本研究认为，住区模式表面上反映了空间方面的功能布局、尺度规模、开发强度、边界管制等一系列物质形态特征，但其中的空间分异、社会隔离等社会现象的确反映出空间模式是受到个人行为以及社会经济关系所支配的。从这一角度来看，住区模式既可以作为规划模式、开发模式的物质载体，又可以作为社会空间现象来加以解析，真正推动并塑造住区模式的是社会经济结构和公共政策干预，并由此成为我国当前住区模式演变的内在动力。

（2）住区模式类型划分因素

从类型与住区模式关系来看，住区模式的选择最终是要通过模式类型比较研究来实现与住区形态的空间对接，而住区模式类型划分要从诸多变化要素中加以整理归纳，从而还原住区形态的历史、经济和人文特质。因此，住区模式类型划分既可以从其住宅的建设年代、建筑层数、居住面积、户型结构、立面外观等物质空间角度加以类型学谱系分类，同时也可以按照家庭收入、社会身份、生活模式、产权因素等社会经济角度进行分类。从类型学角度来看，住区模式类型的物质与社会特征在不同地域空间上具有明确的时代意义，其空间肌理、建筑高度、规划布局、建筑类型乃至户型平面会随着社会经济、文化和制度背景变化而产生类型上的变化，这种变化在演化逻辑上具有内在的规律性和一致性。基于演进逻辑特征的住区模式，在某一时期的住区类型在空间分布上具有高度相似性与群聚性，但随着时间维度的推移，由于不同物质类型住区的混合又导致了在空间上的拼贴性与社会多样性。

2.3.3 住区模式要素构成与测度方法

（1）住区形态与住区模式

城市形态常被用来描述城市空间的物质特征，但城市形态与空间尺度有着紧密的联系，按照尺度层次从小至大可以划分成个人住房—住宅单元—小区单元—居住街区四个区段。Williams K. 认为城市形态研究是在城市区域范围内对所有尺度水平下建筑形态学特征的研究。从建筑形态特征入手来理解住区形态，在建筑层面包含了建筑材料、立面形式、窗墙比例等具体因素，而在住区尺度层面则包含了住宅类型、街区尺度、公共服务设施设置、空间布局等因素。Nicola Dempsey 认为城市形态包含了物质与非物质要素，其主要包含尺寸、形状、规模、密度、土地使用、建筑类型、街区空间布局以及绿地开敞空间分布等要素，并针对上述各种要素重新加以合并与分类，最终形成了城市形态的五大要素：密度、建筑类型、空间布局、交通与市政设施、土地使用。

有关住区形态在国外规划学科上还没有形成统一的定义，而国内学者对于住区形态的定义则往往都是从研究背景上加以展开的。如戴颂华认为，对“形态”一词的理解应有狭义与广义之分，其中狭义是指“事物整体以及内部组成部分的外在空间形式、内在结构以及由此产生的功能组织的三位一体的变化”，而广义概念的形态还包括“事物本质”的行为规律与认知抽象。窦以德总结了我国住区形态主要经历的五个历史阶段的发展特征（见表 2.7），并认为在保证住区围合的空间环境下，应当保持住区与城市的积极联系，并将住区融入城市当中，而一味地封闭式和孤岛化是不可取的。

表 2.7 我国住区形态主要经历的五个历史阶段的发展特征

发展阶段	形态特征	空间优势	空间不足
第一阶段（20 世纪 50 年代）	以围合式组团空间形式为特征的住宅街坊组织模式	围合形式较强、邻里空间的创造、内向交往空间、连续街坊界面	简单套用欧美和苏联模式，忽视日照通风，转角封闭的消极空间等
第二阶段（20 世纪 60 年代）	以组团为单位的层级式小区组织模式	既有围合感又弱化了封闭性，组团尺度合适，提供一定数量的公共配套设施	建设量小，实践形式与理论研究被忽视
第三阶段（20 世纪 70 年代）	标准化兵营式的住宅区	解决居住问题	单一形式，空间呆板，缺少联系
第四阶段（20 世纪 80 年代）	见缝插针的住房加建，高层住宅开始出现	重视中心绿化，增加公共空间和游憩设施，封闭性不强	住区与城市具有联系，尺度规模和空间密度适中，具有城市支路
第五阶段（20 世纪 90 年代）	住区商品化，以高层住宅为主	内部环境提升，与城市肌理结构脱节	规模变大，尺度少，人性化，封闭性较强，设置围墙，出入口控制

资料来源：窦以德．回归城市——对住区空间形态的一点思考［J］．建筑学报，2004（4）：8-10.

前文已对住区模式进行过较为系统的分析和概念界定，因此研究认为，住区模式与住区形态密不可分。住区模式是从物质形态入手对空间要素加以类型特征总结，低碳特征的住区模式研究需要将住区空间和社会组织联系起来，并从人的能耗行为以及由此产生空间碳排放的角度对空间模式要素加以分类整合。借助上述有关城市形态和住区形态对空间构成要素的分类标准，本研究将住区空间模式要素分解成密度、可达性及多样性三个指标，并从住区尺度层面对模式构成要素的参数计算方法以及测度指标加以拓展。

（2）住区模式的空间构成要素——密度与可达性

其一，住区密度的测度研究。

① 密度指标的概念界定。住区密度可以泛指一切与建成环境中的资源或空间配置有关的要素，并反映了某一地域在各种因素综合下的全局整体属性，各种因素的作用在密度构成中均有不同程度的体现。基于研究的方便，通常将密度简化成单位指标的形式，通常包括建筑面积密度（容积率）、人口密度、建筑密度、平均层数、户均居住面积、人均居住面积等，它们是研究住区密度的基本参数，也是对住区模式结构关系和演化过程进行量化描述的基础。

因此，作为空间模式主体——密度来说，其所承载的社会意义是深刻的：既可以反映街区活力、就业环境、生活交往、出行选择等一系列社会现象，又可以解释社会、经济和文化等背景因素调整而产生关联属性的变化。虽然住区密度主要与其物理特征要素相关，但同时还包含了非物理要素（也就是社会因素），并且具有差异性社会经济特征。伴随着居住者自身的经济、社会和政治等非物质要素的变化，其对住房类型、学校、商业等服务设施的选择行为也会出现分异性，由此会反作用于密度并影响其在空间分布上的再分布规律。

当我们提到住区模式时，常常会与开发强度或人口密度相关联，如“高层高密度”“低层低密度”，这种说法一方面体现出建筑体量、土地开发强度、环境绿化景观的物质因素关系，同时也是不同使用者、不同国家、不同文化背景等多因素作用下的空间感知评价。但近些年来，西方很多国家在规划政策制定与实施中开始逐渐淡化对“高密度”或“低密度”的概念定义，转向于从城市发展、设施供给、土地混合使用等方面来优化区域空间格局。这也说明了对于密度的研究不能仅仅限于密度指标本身高低，而是应当从住区形态的系统概念中寻找能影响密度要素变化的相关机制，并通过对密度各项指标的优化来实现住区的可持续发展。

②密度的测度方法。密度指标测度需要明确其用地边界与人口统计特征。通常来说，当对住区进行密度数据统计时，其地理空间边界所包含的人口数值应当是相互对应的。除了上述基本密度参数外，还可以根据空间统计数值并结合研究需要对其加以概念拓展，如户均套型面积、户均用地面积等。另外，在密度指标研究中，人口因素与住宅建筑本身形式以及内部户型面积也相关。例如：我们常常会认为高层住宅是具有高密度人口特征的，而低层住宅则为低密度人口特征。高层住宅或低层住宅所能容纳的人口数量与住区内部个体或家庭的人均居住标准相关，而简单地认为高层住宅就是“高密度”或者低层住宅就是“低密度”是不全面的，需要对建筑密度与人口密度分别加以测度。

其二，住区可达性的测度研究。

①可达性指标的概念界定。住区配套服务设施的空间可达性决定了居民对设施需求的程度和使用特征，因此在本研究中，采用“可达性”用来描述住区居民或使用者在一定空间区域范围内可以达到设施的便捷程度，同时也包括了其采用何种交通方式以及路径来实现自身的生活生理需求。事实上，对于可达性的研究不仅限于在空间维度以及时间维度数值方面，它还与设施布局本身紧密相关，如果住区内部的服务设施能够满足居民日常基本生活和休闲娱乐的需求，那么设施使用的外部可替代性特征就会愈发明显。

②可达性的测度方法。根据 Karst T. Geurs（2004）对可达性测度方法以及理论研究综述，其将可达性相关要素的测度分成了设施布局、区位位置、个人行为和使用活动四个方面。由此可以看出，可达性测度与城市交通系统规划布局是密切相关的，同时也反映出由于土地使用方式及混合变化对空间需求分布产生差异性作用，从时间维度对空间选择机会提供产生了约束性机制。因此，对于可达性测度方式以及方法运用的考虑，除了对空间因素（如距离、规模、种类等）进行评价之外，还需要将社会变量和行为特征加以全面整合。

最后，在空间可达性评价方法中，地理信息系统分析平台是不可或缺的技术支持，以其为支撑的评价方法有很多，主要包括比例法、最小邻近距离法、等值线法、引力模型法、缓冲区法、行进成本法、基于机会累积的方法和基于空间相互作用的方法等。选取的评价指标包括空间直线距离、交通成本阻力、设施吸引力和平均出行时间等。从国内外对于住区可达性的相关研究结论来看，可达性的测度研究与影响其变化的多种要素相关，主要体现在土地使用性质与交通方式构成两大方面，同时可达性的测度对于交通设施服务水平、时间约束以及设施供给所满足的活动需求性也紧密相关，还需要将个人的需求、选择以及社会经济特征也加以统筹考虑。

（3）住区模式的社会构成要素——多样性

第一，住区多样性的空间概念。

多样性概念多应用于生物学和生态学中，沈清基等认为“如果将城市看作有机体，‘城市基因’多样性即表现为城市社会、经济、文化等的发展状态及其相关行为活动的复杂程度，它决定了城市物质空间的多样性，是城市多样性的根本动因”。由此可以看出，无论是生物系统还是城市系统，多样性本质上反映出了它对于系统维持自身活动过程的必要性，同时也是人类赖以生存和持续发展的物质基础。对于住区来说，多样性涉及的范畴也是非常广泛的，其既可以包含物质空间要素，如用地类型、服务设施、景观格局等，也可以反映住区社会阶层、住房类型等社会空间特征。

物种多样性测度有较为成熟的理论和研究方法，其主要采用 Shannon、Simpson、Berge-Parker 等多样性指数，住区社会构成类型多样性测度在方法上是可以借鉴物种多样性测度方法的。由于在住区空间结构组织中各种社会因素相关交织，这也使得社会构成因素呈现出多样化分布特征。为了便于解释住区社会构成要素的整体分布规律和社会经济结构差异特征，研究引入了“住区多样性”这一概念。这一概念在指标测度中所对应的研究对象往往是基于空间中社会群体分布和混合程度展开的。另外，社会多样性与社会混合性是有一定区别和联系的，社会多样性常常以空间不同的社会经济类型特征来衡量，而社会混合性却采用不同社会阶层的构成比例作为测度依据。

第二，住区多样性的测度方法。

①物种多样性的测度方法。生物多样性测度常用的指数主要包括 Fisher 等（1943）提出的 α 指数，Simpson（1949）提出的多样性概率度量的 Simpson 指数，Margalef（1958）提出的 Shannon-Wiener 指数，以及

Whittaker（1977）将多样性指数分成的 α 多样性、β 多样性、γ 多样性和 δ 多样性四类指数等。对应于上面对物种多样性指标的测度依据，在进行住区模式的社会构成多样性参数计算时，研究参照选取了 α 多样性中的 Simpson 优势度指数和 Shannon-Wiener 随机度指数来进行多样性量化研究①。其计算公式分别为：

$$D = 1 - \sum_{i=1}^{m} P_i^2 \quad \text{（式 2.1）}$$

$$H^{'} = -\sum_{i=1}^{m} (n_i / N) \ln(n_i / N) \quad \text{（式 2.2）}$$

②社会多样性的测度指标。在此基础上，根据 Simpson 指数和 Shannon-Wiener 指数计算方法构造形成社会多样性指数的测度公式，并根据计算得出的指数值来比较住区模式社会构成要素实测值与理想目标之间的差距。研究将多样性的优势度和随机度两个指数简化定义为 *Sp* 指数和 *Sw* 指数，具体计算公式为：

$$Sp = 1 - \sum_{i=1}^{cla} (n_i^{obj} / n_i)^2 \quad \text{（式 2.3）}$$

$$Sw = -\sum_{i=1}^{cla} (n_i^{obj} / n_i) \ln(n_i^{obj} / n_i) \quad \text{（式 2.4）}$$

式中（式 2.3、式 2.4）*Sp* 指数和 *Sw* 指数分别为住区多样性测度指标，Cla 为某个社会多样性指标的类别数量。两个多样性指数均表达了实际测算值和目标值 1 之间的平均相对距离。从上述公式中可以看出，*Sp* 多样性指数值应介于 0 到 1 之间，其中 *Sp* 指数愈接近 1 则表明不同住区中，某种模式类型住区的社会多样性分布均质性越好；而 *Sw* 指数值是可以大于 1 的，值愈大则表明某一住区或某种模式类型住区的社会多样性分布丰富性越大。

---

①多样性指数通常用于判断群落或生态系统的稳定性指标，常用的指数包括 Simpson 优势度指数、Shannon-Wiener 随机度指数、Margalef 丰富度指数、Pielou 均匀度指数等。其中 Simpson 优势度指数表示优势度物种大小，其值越大，表示奇异度越高。Shannon-Wiener 随机度指数反映群落种类多样性的复杂程度，其值越大，表示群落所含的信息量越大，复杂程度越高。

（4）住区模式要素指标整合研究

对于住区密度、设施布局与可达性、空间多样性要素的研究既是相互独立的同时彼此之间又是相互联系的。比如当我们研究住区可达性时，其必然会与密度和空间结构发生作用关系，同时还与使用者个体的社会经济特征以及选择行为相关；而服务设施空间上分布的种类多样性、规模集约性随着人口密度的增加而开始产生边际递增效应；住区步行环境包括人行步道连续性、门禁位置与数量以及与公共交通站点的可选择路径决定了居民服务设施使用水平；住区空间布局和类型选择是基于前期规划设计构思和开发强度控制基础上的。

住区模式要素整合研究（见图 2.4），需要对住区形态演变过程和影响机制加以历史、社会和文化方面的梳理，并对不同模式的物质社会形态结构进行类比归纳，在此基础上将物质模式类型化和社会空间指标化。住区密度性、可达性、多样性三者之间的相互作用关系对住区能耗碳排放是否产生显著性作用，则需要在计量分析的基础上建构模式要素与能耗碳排放之间的对应关系，并对二者的正向性或负向性加以因果逻辑关系解释。需要指出，住区密度和空间可达性测度可以通过 GIS 空间数据库计算分析获得，但住区社

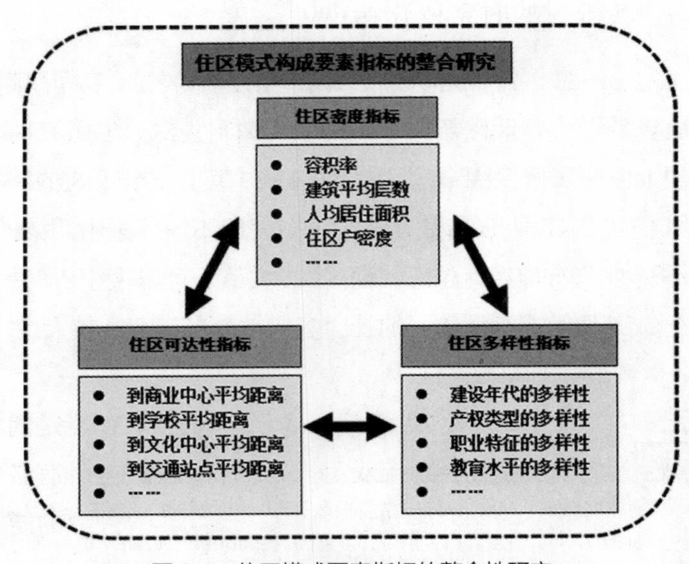

图 2.4　住区模式要素指标的整合性研究

会多样性测度需要结合问卷调查来获取更为详尽的人口社会经济统计指标，并由此实现对住区模式碳排放特征的差异性解析。

住区密度、设施可达性和空间多样性这三个模式要素，需要从模式特征角度对空间碳排放因果逻辑关系加以解释。同时，住区模式要素整合研究还需关注以下三方面：

首先，要探讨不同住区模式要素指标在空间上的分布规律，并对住区模式类型加以归纳总结，进而便于研究住区模式特征下的指标特征。

其次，基于低碳视角的住区模式研究应将能耗行为数据纳入其中，并能够通过相关计量模型解释住区模式与碳排放之间的相关性。由于空间模式要素对住区碳排放特征影响作用是通过人在空间中的能耗行为才得以实现的，因而这种高度集合性的作用机制在空间分布上必定存在着客观规律。

最后，对住区空间模式要素的测度，其量化指标既要能够和后续的社会调查统计数据在空间上建立起空间边界的对应关系，同时也要明确不同模式要素指标所反映出的社会结构特征。

2.4 住区能耗行为碳排放影响因素及估算方法

2.4.1 住区碳排放的时空变化特征

上文已提到住区低碳特征是可持续发展模式的量化体现，从碳排放角度来思考住区模式是否具有低碳特征，则必须要认识到住区模式在时间维度层面上的相对稳定性并具有全生命周期特征。在对某种住区模式的碳排放加以指标测度和评估之前，首先需要明确住区模式本身与能耗使用之间在时空维度上的变化特征，进而才能对住区碳排放特征做出“高”与“低”的价值判断。

（1）住区碳排放的时间维度性

某种住区模式被规划设计出来并加以选择性复制很有可能是偶然性的，但住区碳排放会因为物质和社会系统双重作用产生变化却是具有必然性的。当住区模式沿着时间轨迹演化发展到达顶部之后，会由于外界的能源环境条件变化或者内部的物质环境更新而使得住区碳排放强度开始逐渐出现衰减现象；同时当住区外部某种要素发生剧烈变化时，其必定会改变住区模式的内部空间组织与生命演化周期，从而对住区碳排放的时间周期起到加速或抑制作用。在上述条件下如果我们进一步引入住区不同要素的生命周期结构特征（见图 2.5），如家庭生命周期、住房改造与维修周期、家用电器设备使用周期等时间因素，则住区生命周期内的碳排放的强度变化拐点是始终处于动态变化之中的。

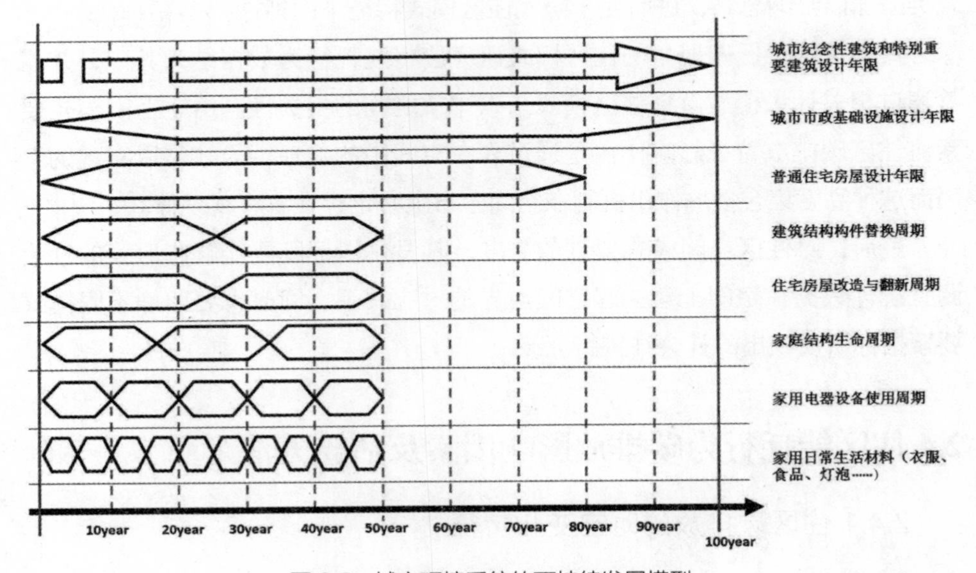

图 2.5　城市环境系统的可持续发展模型

本研究认为，从时间维度上思考住区模式对碳排放强度的影响机制，需要思考住区物质与社会模式在时间维度上的改变或重组所带来的碳排放收敛现象；在住区发展的生命周期轨迹中，减少碳排放不能被动地等待着某种固有模式自身所发生的碳排放衰减现象，而应当通过增加住区模式的选择方式来改变住区碳排放周期的时间结构。

（2）住区碳排放的空间维度性

从空间角度来看，住区形态会对居民的日常交通出行产生结构性影响，且住区物质空间规划建设具有不可逆性。住区内部空间组织形式以及外部区位条件决定了交通出行方式和距离，住区碳排放的高低可以从交通出行方式能耗程度以及距离长短直接反映出来，同时也可以从住区空间紧凑程度以及设施可达性方面加以测度，随着空间边界的不断拓展，住区模式规划对于不同尺度层面的碳减排发挥着不同的作用。住区模式对于交通出行影响而由此所引发的碳排放变化的因果关系在于：住区位置条件影响了居民交通出行距离和出行频次强度，如居住地、工作地、日常生活服务设施以及城市中心区的购物休闲娱乐设施相对空间位置关系，而住区密度特征则影响了居民对日常生活设施使用的强度，这是因为密度变化会使住区人口规模高密度聚集或无序蔓延，由此会对各种服务设施以及行为活动产生聚集性或分散性影响。

2.4.2 居民能耗行为与碳排放影响因素研究

一些国内学者的研究发现，在中国，经济增长与碳排放之间可能并不存在显著的类似于 EKC 的二次曲线关系，而是存在 S 型三次曲线关系。这说明居民收入水平较低时，城市碳排放增长缓慢，而当居民收入水平达到一定程度以后，碳排放会迅速增长，到较高水平以后再逐渐下降。快速城市化的中国不仅面临着经济增长模式的转型挑战，同时也包含着能耗行为与生活方式的转变。虽然短期内居民能耗行为难以有较大的改变，但住区能耗行为的碳排放水平控制却是十分必要的。对于政府来说则需要采用公共政策对住区发展模式以及居民能耗行为加以引导，从而使得住区整体能耗行为具有更强的低碳特征。

（1）交通出行是住区外部碳排放的主导因素

第一，机动化进程决定居住碳排放水平趋势。

世界能源组织 2009 年报告显示，全球因能源消耗产生的 CO_2 排放中，交通部门的排放占总量的 23% 左右，如果按照现状常规模式发展，到 2030 年和 2050 年分别达到 50% 和 80%。该研究还显示交通出行行为（出行方式、距离及总量等）、城市形态（城市密度、可达性、土地混合度）以及燃料使用效率是交通碳排放的三大主要影响因素。西方国家的研究表明，技术的进步虽然能减少小汽车的能耗水平和废气排放量，但是如果人们生活质量的提高和社会经济的发展与小汽车使用的锁定关系依然成立，技术进步的作用将很快被抵消。

在我国交通部门仍以化石能源为主体能源结构背景下，居民作为能源产品的使用者，其自身的使用行为与社会经济条件和舒适偏好密切相关。国内相关统计数据表明，2000—2007 年中国机动车存量上升了 156%，未来随着家庭私家车拥有量及使用率的进一步提升，居民整体交通出行结构中对于机动车的依赖性程度也会逐步提高。我们以上海为例可以看出，从 2004—2012 年上海市个人民用车辆数值一直处于上升趋势（见图 2.6），2012 年虽然由于摩托车数量急剧减少导致了总量出现拐点，但私家车数目呈线性增长的趋势还将继续保持下去。基于上述研究，可以断定由于私人交通工具增长所带来的城市能源消耗和碳排放增长从未来长期看是一个必然趋势。

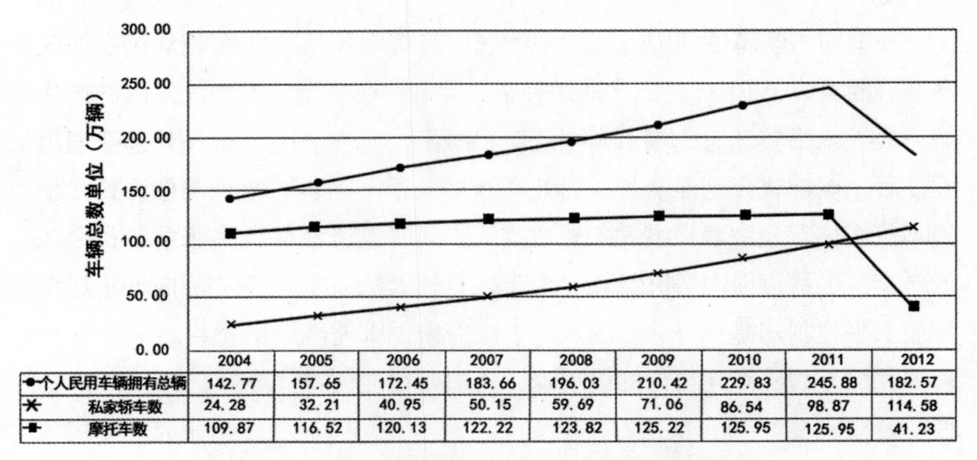

	2004	2005	2006	2007	2008	2009	2010	2011	2012
个人民用车辆拥有总辆	142.77	157.65	172.45	183.66	196.03	210.42	229.83	245.88	182.57
私家轿车数	24.28	32.21	40.95	50.15	59.69	71.06	86.54	98.87	114.58
摩托车数	109.87	116.52	120.13	122.22	123.82	125.22	125.95	125.95	41.23

图 2.6　2004—2012 年上海个人民用车辆变化趋势折线图

资料来源：根据上海统计网资料整理。

基于我国城市机动化水平迅速提高的发展情况判断，如果不重视住区模式发展变化对居民日常生活交通出行的影响作用，那么未来我国很有可能会走上与发达国家相类似的发展轨迹，城市空间扩展、职住距离拉大、家庭小汽车拥有量水平提高等都将成为城市空间高能耗高碳排的直接表现形式。另外，相对于欧美国家的“低层住宅 + 私人小汽车”的城市扩张过程不同的是，中国城市建设虽然大多是以高层高密度方式展开的，但这并不意味着其会减少机动化水平。而土地混合使用、公交导向开发模式对于中国减少交通碳排放依然适用，中国城市机动化进程应当通过有效的空间组织和规划控制加以引导。

第二，交通碳排放具有边界锁定效应。

从住区层面考察空间的交通出行所产生的碳排放，需要对不同尺度条件下的空间边界划定标准加以明确。从国外已有相关理论文献来看主要有以下两种划定方式：一个是以住区规模尺度和街道管理边界划定的空间范围内的交通出行，在该范围内主要对交通站点的可达性以及步行的安全性加以研究；另外一个则是划定居民日常工作和休闲娱乐活动的交通出行活动边界，该划定方式决定了要通过提高住区服务设施可达性来影响居民交通出行总量和出行方式选择。由于本研究的重点在于探析住区模式要素对于居民交通行为是如何影响的，而并非城市层面的交通出行调查与碳排放计算方式研究，因此对空间边界划定综合考虑了上述两种方式并加以整合，即假定居民在住区外部出行碳排放水平是由交通站点可达性水平所决定的，而在住区内部产生的碳排放则是由于公共服务设施种类、规模以及可达性对于居民外部交通出行产生影响作用。同时，不同交通出行方式选择的碳排放特征与住区模式相关性研究要引入居民社会经济特征变量，并通过建立回归模型来解释社会经济特征影响变量是如何作用于交通方式的，由此将交通碳排放的内外边界统一整合到住区模式研究中。

第三，居民交通出行的碳排放影响主要因素。

从现有的研究成果来看，对于交通出行碳排放影响机制研究主要集中在城市层面领域，采用的方法模型主要考虑以下几个方面因素：

①密度分布因素。城市空间密度对城市交通碳排放的影响效果具有较强的显著性作用，众多学者都一致认为紧凑型的城市空间结构形式有利于减少碳排放，居住地与就业地以及公共服务设施之间较高的空间匹配程度会有利于减少居民交通需求（包括降低私家车拥有率以及私家车使用强度），并会引导家庭使用能耗水平更低的交通出行方式，以最终实现减少城市交通碳排放。正因为密度对能源使用效率具有显著性影响作用，欧美国家一直倡导通过增加城市密度来减少能源消耗和碳排放，但也有学者认为，理论上密度与交通方式选择具有相关性并不是明确的，高密度也并不意味着城市环境的高品质。

国内有关密度与交通出行碳排放刚刚处于起步阶段，且在数据来源可信度以及数据结构完整性方面还需进一步加强。刘志林等认为倡导低密度蔓延式开发，提高居民日常活动的邻近度与可达性，控制机动车出行，可减少出行碳排放。姚胜永等通过对全球 87 个城市的能源消耗、城市空间和交通模式的分析，发现城市密度不是影响交通碳排放的最大因素。秦波等认为在考虑社会经济属性的情况下，影响居民碳排放的空间形态要素按影响由大到小分别为社区密度、社区可达性、社区多样性，其中社区密度是最重要的影响因素。

②服务设施可达性因素。公共服务设施可达性主要是通过距离和使用频次来加以测度的，即距离与使用频次呈正相关性，距离越近则使用频次会越高。如 Naess 采用结构方程对哥本哈根进行了案例分析，结果发现居住地的设施集中强度影响居民使用频次、出行频次和出行距离，郊区居民比中心区居民的交通需求量会更大。住区服务设施布局对于居民出行距离和时间消费的影响作用非常重要，提高设施可达性则可以减少本地居民外部出行的动机概率并由此减少能耗碳排放。同时，服务设施可达性不仅与功能构成和环境质量相关，同时还与各类设施在空间上的联系作用相关，将经济、社会和生态资源统一整合起来才能真正使得公共服务设施对居民日常生活需求和出行距离达到最合理化。另外，设施可达性与规划设计也是密切相关的。有研究表明，在密度相似的住区通过对步行环境以及多样性活动的创造，可以增加居民对住区设施使用的频次强度。综上，通过提高住区可达性以及优化公共设施布局可以有效降低居民交通出行碳排放，并由此将空间可达性、家庭位置与居民交通出行选择相关联，进而构建城市形态与交通出行碳排放的研究框架。

③家庭经济收入因素。根据已有研究结果表明，收入水平越高的家庭，其购买私家车的概率越大，且购买私家车后使用强度也往往越高，家庭特征（特别是家庭收入水平）是影响交通出行碳排放的重要因素。Kahn 以 1996 年世界 158 个国家的数据为研究基础，发现私家车拥有率的收入弹性为 0.91，即人均收入每增长 10%，私家车拥有率则相应增长 9.1%。Kahn 针对美国都市市区家庭的研究结果表明，私家车行驶里程的收入弹性超过 1，即私家车行驶里程的增长速度超过家庭收入的增长速度。由于家庭收入是衡量家庭消费

能力的一个重要指标，也是其生活方式选择与交通出行行为方式选择的影响因素，有关家庭收入对能耗消费行为影响的研究主要有以下几个重要结论：

一是家庭收入与能耗量呈正相关性，高收入家庭能耗一定比低收入家庭能耗要高。Per Anker-Nilssen 和 Claude Cohen 等学者都对此结论进行了一致性实证检验。二是收入水平达到中高水平以后，其生活行为模式将朝着舒适性、便捷性与机动性方向转变。如郑思齐和霍燚根据对北京居民的调查数据研究发现，随着收入水平的提高，家庭逐渐倾向于选择更为舒适的私家车出行。而对于已经拥有私家车的家庭，随着收入水平的提高，家庭对私家车出行的依赖程度也会相应提高，从而带来更多的汽油消耗与碳排放量。三是随着收入增长而导致的能耗与碳排放增长是一个长期的动态发展过程，但这种增长不是没有界限的，按照经济发展的库兹涅茨曲线分布规律，人均能耗也会渐渐随着收入的增加而达到 U 型曲线的顶端并开始下降。

（2）家庭能耗是住区内部碳排放的主导因素

第一，生活方式影响居民能耗碳排放行为。

“生活方式是由个人和社会群体、整个社会的性质和经济条件以及自然地理条件所决定的个人社会群体和整个社会的方式和特点。”Hertwich 经过研究认为，生活方式是指人们长期受一定社会文化、经济、风俗、家庭影响而形成的一系列的生活习惯、生活制度和生活意识。生活方式决定了家庭和个人的居住、交通、饮食、娱乐、餐饮、通信等相关内容，因此生活方式与生活能耗的碳排放高低密切相关。国家的经济发展水平决定了生活方式与人均消费能力，但这并不能直接证明高收入的生活方式就一定是高能耗的。

国内学者对于生活方式与碳排放水平相关性也进行了初步研究，如张艳等根据《中国统计年鉴 2009》对全国 287 个地级以上城市的居民直接能耗产生的 CO_2 进行了测算，结果表明，以用电和交通能耗为主的碳排放城市主要位于环渤海、长三角、珠三角等经济发达区域，另外以集中采暖区域的相关变量进行回归发现 CO_2 高排放区不在采暖期最长的地区而在经济发达地区，这说明区域经济发展水平对于生活方式起着关键性作用。在郑思齐等学者对美国和中国人均碳排放的比较研究中，所选取的 254 个中国城市中多数居民是居住在高层或多层住宅中的，人均居住面积 26 平方米的标准与美国住在郊区的独立式住宅的生活方式是完全不同的，因此中国城市居民的人均碳排放水平要比美国低很多。中国科学院《关于我国碳排放问题的若干政策与建议》一文中提到，1999—2002 年间中国 CO_2 排放量的 30% 是由居民生活行为需求造成的，因此，国情差异性决定了国外大量研究结论不可能直接用于国内研究。

第二，能耗消费行为具有碳排放水平差异。

居民生活中的能源消费行为可以分为两类，分别是直接能源消费和间接能源消费。据 Tukker 和 Jansen 对直接碳排放和间接碳排放的定义区分（由化石燃料燃烧产生的温室气体排放为直接碳排放）；由非能源产品或服务的全生命周期中产生的温室气体为间接碳排放，可以将直接用能和交通也归到一起作为家庭直接碳排放源，而将废弃物处理、家庭消费的非能源产品和服务作为家庭间接碳排放源。一般来说，维持家庭的正常生活都需要一定的能源消费，其中一部分能源消费是不以家庭人数的多少而改变或改变很少，可称其为固定能源消费，比如照明和取暖能源消费；另外一部分能源消费是与家庭人数密切相关的，人数多则消费量大，可称其为可变能源消费，比如交通、炊用等能源消费。

第三，家庭直接能耗的碳排放影响因素。

城市家庭能耗是城市能源消耗的重要组成部分，由此引起的碳排放是城市低碳发展的重要影响因素之一。家庭能耗直接能源消费包括住宅能源消耗消费和交通能源消费。从已有相关研究成果来看，家庭直接能耗的碳排放研究视角主要关注宏观与微观分析相结合，研究涉及的学科由经济学、建筑学到社会学、心理学、文化学、地理学、统计学等。目前，国际上对家庭直接能耗碳排放影响因素的多层面研究虽已全面展开，但时间序列研究、时空结合研究有待深入。本研究认为，从社会基本单元——家庭入手对家庭直接能耗的碳排放进行研究，不但可以更有效地观测影响家庭直接能耗碳排放的各种影响因素，同时还可以通过大样本来推测家庭能耗碳排放在空间分布上的社会意义。

第四，住房使用特征。

该方面研究思路主要从住房使用特征入手对家庭直接能耗进行回归分

析，其中住房状况包括住宅建筑面积、户型结构、房间数量、住房所有权状况等诸多因素，通过建立方程来分析住房特征变量对于居民能耗行为及碳排放的直接或间接性的作用关系。如 Schuler 对德国西部家庭供暖能耗采用样本模型研究得出，建筑物的特点是决定家庭能源消费需求的一个重要因素，住宅面积越大，房间数量越多，消耗的能源也越多且人均能耗的边际增加更多（Curtis、Black）。Thomas Olofsson 选择了瑞典斯德哥尔摩市的 112 栋居住建筑进行了能耗调查，采用多元 PLS（潜在结构的偏最小二乘）来模拟不同类型的建筑能耗加以分析，研究模型数据变量包括了每月能耗、建筑面积、居民年龄、职业类型等。在国内研究方面，霍燚、郑思齐和杨赞采用多元回归模型研究，结果表明，住房面积增加则带来更多家用电器设备的使用，从而导致户均能源消耗量及其碳排放量的上升。

（3）社会经济特征是住区碳排放的主要变量

其一，人口及家庭结构与碳排放相关。

一般来说，与能源消费模式密切相关的城市人口因素主要包括城乡分布、人口年龄、家庭结构等，这些都会在某种程度上对能源消费产生直接性或间接性影响。人口规模数量、劳动适龄化人口、老龄人口比例等诸多因素对于城市碳排放具有正向或负向影响作用。例如：Glaeser 和 Kahn 对美国 66 个大都市区的研究发现，随着城市人口的不断增加，新增人口的人均碳排放量要高于存量人口，因此城市人口的增加会导致更高的碳排放水平；Michael 等采用“能源—经济增长”模型研究了美国人口年龄结构对能源消费及碳排放的影响，研究表明，在人口压力不大的情况下，人口老龄化对长期碳排放有抑制作用，这种作用在一定条件下甚至会大于技术进步的因素。

综上所述，无论是宏观的社会人口结构变化还是微观的家庭人口规模调整，都会对住区能耗碳排放产生直接的影响作用。近十几年来，我国人口总量虽然增长缓慢，但人口结构的改变却使得碳排放增长并没有减速，其中人口老龄化现象加快、人口城市化率快速提高、大量农村劳动力向城市转移等诸多变化都在不同程度上对城市碳排放产生影响作用。同时，随着中国家庭人口规模结构的变化，在住区层面也必然会对家庭能耗消费领域的碳排放产生影响作用。本研究认为，住区能耗碳排放应当将其与社会的人口结构因素、家庭规模因素等人口家庭结构模式相联系。

其二，经济收入水平与碳排放相关。

环境库兹涅茨曲线（见图 2.7）显示环境质量与收入水平呈倒 U 型关系，这意味着在居民收入水平达到拐点之前随着收入水平的提高所产生的能耗碳排放也会愈多，且经济越发达的国家和地区其生活能耗占的比重会越大。王妍等人对中国 1994—2005 年不同收入阶层的生活能耗统计结果显示，低收入阶层生活能耗变化不大甚至下降，而中等收入阶层的生活能耗增加了 1.4 倍，高收入阶层生活能耗增加了 2.4 倍，上述各阶层人均生活能耗均以间接生活能耗为主，且高、中收入阶层与低收入阶层在间接生活能耗方面的差距是十分明显的，最高收入阶层生活能耗是最低收入阶层的 7.5 倍。

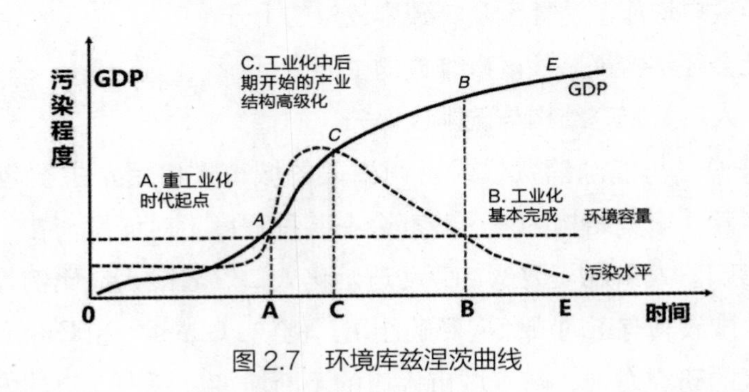

图 2.7 环境库兹涅茨曲线

其三，环境价值观与碳排放相关。

环境价值观是指个体对环境保护和环境义务直接赞成或支持性行为。我国学者孙峰认为环境价值观是指人们在环境认识的基础上，对环境所做的价值评判，在判断“是与非”“该不该”的基础上做最终的行为取向。因此，由环境价值观概念入手来理解能耗消费行为可以发现，环保意识价值观与利己价值观对居民能耗行为以及节能意识具有很强的影响作用。Corraliza 和 Berenguer 研究发现，环境价值观只有在与个体的环境态度或主观规范和责任感相一致时，才可能对居民的节能行为产生影响。Gatersleben 等学者指出，不同于其他环保行为，环境态度与家庭能源消费行为之间关联度很低，这主要是由于人们对具体能源使用方面的知识和具体的意识不足，也就不能形成针对家庭能源使用方面的具体环境态度，只有主观规范和责任感相一致时，才可能对居民的节能行为产生影响。从上述国外相关研究成果来看，环境价值观对于能耗消费行为究竟是否存在显著性的研究结论并不一致。

2.4.3 住区能耗行为的碳排放估算方法

从国外有关统计数据来看，居住能耗水平在城市整个建筑能耗结构中占16%~50%的比例，在我国居住能耗水平则占到了16%~20%的比例。居住能耗计算相对于其他部门如商业、工业、农业、交通等要复杂得多。这是因为，首先，居住者行为是变化多样的，其导致了能耗计算需对个体行为进行统筹考虑；其次，由于涉及隐私问题，因此对于家庭能耗的数据搜集以及精确度确定是比较困难的；最后，家庭直接能耗变化还与温度、湿度和气候条件相关，在时间序列上其处于变化之中。在住区能耗影响因素中，决定因素不仅仅与其物质形态相关，更重要的是，其还与生活方式以及居民能耗行为紧密相关。

在住区层面，居住能耗的量化统计指标通常以家庭作为评价单元，能耗消费主要包括家用电、燃气、暖通等能源消费类型，同时还会涉及与之相关的住宅统计影响变量，如建筑面积、建筑层数、房间数量等。在能耗单位统一方面，千兆焦耳作为公制的度量单位，其可以将上述各类消耗消费的度量单位统一加以标准化转换①；根据计算得出的家庭能耗指标乘以碳排放系数将其转换成每公顷的CO_2排放量。

（1）基于SM算法的家庭直接能耗计算模型

关于能耗计算模型的研究成果已经非常丰富，总体上大致可以将其分成两种类型："自上而下"和"自下而上"。这两种类型对应着不同层次的信息输入、计算方法以及模拟技术（见图2.8），由此得出的计算结果也会有不同的应用目的性和解释性。

首先，自上而下的研究方法。

该研究方法将居住部门看作是一个能源容器，不同于基于个人终端使用

①能耗消费数据的度量衡标准化，可以使得家庭之间、住宅单元间、住宅和交通之间更为便捷地进行能耗比较。1千兆焦耳等于277.8千瓦用电、28.36立方米天然气、28.85升常规汽车燃料。

来区分能耗的计算方法，自上而下模型对于能耗的影响性判断取决于居住能耗的长期变化。与此同时，该方法所选择的计算指标属性为宏观尺度的，如GDP、就业率、价格指数、气候条件、房屋建设和拆除率等。该方法的优势在于应用性比较广，操作简单，所应用的数据比较容易获得，但也存在着不足之处，由于此方法需要借助历史数据，缺少个人终端的能耗使用特征，从而对于减少能耗的改进方法缺少了解释力。

其次，自下而上的研究方法。

该研究方法涵盖了所有的模型并采用具有层级化特征的数据，同时其考虑了个人终端能源消费状况、个人住房以及住房类型，并在此基础上对其所调查的区域和住区能耗特征进行估算。其中，SM（Scaled-memory，量化记忆法）模型通过相关历史信息和不同方式的回归分析来进行居住能耗的特征归纳与分类，而EM（Expectation-maximization——期望最大化算法）模型则是通过个人终端能源的家用电器使用以及使用功率统计来进行能耗特征估算。该方法所选择的计算指标主要包括家庭房屋、所使用的家用电器、居民的能源使用行为、环境态度、信念、价值观、个人规范、感知效能等微观因素或社会法规、技术与市场等相关因素，重点解释家庭能耗消费与碳排放的影响因素与数量差异。该研究方法的优势在于其不需要依靠时间维度的历

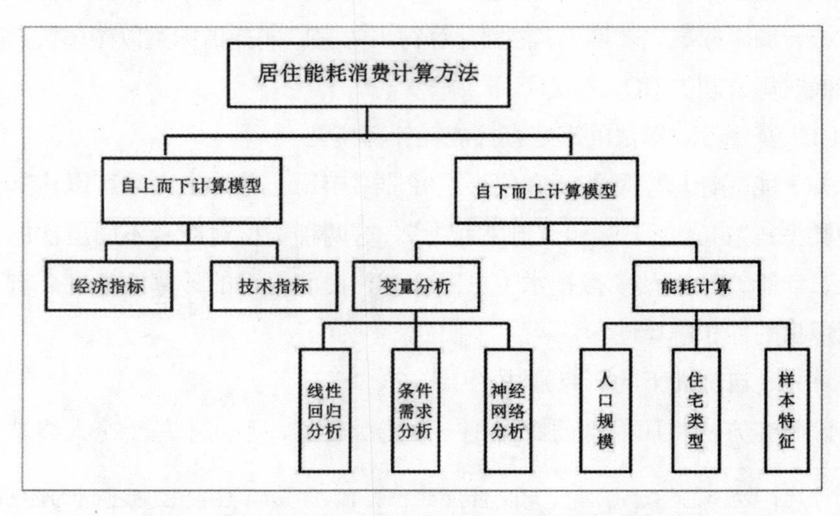

图2.8 “自上而下”与“自下而上”住区能耗估算模型与计算方法比较

史数据，但不足之处是其所需要的数据比自上而下的研究方法更为详细。本次研究采用 SM 模型进行家庭能耗计算。

（2）基于出行结构的交通出行能耗计算模型

首先，城市层面的交通能耗计算模型。

大多数现存的有关城市交通出行部门的能源消耗估计模型主要的相关数据包括：车辆保有量、平均车辆千米出行（VKT）、燃油经济性等。这种研究方法较为直接和明确，并通过燃油效率和燃料税的计算对国家相关政策予以支持。但这种计算方法，国内学者却认为其存在着应用局限性，其在对国际通用的计算方式全面回顾的基础上结合我国具体国情对上述模型进行修正，并建立了一种通过乘客的交通出行行为来计算 CO_2 排放量计算的方法，这一方法依据的是已有的人口数量、经济状况、交通方式组合以及出行距离等诸多因素，对未来城市整体的交通出行需求、出行方式以及燃料使用强度加以估计。其具体的计算公式如下：

$$Fuel_j=\sum(Trips\times Residents\times P_{i,j}\times Distance_{i,j})\times Fe_{i,j}\times Load_{i,j}\times 10$$

$$CO_2=\sum(Fuel_j\times Carbon-intentity_j\times Fe_{i,j}\times 44/12 \qquad (式 2.5)$$

上述公式（式 2.5）中 i, j 代表了第 i 种交通方式所使用的燃料类型 j，*Trips* 和 *Residents* 则代表了每人每天出行的里程数量和居民人数，相应的 P_{ij}、$Distance_{ij}$、$Load_{ij}$ 则表示交通方式划分、每种交通方式的出行距离以及每种交通模式的能耗因子，Fe_{ij} 和 $Density_{ij}$ 则表示了不同交通方式下的每公里燃料消耗比率以及第 j 种燃料的燃料能耗含量，CO_2 排放量计算则等于第 j 种燃料与碳排放强度及转换系数的乘积。

该方法主要可以用来估算：

①城市层面的燃耗消费与 CO_2 排放总量估算，数据来源于交通出行人数；

②可利用相关统计数据，如人口数量、平均出行距离以及交通方式组合进行能耗因子划定；

③针对不同地区和发展特征差异性，可采用相类似规模及区位的城市进行估算；

④需要考虑城市政策情景模式下的交通出行变化以及 CO_2 排放量。

其次，住区层面的个人出行能耗计算模型。

根据城市交通出行能耗计算模型，在住区层面为了简化研究，本研究将出行行为划分为通勤出行和休闲出行两个部分，并按照统计问卷估算出个人每年的交通出行能耗。出行结构要素包括出行方式、出行频次、出行距离，在此基础上将出行能耗与出行结构要素相关联。交通方式按照人均碳排放可以划分为三种类型：小汽车 T1（包括私人用车、出租车、通勤车）、公共交通 T2（包括地铁轻轨、公共汽车）、非机动车 T3（电动车、自行车和步行）。具体计算公式如下：

$$E_i^T=\sum_m E1_i^m+E2_i^m \quad （式 2.6）$$

$$E_i^m=\sum_i[(Fe_1^m\times Di_1^m)+(Fe_2^m\times Di_2^m)]\times load_m \quad （式 2.7）$$

$$load_m=PF_m\times EC_m \quad （式 2.8）$$

其中 E_i^T（式 2.6）为第 i 个人每年交通出行总能耗，单位为 $MJ\cdot people^{-1}\cdot year^{-1}$；$E1_i^m$ 为每年采用 T1，T2，T3 交通方式子集下的工作通勤出行能耗，$E2_i^m$ 为每年采用 T1，T2，T3 交通方式子集下的休闲交通出行能耗，单位为 $MJ\cdot people^{-1}\cdot year^{-1}$；$E_i^m$（式 2.7）为第 m 种交通方式的能耗因子。Fe_1^m 和 Fe_2^m 分别为每年通勤出行和休闲出行频次，Di_1^m 和 Di_2^m 则为通勤平均出行距离与休闲出行平均距离；$load_m$（式 2.8）表示第 m 种交通方式的能耗因子，其等于 PF_m 交通方式 m 单公里油耗与 EC_m 燃料能耗含量的乘积，而 CO_2 排放量估算则按照国家碳排放系数加以转换。

2.5 基于低碳目标的住区模式评价方法

2.5.1 行为地理学研究方法与评价模型

（1）行为地理学基本概念

行为方法论最早源于心理学研究，心理学家主张采取行为主义的“方法论”来解释不同精神状态运作下的结果并进而解释心理与行为之间的因果关系，20 世纪中期，地理学相关研究认为，人类活动规律与其承载的建成环境存在着模式对应关系，并尝试将心理学的行为方法论引入到地理学研究领域，通过观察人类经济活动和社会活动现象在空间上分布密度和强度的变化来解释空间现象背后的主体行为规律。在 20 世纪 60 年代，计量地理学运用行为方法论在实证主义空间分析方法基础上掀起了“行为革命”，并形成了对欧美地理学产生深远影响的“行为主义学派”，自此开始以行为方法论为基础的空间行为研究成为地理学以及城市规划的重要研究领域。百度百科对行为地理学的定义为“研究人类不同类群（集团、阶层等）在不同地理环境下的行为类型和决策行为及其形成因素（包括地理因素、心理因素）的科学，是在行为科学、心理学、哲学、社会学、人类学等科学的基础上发展起来的带有方法论性质的应用地理学新分支”。

（2）行为地理学空间方法论

行为方法论强调城市空间结构对社会活动系统的影响机制，基于行为的城市空间研究范式“空间—行为”的互动理论不仅将人类行为置于复杂的城市空间背景下加以考察，行为的认知、偏好以及选择过程受到空间的制约，同时还认为物质空间与行为空间是相互影响和彼此叠加的，主体行为对城市空间同样也具有“再塑造”的积极作用。行为地理学对空间行为的研究主要通过统计模型和数学模型来解释行为发生的多样性特征，整体上行为方法论强调个体人的行为模型，同时还探讨不同环境（社会、经济与文化）状态下的行为发生机制，通过采用行为方法论将研究范畴从物理环境拓展到行为发生的现象环境。对于研究资料来说，行为地理学认为数据结构不仅来源于普遍意义的统计资料（包括空间的和社会的），同时还应采用田野调查方法进行问卷调查和现场访谈。Golledge 则认为行为方法论的研究方法本质上即从个体入手来揭示个体与城市空间的相互作用过程与机制，从微观个体角度来构筑行为与空间二者间的联系性。戈利吉则认为，行为科学的研究方法第一个目的是说明某种行为为什么能够发生，第二个目的是设问“人类在空间中能创造出什么样的模型”。

（3）行为地理学视角的模型建构

行为地理学相关研究认为，空间行为是人们在认知基础之上进行判断选择而采取的自觉或不自觉的行动，对于个人的空间行为可能是随机的，但就一定集体而言将表现出一定的规律性，对此可以进行系统分析和模型建构。本研究认为，减少住区碳排放并不是仅仅依靠各种先进的建造技术手段就能够实现的，而应当从制约性条件下的住区模式研究入手来具体研究居民能耗行为特征，并综合考虑土地使用、住宅类型、设施配置使用等诸多物理要素条件，并对物质环境要素中能够实际影响个人及家庭能耗行为的作用机制加以整体结构解释。此外，在模型检验过程中，个体行为发生还面临着社会经济、文化背景、价值认同等非物质性的约束条件，对于能耗变量解释还需要考虑到约束性条件下的个体行为差异性特征。

综上所述，行为决策模型从理论角度来说是符合因果逻辑关系的，对于行为发生、发展机制的解释需要将个人以及家庭置于具体的复杂环境中。同时我们也要接受模型本身由于限制条件设定的不同，以及个体主观偏好、选择与实际决策行为之间可能存在的不一致性的现象。借用行为效用分析原理与方法，可以将能耗行为方式以及消费结构特征作为因变量，对居民的交通出行行为、家庭能耗行为的碳排放特征加以因果关系的机制研究。研究模型建构的前提是对个人、家庭的社会经济属性的差异性特征进行相关性检验，并由此建立个人、家庭社会经济属性特征—住区集体能耗行为—空间碳排放的假设关系。

2.5.2 低碳视角下的住区模式评价要素

从城市规划角度来看，住区模式研究首先需要从物质空间模式入手来理解住区演变过程和类型特征，物质空间模式主要包括开发强度、资源配置和住房混合三个方面，而对于密度性、可达性以及多样性测度则要借助指标参数才能与住区碳排放建立空间边界对应关系。由于住区建设使用与碳排放环境影响机制是双向的，即建设改变环境的同时环境又反作用于住区能耗，住房的生命周期是有限的，而使用住房的能耗主体却是永存的。因此，基于碳排放特征的住区模式研究还应从物质空间模式拓展到居住主体的社会组织结构，社会组织结构对个体以及家庭能耗行为产生双向反馈机制，并由于交通出行以及家庭直接能耗行为在住区层面产生了动态碳排放。在上述住区模式评价要素构成中，住区物质空间模式、社会组织结构和能耗行为特征是彼此相互作用的，社会组织结构既是物质空间模式的社会形态表现，也是居民家庭能耗行为的内在影响机制，通过整合 GIS 空间数据和问卷调查数据，建立低碳目标下的住区模式评价要素构成研究模型（见图 2.9）。

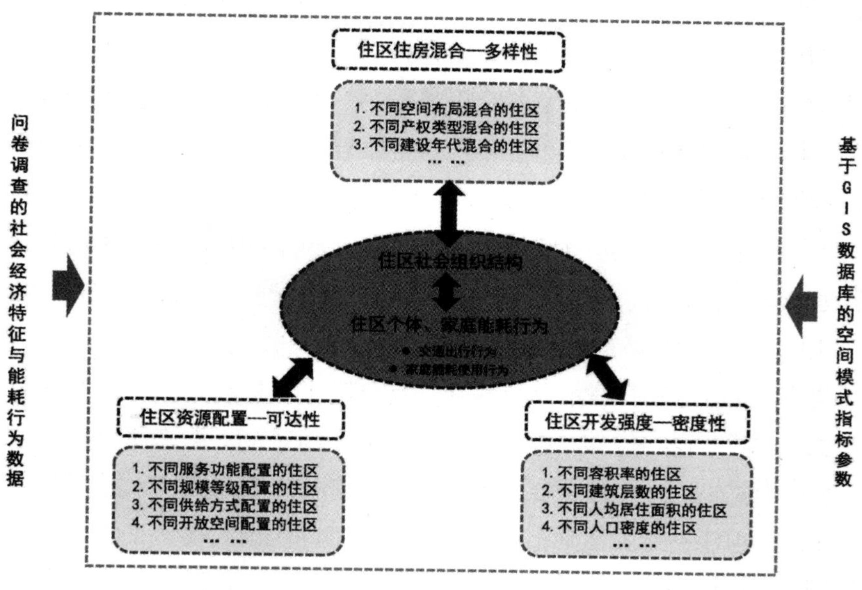

图 2.9　低碳目标下的住区模式评价要素构成

2.5.3 基于能耗行为活动特征的假设关系

（1）问卷模块的相关性矩阵分析

综合已有住区碳排放影响因素文献研究成果以及基于居民生活行为条件下的能耗特征条件，本研究主要借鉴行为地理学研究分析方法以及计量模型建构原则，初步判断住区居民社会特征属性与能耗行为之间的相关性（见表2.8）。其主要研究思路如下：

首先，从行为地理学研究视角来看，与住区能耗相关的居民日常生活行为是具有相对规律性的，规律性行为包含了睡觉、吃饭、工作、休闲等基本活动，活动行为的规律性和功能构成稳定性为问卷模块之间的假设关系提供了理论基础。因此，住区居民日常活动特征不但反映了住区模式的物质支持作用，同时也是行为个体社会经济属性对能耗行为的隐性反馈。前文大量理论综述都表明，住区形态与交通出行以及家庭直接能耗行为之间是密切相关的，但住区模式本身是物质与社会因素的合力作用。因此，本研究的假设关系将个体社会经济特征以及家庭结构组织作为影响居民生活能耗行为的基本自变量。

其次，基于活动的行为研究方法认为空间组织模式源于居民生活需求，而居民个体以及家庭的交通出行、设施使用、家庭直接能耗等一系列需求决策对空间碳排放具有决定性的影响作用。上述不同的活动需求之间并不是与活动主体单向性作用的，而是彼此支持并形成了居民的日常生活行为结构，但从相互作用的影响程度来看，居民交通出行与设施使用行为之间的相关性会更强一些，而家庭直接能耗行为与交通出行、设施使用行为的相关性会更弱一些。

最后，住区居民日常能耗行为活动特征除了直接与其主体社会经济属性相关之外，同时还与低碳节能生活意识、居住满意度、设施使用感知等感知形态密切相关。因此，生活在住区中的居民个体以及家庭，以主观感知的方式作用于客观能耗行为活动，并会反映出不同住区模式类型下的物质环境和社会环境差异性特征。本研究将上述主观感知因素与活动主体、日常生活行为活动建立假设关系。

表 2.8　问卷各模块之间的相关性

	社会特征模块	交通出行模块	设施使用模块	家庭能耗模块	满意度及问题感知评价模块
社会特征模块		相关	相关	相关	相关
交通出行模块	相关		相关	弱相关	相关
设施使用模块	相关	相关		弱相关	相关
家庭能耗模块	相关	弱相关	弱相关		弱相关
满意度及问题感知评价模块	相关	相关	相关	弱相关	

综上，在问卷各模块相关性作用关系中，社会特征模块是最重要的自变量主体，而交通出行和家庭能耗两大模块是住区居民及家庭直接产生碳排放的主要来源，设施使用行为对于交通出行具有间接影响作用，而满意度以及问题感知评价作为主观感知方式，又会通过活动主体反作用于日常生活行为

特征。鉴于对不同模块之间的逻辑关联性梳理，相关性程度分成了相关与弱相关两种类型，并重点对相关性较强的假设关系加以显著检验。在相关性检验分析结论基础上，本研究将进一步针对居民交通出行和家庭直接能耗建构回归模型。需要说明的是，即使变量之间被证明是具有显著相关性的，但数据回归分析中还需要对相关性变量加以再次检验和剔除，并保证回归结果的拟合性和可解释度是符合科学标准的。

（2）回归模型因果关系的检验标准

对个体及家庭自变量与交通出行方式、家庭直接能耗行为之间的因果关系求证需要对以下四个检验标准加以明确，分别是关联性检验、数据结构判断、伪关系检验以及偶然性因素解释。

①联性检验可以从已有的研究结论中找到具有明显关联性的影响变量，这样就可以直接建立个体属性以及行为特征和能耗行为之间的回归方程模型。

②对面板数据结构判断，鉴于本次研究是一个横截面研究，由于通过时间顺序前后比较能耗消费变化从而获得数据是比较困难的，因此采用相关变量对其进行检验，即住区居住主体的能耗行为影响建成环境碳排放是由于个人社会经济条件对能耗成本控制机制产生的。

③第三个判断标准是伪关系证明，需要引入第三方变量（如满意度评价、行为频次强度等），其可以看成是解释能耗行为结构的情景影响变量。

④第四个判断标准是对偶然性因素的解释，通过住区物理特征和社会经济特征变量，对已经建立的研究模型所存在的真伪关系提供解释性的量化支撑。

2.5.4 基于碳排放特征的住区模式评价方法

基于低碳目标下的住区模式与碳排放特征评价主要涉及三个内容——物质空间环境、社会组织结构、能耗行为特征。基于低碳目标的住区评价要素既是可持续发展思想在可计量化方面的延伸，同时也是建立住区碳排放特征评价的主体内容。其中，住区物质空间环境是家庭组织模式和能耗行为模式的空间载体，社会组织结构是住区能耗行为的活动主体，能耗行为特征则包括交通出行和家庭直接能耗两大类，同时也是住区外部与内部能耗碳排放的主要表现形式（见图 2.10）。

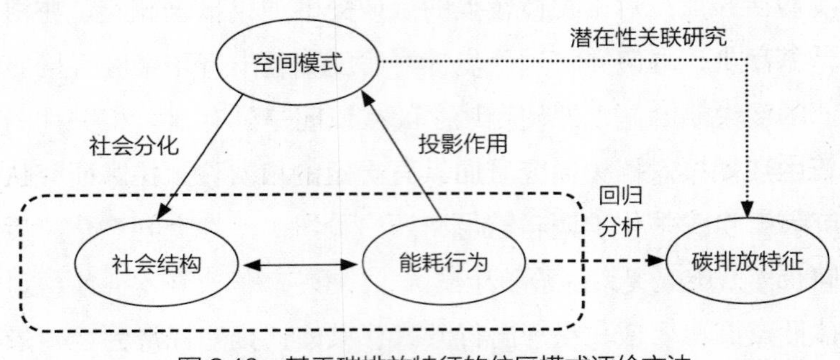

图 2.10　基于碳排放特征的住区模式评价方法

因此，住区模式评价要素是物质空间环境、社会组织结构与能耗行为特征的总括。在当前巨量、快速的城市建设进程中要检验判断住区模式的低碳效应，需要从“住区模式”的角度，对住区社会组织结构和能耗行为特征之间的低碳效应加以回归分析。同时，住区模式与居民能耗行为碳排放特征之间的关联性研究，则必须通过居民能耗行为的影响因子评价来加以因果逻辑解释。

总之，基于低碳目标下的住区模式与碳排放特征评价方法，主要体现了三个分析路径：一是探讨空间模式类型与社会结构分化是如何对应的；二是社会结构中的哪些变量是影响能耗行为的权重因子，同时探析这些社会经济影响因子在住区空间模式的分布特征是怎样的；三是在能耗行为碳排放估算基础上，对住区空间模式与碳排放特征加以综合评价，并对能耗行为在住区空间模式的投影作用机制加以定量分析和内因解释。

2.6 本章小结

总体来说，我国关于低碳城市的研究尚处于起步阶段，而在城市规划领域内则主要集中在文献综述和理论建构阶段，对于城市空间形态和碳排放特征相关性的实证研究工作还需深入。另外，从已有研究对象和空间范畴来看，在城市宏观尺度方面如城市产业经济与低碳发展、城市功能结构与交通出行等方面分析较多，但在中观和微观尺度方面的研究却与国外同类研究存在差距，且以住区为研究对象开展的大样本调查分析研究较少。本研究从住区模式角度对居民能耗行为及碳排放特征研究的理论依据和实证方法主要体现在以下三个方面：

（1）住区模式理论研究应置于国情背景之中

虽然住区规划模式理论研究方面具有一定的启发性，但本研究认为住区空间模式发展有自身演化的逻辑特征和历史阶段，认知空间物化背后的内在社会结构特征是住区模式研究的关键所在。同时，对于学术界所探讨的“高密度”或“低密度”模式现象，要将其放在具体的社会经济环境背景下加以理解，资源条件约束下的住区开发模式研究应是基于低碳发展理念下对于社会、经济和环境的平衡性考虑。对于我国当前高密度讨论，需要转变现有城市规划中就现象论现象的思路，把空间现象以定量与定性相结合的方式加以实证解析，并从社会、经济、文化动态性的整合视角去探讨住区模式演化背后的发生机制和因果逻辑。

（2）住区能耗行为特征研究应引入计量模型

行为地理学的研究方法对从空间行为角度建立因果假设条件住区碳排放机制检验模型具有方法论指导性意义，并将住区碳排放评价从物理环境拓展到现象与行为环境，并根据数据回归检验来判断影响因素的权重系数。上述研究方法从理论角度来说是符合因果逻辑关系的，但对于能耗行为发生、发展机制的解释需要将个人以及家庭置于具体的复杂城市环境中，通过回归方程的系数来解释行为碳排放影响程度使评价更具有真实性和科学性，同时我们也要接受模型本身优于限制条件设定的不同，以及个体主观偏好、选择与实际决策行为之间可能存在的不一致性现象。

（3）低碳目标下的住区模式与碳排放特征相关性研究

碳排放估算不仅是一个可量化的计算模型，同时还涉及对环境影响价值观判断的问题，本研究在结合已有国内外碳排放算法的基础上对其进行了修正，即重点关注家庭直接能耗和居民交通出行的碳排放估算。本研究从住区模式的可持续发展、低碳发展价值观判断入手，来思考住区模式与能耗碳排放之间相关性及潜在影响因子。因此，本研究在住区碳排放估算中，并没有将单体建筑的建造、使用和拆除过程中对能源资源的消耗以及碳排放纳入碳排放估算中，而是将居民及家庭作为能耗行为主体，从行为特征入手来分析住区物质模式形态背后的社会分层分化结构对碳排放差异性的影响作用，并将碳排放边界锁定在住区内部与外部两个层面。

总之，我们需要进一步明确的是，中国的城市管理者和规划师对于低碳城市发展路径选择不应仅仅停留在对于“高层高密度”“低层低密度”等模式物化空间形态讨论方面，更应当从国情背景出发来对住区模式背后导致能耗碳排放差异性的人以及行为特征展开实证研究。应当说，中国城市无论是从城镇化速度还是开发强度上都是与欧美国家完全不同的。需要警惕的是，目前一方面许多城市中大规模开发建设的新城见楼不见人，住区超大尺度和高容积率、少配套设施、空间渗透性差等一系列空间现象很明显是不低碳和非可持续的；另一方面，正在迅速崛起的中产阶级消费能力将会进一步推动对私家车、豪宅的购买，这反过来将会与上述高能耗特征的空间模式相适应。因此，本研究认为需要将能耗行为主体与住区空间模式的相关性加以整合研究，并从住区空间模式角度对居民能耗行为能耗碳排放特征加以内因解析与价值判断，这样才能从根本上寻找到基于当前发展阶段的碳排放减少手段，进而构建基于低碳目标下的住区发展模式。

第三章　住区模式的空间演进特征与类型划分

从西方紧凑城市理论提出到实践应用的历史来看，其倡导的“高密度”与可持续发展模式不断被各国学者实证检验与学理质疑。例如：在2009年哥本哈根联合国气候变化大会上，各国政府在对于可持续发展议题的讨论后甚至对于什么是可持续发展理念都没有得到统一的实质性结论，其主要原因就在于当可持续发展目标越来越多元化，其真正能够实现的政策手段却愈发困难。面临着全球日益严峻的资源环境挑战，我国当前的“人地”关系已成为住区模式发展与选择核心议题，在提倡节约土地资源的同时，我国现有阶段对住区开发建设的容积率不断提高已成为一种必然，但这种发展模式发展却是建立在城市建设用地无序扩张、土地财政与市场收益最大化等诸多不可持续发展背景下的，如果对于城市自身的环境承载容量以及居住者使用需求全然不顾，一味地追求高容积率却无适度控制手段，那么基于人多地少的住区高密度价值取向是存在发展悖论的。

3.1 中国近代住区模式实践的演进特征

3.1.1 单位化住区模式（1949—1977）：乌托邦家园的兴衰演进

新中国成立初期，城市底层人民居住条件十分简陋，住区配套公共设施极度缺乏，改善和解决城市工人阶级的住房问题成为政府工作的重点，同时也是社会主义政治理念的具体体现，因此这一时期的住区规划建设具有很强的意识形态特征。根据政策、经济的调整变化可以将其分成三个历史阶段加以解析。

（1）发展模式阶段一：工人新村

在经济恢复与第一个五年计划时期（1949—1957），基于“先生产、后生活”的社会经济发展政策使得国内城市住宅建设在国民经济中处于次要地位，同时苏联居住小区规划理论在我国住宅建设中得到了引进。由于投入建设的城市财力有限，政府在各大中城市以较少的投资建设了具有示范性意义的工人新村。工人新村可以看成是单位住区的原型，其可以追溯到前苏联在20世纪30年代为了巩固布尔什维克堡垒进行的集体居住形式。单位住区，一般是指以一个或多个单位为核心，以居住和生活服务功能为主体，由单位职工以及家属为主要成员构成的并具有城市地域特征的住区。单位住区的基本功能则主要包括了组织生产、保障生活、落实政治策略以及社会调控等，其在空间布局模式上则体现了居住、工厂、学校、行政以及公共服务设施的高度自我组织性，而这种载体也是住区中人际关系以及生产关系的空间投影。

（2）发展模式阶段二：人民公社

在大跃进与经济调整时期（1958—1965），住宅建设进一步向工业生产让步，值得提出的是，该时期出现了一种乌托邦式的住区模式——“城市人民公社”（见图3.1、图3.2），它具有生活和生产高度统一、家庭日常生活公共化等特征，而公社承载的则是人们对共产主义乌托邦的美好愿景。另外，20世纪60年代初由于中苏关系恶化，我国开始探索适合自身实际发展的工人新村规划设计道路，最具有代表性的就是在卫星城建设过程中兴起的“一条街”或叫“先成街、后成坊”的住区规划模式。城市人民公社被认为是一种更为标准化的空间模式，而这种模式布局强化了空间政治权威性和工人阶级的集体主义意识。

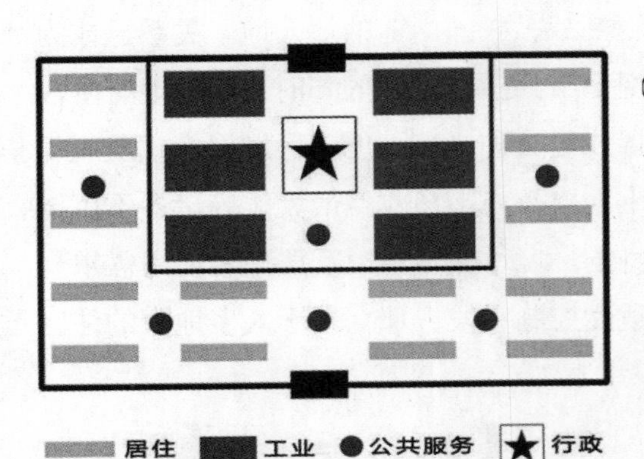

图3.1　单位住区形态的空间模式示意图

资料来源：张纯．城市社区形态与再生［M］．南京：东南大学出版社，2014.

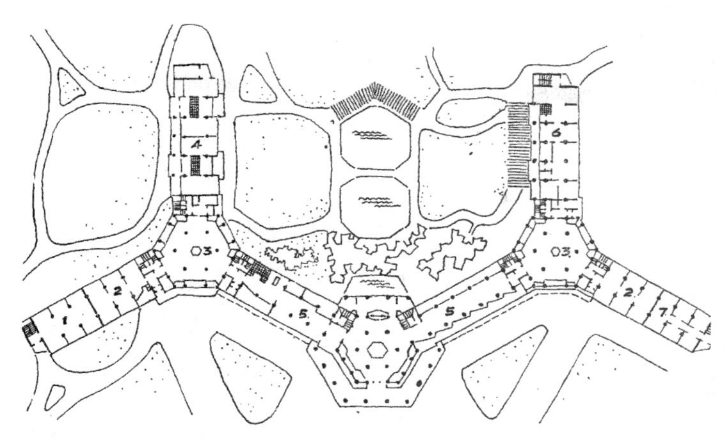

图 3.2 “人民公社”大厦平面图

资料来源：金瓯卜.建筑设计必须体现大办城市人民公社的新形势[J].建筑学报，1960(05)：37.

（3）发展模式阶段三：人地集约

在“文化大革命”时期（1966—1976），由于社会经济建设处于无序的状态，城市住区规划建设进入了全面停滞时期。在 20 世纪 70 年代初期，“文革”持续进行的情况下，中央开始对国民经济发展进行调整，城市住宅建设在标准、类型和工业化方面都有所发展。同时需要指出的是，这一时期高层住宅建筑开始不断出现，通过城市住区密度的提高来解决城市用地紧张的问题。以上海为例，在 1975 年为响应“保护耕地，城市建设向空中发展”的号召下，结合体育馆建设改造了漕溪北路西侧的棚户简屋区，建起了 9 幢高层住宅建筑群，该建筑群同时也是中国较早的高层住宅建筑（见图 3.3）。

图 3.3 漕溪北路西侧的高层住宅建筑群

资料来源：中共上海市徐汇区委党史研究室.徐汇相册：70 年 70 个瞬间[M].上海：学林出版社，2019.

综上可以看出，新中国成立之初到改革开放前夕，中国当时的住区形态和空间布局模式满足了当时的意识形态和政治要求，“单位”作为一种基本的地域单元与城市空间相互作用，并成为计划经济时代的城市标准配置模块。

3.1.2 转型化住区模式（1978—1990）：时代变革中的自我调整

1984年，六届全国人大会议《政府工作报告》中正式提出征收土地使用费，城市土地实行有偿使用，土地价值开始得到体现。由于“文革”期间城市住宅建设近乎停滞，居住压力明显增大。因此，在改革开放初期，住宅建设以追求数量、缓解住房极度紧缺的矛盾为发展方向。居住区规划和住宅设计也围绕节约用地、提高居住密度展开了广泛的讨论和实践。20世纪80年代中期，城镇人均居住面积从新中国成立初期的3.6平方米增加到6平方米，成为新中国成立以来人均居住面积增长最快的时期。大规模的住宅建设同时促进了对改善居住环境、提高住宅形式多样化的研究。这一时期我国住房规划模式在以下几方面进行了大胆尝试。

（1）开发方式调整：增加高层住宅建设

这一时期是我国住区形态转型过渡期，住房制度改革、住房建设投资渠道的多元化、西方规划设计理论思潮引入等诸多因素影响住区形态演变，由于住区规划建设进入全面快速发展时期，住宅的高层化趋势、居民住房消费能力分化、城市大量旧区的拆迁改造等一系列社会现象也开始随之出现，物质形态和社会形态的双向并行演进是其主要发展特征。20世纪80年代后期，上海高层住宅大量采用一梯6户、8户乃至10户，平面多采用矩形、T形、Y形、风车形等形式，结构形式上主要以点式和塔式为主，建筑层数多以9层、11层、14层和18层为主，这一时期高层住宅主要是为了容纳更多人口，片面追求容积率，也导致了建筑造型简单、通风采光性差等功能使用性问题。在20世纪90年代中期，中国住房改革已进行了十多年，高层住宅的弊端也开始显现出来，虽然其能够提供更多的户外空间和居住使用面积，但却引发了由于高密度人口所导致的公共服务设施、市政设施的高负荷使用，同时还改变了传统住区人们的交往模式与生活模式，并对城市原有特色风貌与空间肌理产生了冲击性的破坏。

（2）空间布局调整：提高规划设计水平

这一时期住区规划设计在以下几个方面发生了变化：首先，在住区规划模式方面，通过对居住区—居住小区—住宅组团以及居住区—街坊的分级模式加以完善，并结合地域特征加以因地制宜与灵活运用。同时，还通过国际交流合作及举办各类设计竞赛探索本土化的住区设计理念和布局模式，从居民生活行为方式改变入手来思考新时期住区规划模式的调整方向。其次，在住区设施配套方面，倡导为居民提供方便的生活条件，如配置比较齐全的公建设施、设计便捷安全的出行路线、在居住区中配置相当数量的绿地和游戏场地等。最后，在住区改造设计方面，各地区因地制宜，采取点、线、面相结合的方式对原有住区的人口密度加以疏解，提倡采用小规模渐进式更新手段探索多元化的更新方式，并通过政府投资、单位集资相结合方式共同改造旧住宅区。

（3）社会制度调整：完善相关配套政策

新中国成立后长期施行的福利住房制度有两大弊端：一是由于政府在住宅建设中的大包大揽、无偿分配机制和低租金管理方式造成了政府的极大负担，低廉的租金甚至连基本的住房维修都难以为继，更不要说对新住房建设资金的投入；二是由于住房建设和分配领域的“条块分割”各自为政的分配模式，并造成各单位之间住房水平差异大和配套设施重复建设，这两大难题使得政府不得不在制度设计方面加以改革调整。因此，计划经济体制与市场经济体制并行的“双轨制”成为这一时期住房建设投资渠道和建设方式的制度调整策略。以上海为例，1986—1990 年期间，在住宅建设投资资金平衡上，地方财政拨款为 24.05 亿元，占 21.4%，企事业单位自筹资金为 88.41 亿元，占 78.6%。另外在住房分配上，住宅商品化试点启动也带来了多种分配形式共存的局面，主要形式有福利分房、补贴售房、商品房试点。1988 年国务院取消了公房补贴出售办法，这标志着我国住房全面商品化时代的来临。

综上所述，转型时期的我国住区模式演化既体现了计划经济时期传统政治力量的延续，也烙上了全球化、现代化背景下市场力量向城市空间的渗透。这一时期的住区形态无论是在物质环境还是社会环境上，乃至于居民社会构成和居住行为都将趋向于自我调整与适应发展。同时随着中国城市土地和住房市场的渐进式改革工作推进，全面商品化住区开发建设的时代也必将来临。

3.1.3 商品化住区模式（1991 年至今）：住区形态转向与“双高”盛行

1994 年 7 月国务院作出了《关于深化城镇住房制度改革的决定》，进一步明确了通过住房商品化、社会化手段加快住房建设。1998 年下半年国家开始停止住房实物分配，由国务院下发的《关于进一步深化城镇住房制度改革，加快住房建设的通知》（简称 23 号文）明确提出逐步实行住房分配货币化，并建立和完善以经济适用房为主的多层次城镇住房供应体系。至此国家住房供给基本上由两种住房来源构成：经济适用房和商品房。但从计划机制向市场机制转型的实际演化来看，商品房住区后续成为住区模式发展演变的主体，从而不断推高了房价。高房价不但制约了低收入阶层的农民融入城市，同时也深刻地改变了原有的住区形态特征。从表面上来看，“双高”（高层高密度）是商品化住房时代的必然发展规律，但其演化机制却是复杂的：在居住区开发建设过程中，开发商为了追求经济利益而热衷于“高容积率”，与此同时，政府为了保住耕地“红线”以及稳定的财政收入来源，也通过制定各项技术管理规定来提高居住用地的开发强度。

另外，提高城市容积率一直被认为是解决我国当前人地紧张矛盾的主要方式，而高层高密度模式不断被复制也成了节约城市用地、改善居住条件的主要理由，但从住区整个全生命周期运营来看，其高能耗特征却成为必须要思考的问题。首先，高层住宅建设成本较多层住宅高，建材消耗量大，其建安成本大约是后者的 1.5~2 倍；其次，从住区运行阶段来看，高层住户需要公摊的面积和各种设备运行的相应能耗也会增加，由于能耗增加所产生的碳排放也必然高于其他住区模式。另外，我国目前城市开发多以新城建设来拉动内需，部分居民拥有多套住房已是事实，“空置房”问题所产生的能源浪费更是不言而喻。

综上所述，住区模式应该怎样建设发展一直是学术界争论的焦点，虽然学术界普遍认为我国应该采用高密度开发模式，且高密度具有保护土地资源和降低能耗的双重意义，但对高密度的标准却始终没有达成共识。本研究认为，高密度开发应当是具有合理限度的，这种限度是基于可持续发展理念下的人与自然的平衡。对于我国目前住区发展来说，其并不能简单地理解概括为是一种密度现象，所谓的“高密度”或“低密度”一旦脱离了可持续低碳发展的语意背景，那么就会演变成住房商品化的符号象征。城市要发展，土地要节约，能耗要降低……种种制约性条件表明了城市高密度与低密度之间的转换关系并不是绝对的而是辩证的，低密度要有高密度来支持，而高密度同样也需要低密度来调节，密度本身就是具有混合特征的。对于我国未来住区模式发展和选择来说，其必然要从土地资源、人口问题、低碳发展、技术应用等方面加以统筹考虑，片面地强调某一方面只会导致住区发展模式的单一化和使用低效率。

3.2 曹杨新村住区模式类型的空间与社会特征

3.2.1 曹杨新村住区模式类型的演进谱系

本研究选取上海市普陀区曹杨新村街道作为实证研究区域。上海曹杨新村作为中国第一个工人新村居住区，始建于 1951 年，从计划经济到市场经济的历史演进过程中，逐步形成了社会与空间结构的多样化。经过 70 多年的发展建设，曹杨新村占地面积 2.14 平方千米，住宅建筑总面积 200 余万平方米，总人口 132419 人（第六次人口普查数据），其是上海中心城区的一个大型成熟的综合居住社区[①]。在几十年的发展演变中，它已经由最初单一的工人新村逐渐转变成成熟、混合、多样化的城市住区。此外，曹杨新村还在一定居住区域内，形成了低密度、中密度和高密度多种住区模式并存的格局，并能够集中代表中国一般城市的居住区域以及工人新村住区空间形态，对曹杨新村的研究能够体现住区模式演化的代表性和普适性特征。

居住单元是曹杨新村的基本要素和核心要素，街区 / 社区内部形态的研究集中于对居住环境及其空间形态的研究，内容则以居住单元的类型学特征及其进程为主（见图 3.4）。对曹杨新村而言，这种城市基本要素就是住宅和住区以及它们所构成的整体景观区域。住区建筑类型的重复性主导着区域的

① 曹杨新村“六普”调查数据，2011。

街区形态特征，进而主导了住区模式类型拼贴性。住宅类型学发生既是共时性的又是历时性的，虽然住区形态与类型植根于社会空间中，但却只能说明其在某一时间段会呈现出较为稳定的存在状态。纵观曹杨新村60余年的发展史，相对于住区演进的类型学过程而言时间是非常短暂的，但这也是当代中国现代居住模式从无到有充分发展的阶段。从全国第一个以“邻里单位”为原型规划的城市大型住区开始，曹杨新村的住区类型进化在同时期是稳定的，在代际之间则明显体现出继承性差异特征，即“类型的传递与分异”，并最终在曹杨新村形成了较为完整的空间类型学谱系图谱。

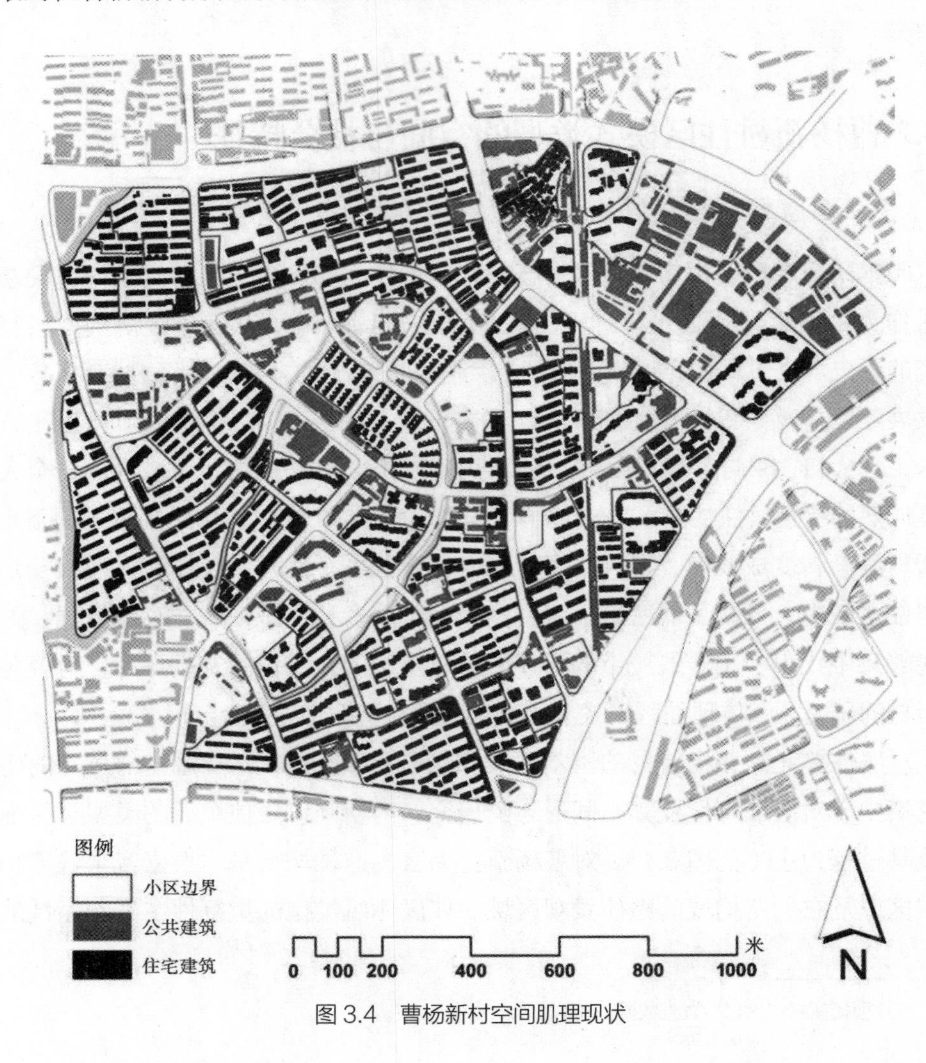

图 3.4　曹杨新村空间肌理现状

在住区不同类型住房聚集的区域中，主导的居住形态类型总是以自我调整的方式来适应社会经济的变化。住区空间发展在时间维度上是连续的，但住区模式分类则是以不同住区的差异性特征将它们分成空间类型集合。住区空间模式的分类方式从不同角度有多种，比如，从上海住宅建筑类型角度可以区分为棚户居住区、公寓式住宅区、独立式住宅区、石库门住宅区等；从住宅建筑布局角度，可以分为街坊围合式、行列式、组团式、点式、自由布局式或混合布局式等；从住宅建筑的平均层数，又可以分为低层住区、多层住区、高层住区、混合住区等；按照不同时代的住区特点，可以分为里弄住区、工人新村住区、单位大院、商品房住区等。这些不同的住区类型，涵盖着居住其间的人们的属性特点、不同生活活动结构乃至不同的生活方式；不同的住区类型所对应的住宅建筑类型、布局特点和肌理组成也反映出不同的社会空间结构。因此，住区的类型学演进过程，借用 Dawkins R.（2012）的话便是“建筑改了或拆了，基因留下来”的过程，住区类型自身的演进或者住区类型的多元化是社会演进—主体演进或社会多元—主体多元的过程。空间类型的分类与社会阶层分异并不是截然分开的，而是成序列分组的，且社会经济因素还是与之交互的。

住区模式类型所形成的密度叠加组合以及设施布局，与其所承载的居住主体的社会经济特征在某种程度上是具有高度一致性的。从曹杨新村 70 余年的住区发展历程看，可以发现住宅建筑的类型、层数和布局均有着明显的时间维度上演进逻辑特征，以类型学演进过程的视角对住区模式类型组合进行研究，可以清晰地辨识住区模式演进过程中住区空间形态发生改变的时间节点，并由此判断出使用主体日常生活活动和生理心理需求发生转变的内在影响机制。依照不同时代的住区发展模式，本研究认为，当前的曹杨新村总体平面格局中高层、多层和低层所对应的不同密度类型，具有住区平面单元的形态演进特征，可以将模式类型研究方法中的物质性与社会性相结合思路加以应用。

根据前文对曹杨新村所历经的计划经济时代、改革开放时期和市场经济时代三个历史发展阶段的演变历程归纳，本研究将曹杨新村的住区模式类型演进分成了模式原型应用、模式发育阶段、模式谱系形成和模式类型划分四个时间阶段。

（1）邻里单元——原型的应用

曹杨新村最初的1002户住宅布局综合了采光通风、与道路关系及住宅之间关系这三个因素，通过引入“邻里单元”这一规划布局模式将上述三者统一起来（见表3.1）。曹杨一村的空间规划采用了住宅行列式布局方式，并垂直于相邻的主要道路，而平行于住宅的建筑设置入户路，这样的道路系统简单清晰而服务效率较高，并具有空间模式复制的生长弹性。

表3.1　快速形成时期曹杨新村住区模式类型单元

主类	次类	亚类		具体空间物质形态	住房简要特征描述	住区分布
		名称	布局模式示意图			
低容积率	低层	乡村散居式			单层简屋、自由、散落，无形制布局，农民以私宅为主	保留农村
低容积率	低层	行列式	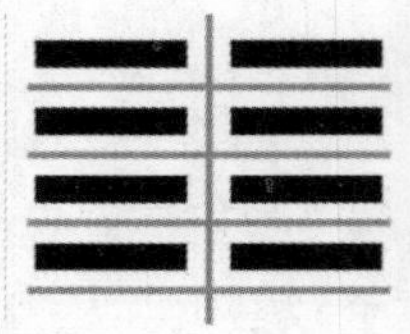	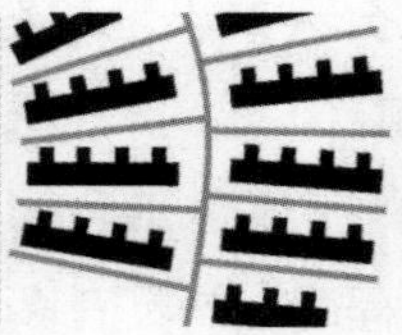	2~3层、行列式、日照间距约为2∶1，0.2~0.4公顷组团空地，厨卫合用现象较为普遍	一村、二村、三村、四村、五村、六村、七村
中容积率	多层	行列式	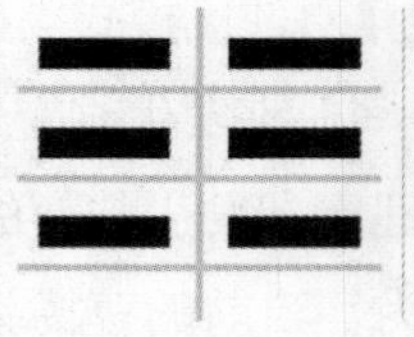	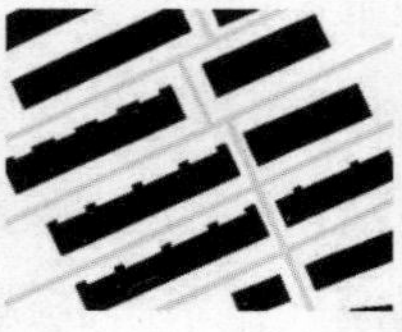	以4~5层为主，行列式布局，日照间距比约为1.3~1.4，较大组团空地，厨卫合用	五村（两万户以外部分）

（2）住区空间模式的缓慢发育

在住区空间模式缓慢发育的阶段，曹杨新村居民的基本生活结构围绕着最初的邻里单元模式展开，且人口增长与模式类型复制相互进行，而逐渐增长的人口也开始逐渐向已建成区域进行密度填充（见表3.2）。在这一时期，住区发展经历了“大跃进”和三年困难时期的冲击，加上“大跃进”期间土地浪费和拆房过多的情况，贯彻国家“调整、巩固、充实、提高”的总方针，上海市基本建设规模缩小，住宅建设速度减缓，住宅基地主要以旧区挖潜为主，在发展原则上则强调不征或少征农田。

总体来看，这一时期曹杨新村开发强度有所减缓，并主要针对已有住区模式进行的密度增加，主要体现在对已有住区形态的加建和改建方面。为了贯彻执行国家提出的“凡有条件的住宅要加层改建，增加建筑面积”的政策要求，1960 年曹杨一村住宅进行了整体加层改建，其后则主要以内部挖潜插建为主，少部分征用农田（主要在二村、五村）用于新建 4~6 层多层住宅。“补差”是这一阶段后期的显著特点。1973 年，普陀区编制的“普陀区八年规划改建方案”中就涉及曹杨新村“完整补缺”的相关内容。此外，曹杨二村是这一时期曹杨新村进行较大开发的区域，并于 1963—1974 年相继以较低标准建造了 5~6 层混合结构住宅 21 栋。

表 3.2　缓慢发展期曹杨新村住区模式类型单元

主类	次类	亚类		具体空间物质形态	住房简要特征	住区分布
		名称	布局模式示意图			
低容积率	低层	乡村散居式			单层简屋，自由、散落，无形制布局，以农民私宅为主	小俞家弄、大俞家弄、杜家宅、桂巷、顺巷
	低层	行列式	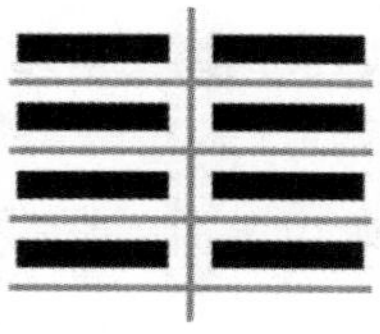		2~3 层，行列式，间距：进深 =2：1，0.2~0.4 公顷组团空地，厨卫合用现象比较突出	一村、二村、三村、四村、五村、六村、七村
	混合	行列式	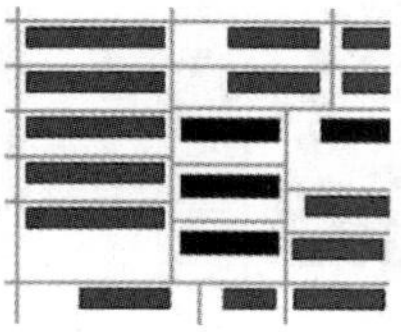	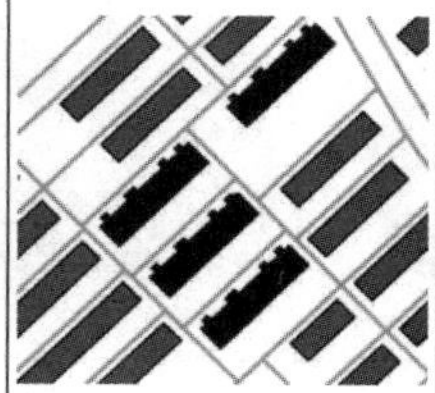	以 2~3 层为主，在原低层行列式住区基础上挖潜组团空地，或在原有开敞空间进行 5~6 层加建建设	一村、三村、四村、五村、六村、七村局部

续表

主类	次类	亚类		具体空间物质形态	住房简要特征	住区分布
		名称	布局模式示意图			
中容积率	多层	行列式	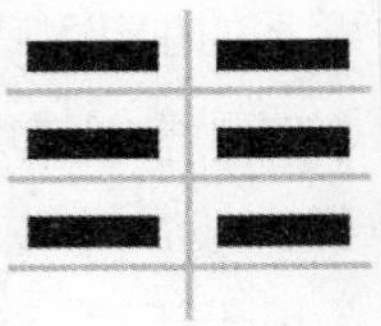		以4~5层为主，行列式布局，日照间距比为1.3~1.4，较大组团空地，厨卫合用现象开始减少	五村局部
	多层	混合式	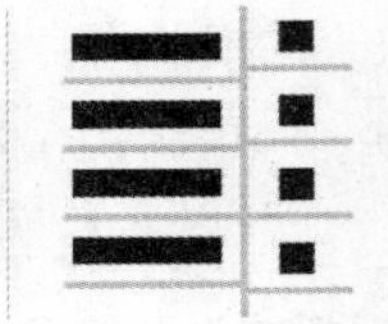	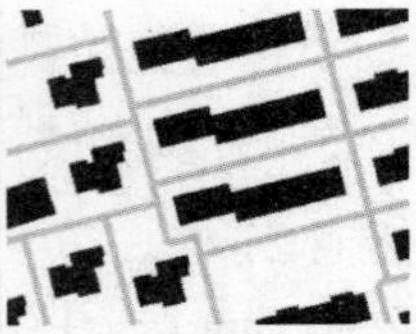	以5~6层为主，行列式布局及点式多层相结合，日照间距比为1.0~1.1，厨卫合用现象开始减少	二村（原大俞家弄局部）

（3）住区空间模式的谱系形成

20世纪70年代中后期，住房紧张的矛盾日益突出，新中国成立初期出生的人群进入婚龄，知青返沪，压抑已久的住房需求的释放成为急需解决的社会问题。政治空间和社会空间出现的变化很快传递到住区形态、密度、设施布局等物质要素方面，这一时期的经济社会快速发展也使曹杨新村平面格局中出现了新的住区模式类型，并最终塑造了住区空间模式完整类型谱系（见表3.3）。

表3.3　挖潜加建期曹杨新村住区模式类型单元

主类	次类	亚类		具体空间物质形态	简要特征	住区分布
		名称	布局模式示意图			
低容积率	低层	自由式	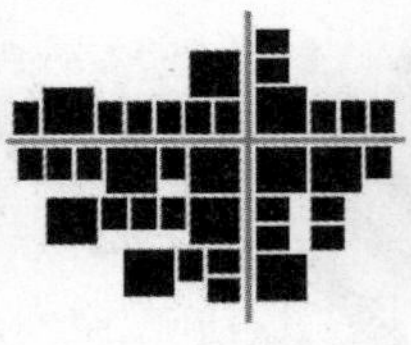		低多层简屋，高建筑密度，以自我发展为主，无形制布局，主要以私宅和搭建为主	小俞家弄、新港村

续表

主类	次类	亚类		具体空间物质形态	简要特征	住区分布
		名称	布局模式示意图			
低容积率	低层	行列式	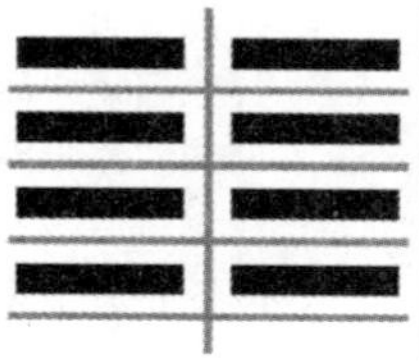		以 2~3 层为主，行列式，间距：进深 =2∶1，0.2~0.4 公顷组团空地，厨卫合用现象比较突出	一村、二村、六村、七村
	混合	行列式	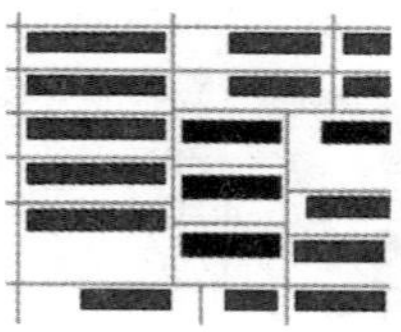	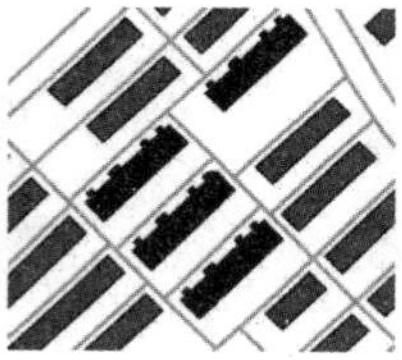	以 2~3 层为主，在原低层行列式住区基础上加建，挖潜组团空地或开敞空间，进行 5~6 层填充式扩建	三村南部、四村局部
中容积率	多层	行列式	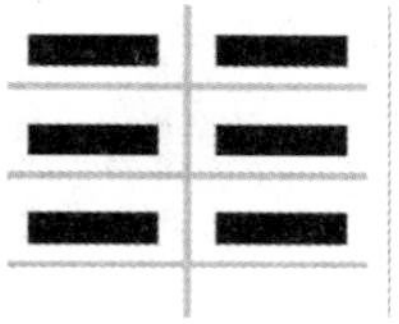	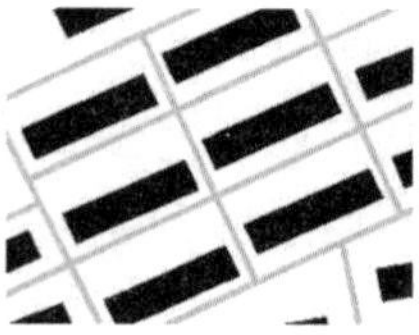	以 4~5 层为主，行列式布局，日照间距比为 1.3~1.4，较大组团空地，厨卫合用依然存在	二村、三村、四村和五村局部
中容积率	多层	混合式	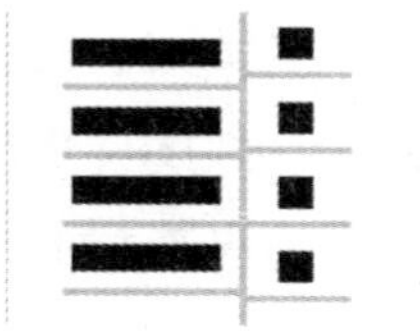	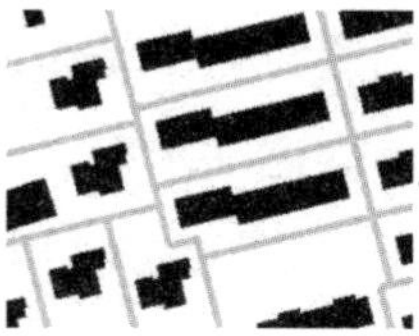	以 5~6 层为主，行列式布局，间或点式点缀，日照间距比为 1.0~1.1，厨卫合用现象开始减少	二村、三村、桂巷新村
	多层	围合式			以 6 层为主，以日照分析棒影区域进行最大化用地选择，房型面积和居住条件全面改善	四村局部

续表

主类	次类	亚类		具体空间物质形态	简要特征	住区分布
		名称	布局模式示意图			
高容积率	高层	独栋式			用地小，沿街，“Y形”“风车型”或“塔式”大体量高层，一般商住混用，裙房为商业或商务用途	曹杨副食品市场大厦（原曹杨一村室内菜场）
	高层	点式			点式高层，呈线性、交错或矩阵式进行住宅布局，呈组团化，可有效提高土地利用强度	兰花公寓

这一时期唯一的，也是曹杨新村最后的“扩展”是1977年征用改建农村住宅和农田，新建的曹杨九村延续了多层、行列式的单调中密度布局，并采用1.1倍日照间距标准以提升用地效率，严格来说，这一技术标准已不太符合日照规定要求了。随着1978年杨柳青路的建成，曹杨新村的外部轮廓形态正式形成，并开始进入“内扩”和“更替”的模式演进阶段。基于住区建设从“宿舍型”向“公寓型”的转变，使得此前建造的大量工房住宅变得不再适合居民日益增长的居住多样化需求，随之全新样式的住房形态和平面单元开始出现。在商品化和高容积率的双重作用下，曹杨新村的密度等级谱系在这一时期开始了分化与扩张。

与此同时，在曹杨新村住区的空间模式演进过程中也出现了两种思路：一种思路是继续延续原有的行列式多层布局的基本方式，但需要为住区提供更大的独立成套住房并容纳更多居住人数，这一开发模式只有通过继续侵占原先被视为邻里单位基本组织的公共场地，并通过压缩住宅建筑间的空间距离来提高土地利用效率；另一条思路是在20世纪80年代对高层住宅建筑的“建”与“不建”的争议中，政府最终选择通过大幅度提高建筑高度，扩大建筑间距，降低建筑密度的方式来进一步优化住区整体环境，同时也要实现通过提高容积率来增加人口密度，实现既提供独立成套住宅又容纳更多户数的发展需求。

（4）住区空间模式的类型总结

综上所述，在时间维度上，曹杨新村不同建设年代背景下的住区形态是具有典型模式特征的，20 世纪 50 年代至 60 年代建设的工人新村主要以曹杨一村为代表，其体现了 2~3 层的低层行列式空间布局特征；20 世纪 70 年代到 80 年代建设的住区则主要以多层行列式、点式为主，其体现了 5~6 层以及高层居住特征；20 世纪 90 年代后建设的住区则以高层以及多层与高层混合的模式类型为主；2000 年以后则完全以小高层板式和围合式的模式类型为主，且商品化楼盘的住区空间环境品质则完全不同于开发的公房住区。曹杨新村住区当下所形成的模式特征也集中反映出从低密度—高密度—中高密度演变的历史逻辑特征。例如：平均容积率最低（FAR=0.98）的模式一，即低层行列式住区主要是在 20 世纪 50—60 年代建成的;平均容积率最高（FAR=4.06）的模式八，即点式高层住区则是在 20 世纪 80 年代末和 90 年代初建成的；而容积率中高的模式六、七，即板式小高层则主要是在 2000 年后建成的。上述不同形态特征的住区演化伴随的是密度不断叠合增加的过程，同时居民整体居住条件也得到了显著改善。

基于前文对曹杨新村住区空间模式类型谱系的历史阶段梳理，即原型应用—缓慢发育—谱系形成—谱系完善四个演化阶段，结合曹杨新村当下住区空间形态特征，本研究对住区模式类型进一步加以简化归纳，最终总结为八个最具有典型代表性的住区模式类型（见表 3.4）。其中，三个主类按照住区容积率分成高、中、低三种模式，次类则分别是低层、多层、小高层和高层四种住宅类型模式，亚类则采用布局模式对大类和次类加以特征细化，该八种住区模式类型演化过程中与卫生日照、环境品质、设施配套等外部居住条件方面相应的社会政治、经济因素变革相对应。另外需要说明的是，在模式类型总结中，像小俞家弄一类住区虽然也具有空间模式类型学意义，但其在曹杨新村住区空间模式类型学谱系中并不具有典型性；另外，对小高层的布局模式研究进一步分成围合式和行列式，不仅由于该类住区规划模式上具有

差异性，同时在社会构成上也有所区别。（这一点将在后面的住区模式社会构成特征中进一步加以阐释）

表 3.4　曹杨新村住区空间模式类型划分与特征总结

主类	次类	亚类		具体空间物质形态	空间模式类型划分	简要特征总结	典型住区
		类型	布局模式特征				
低容积率	低层	行列式	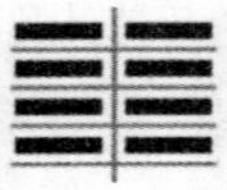		模式一	以2~3层为主，局部区域加建到5~6层，行列式布局，日照间距约为2∶1，0.2~0.4公顷组团空地且规模不大，厨卫合用现象突出	曹杨一村、曹杨二村等
中容积率	多层	行列式	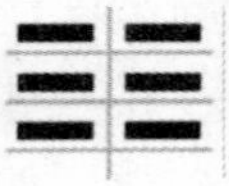	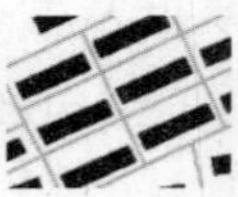	模式二	以4~5层为主，行列式布局，日照间距约为1.3~1.4，较大组团空地，厨卫合用现象依然存在	梅园、杏园、南岭园、梅岭园等
	多层	混合式	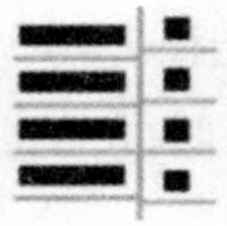		模式三	以5~6层为主，行列式布局、局部有点式高层点缀，日照间距比约为1.0~1.1,较大组团空地，厨卫合用现象较少	北杨园、北梅园、南溪园、梅花园、杏梅园等
	多层	围合式		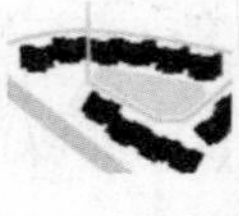	模式四	以6层为主，以日照分析棒影区域进行最大化居住用地布局，房型面积和居住条件全面改善	北枫桥苑、花溪园、兰花园等
高容积率	小高层	行列式	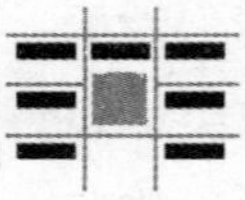		模式五	以10~18层为主，行列式布局，日照间距符合相关地方标准，绿化居住条件与景观环境较好	星港景苑、常高公寓、枫桥苑等
	小高层	围合式			模式六	以10~18层为主，行列式布局，日照间距符合相关地方标准，绿化景观环境较好，商品化楼盘	中关村公寓、沙田新苑、曹杨华庭、香山苑等

续表

主类	次类	亚类		具体空间物质形态	空间模式类型划分	简要特征总结	典型住区
		类型	布局模式特征				
高容积率	高层	点式			模式七	点式高层，布局灵活，线性、交错或矩阵布局，可有效提高土地利用强度	梅岭苑、西部秀苑、桂巷新村等
	高层	独栋式			模式八	用地规模小，沿街布局，以“Y形”“风车型”或“塔式”大体量高层为主，一般商住混用，裙房为商业或商务用途	兰花公寓、联农大厦、东元大楼、君悦苑等

从曹杨新村八大住区空间模式的空间分布来看（见图3.5），模式一、模式二和模式四主要分布在环滨区域，模式二和模式三除了在环滨区域有分布外，还在环滨外围呈圈层式分布，而模式五和模式八则主要分布在城市干道和轨道交通站点周边，模式七则呈散落式布局。上述空间分布特征基本反映出曹杨新村的空间形态生长特征，即从环滨区域由内自外开发强度不断增加，且模式类型之间相互耦合既体现了规划最初所形成的邻里单位模式，同时又能较为清楚地辨析出住区形态的演变脉络。另外，区别于当下新建的商品化楼盘所存在的街区尺度过大、配套设施不完善、空间渗透性差等一系列空间问题，曹杨新村不同空间模式类型演进都是围绕着环滨公共空间、兰溪路商业街和轨道交通站点展开的，便捷的公共服务设施无论是对于低层、多层的工人新村居民还是对于后建的现代多高层住区居民来说都是具有功能活动支撑性作用的。正如文献综述中所提到的，转型时期的住区模式无论是规划设计还是开发引导都集中在物质空间方面，但实际上住区模式类型演化是具有社会空间逻辑的，且与住区外部条件以及公共服务设施布局密切相关。

1	梅园	12	花溪园	23	中桥公寓	34	杏杨园	45	北岭园-南
2	曹杨华庭	13	兰花园	24	桂花园	35	南溪园	46	北岭园-西
3	杏园东	14	兰花公寓	25	北枫桥苑	36	梅花园	47	君悦苑
4	西部秀苑	15	曹杨一村西	26	星港景苑	37	常高公寓	48	联农大厦
5	杏园西	16	曹杨一村东	27	枫桥苑	38	梅岭园	49	东元大楼
6	金杨园-西	17	曹杨一村北	28	枫岭园	39	南杨园	50	兰溪园
7	芙蓉园	18	沙田新苑	29	杏梅园	40	南岭园	51	兰岭园-东
8	金杨园-东	19	沙溪园	30	桐柏园	41	北梅园-北	52	兰岭园-北
9	杏李园	20	桂杨园	31	桐柏公寓	42	北梅园-南	53	兰岭园-西
10	五星公寓	21	桂巷新村	32	枣阳园	43	梅岭苑	54	北岭园-东
11	恒陇丽晶	22	中关村公寓	33	香山苑	44	北杨园		

图 3.5　曹杨新村住区空间模式分类分布图

3.2.2 曹杨新村住区模式类型的演进方式

曹杨新村住区类型的混合性特征还与其演进建设方式之间有着一定的逻辑关系，并受到不同历史阶段的经济社会水平、规划思潮以及建造工艺的影响。目前，曹杨新村存在着四种住区模式类型混合性的建设演进方式（见表3.5），其分别是统建加层、空隙填充、渐进更新以及无增长。

表 3.5 曹杨新村住区模式类型混合性的更新演进方式

<table>
<tr><td rowspan="4">方式一：统建加层</td><td>由 2 层加至 3 层</td><td rowspan="6">方式三：渐进更新</td><td>拆低层建多层</td></tr>
<tr><td>由 3 层加至 5 层</td><td>拆低层建高层</td></tr>
<tr><td>由 5 层加至 6 层</td><td>拆多层建多层</td></tr>
<tr><td>由 6 层加至 7 层</td><td>拆住宅建办公楼</td></tr>
<tr><td rowspan="3">方式二：空隙填充</td><td>向外扩张</td><td>整体改造</td></tr>
<tr><td>侵占绿地</td><td>拆公建建住宅</td></tr>
<tr><td>楼间加建</td><td colspan="2">方式四：未作改变</td></tr>
</table>

（1）方式一：统建加层

统建加层是曹杨新村最早出现的住区模式自我调整方式，其主要集中在1978—1985 年期间。如 1962 年对“1002 户”（曹杨一村）统一实施改造加高至三层，这是曹杨新村建成以来的首次改造；挖潜加建时期，由于大量的住房需求，加层行为在曹杨新村非常普遍，如在 1981—1983 年，曹杨二村、三村和八村在3~4 层住宅基础上进行了加层改造，将其改造成 5 层住宅形式。

（2）方式二：空隙填充

在缓慢发展期间由于受到上海住房建设整体趋势的影响，曹杨新村在近20 年间共计建设住宅建筑 91 栋，且基本以 4~6 层行列式住宅为主，较少考虑户外环境的营造，缺乏公共空间。挖潜加建期之后，由于曹杨新村范围内可供建设的用地已经不多，在这一时期通过填充原有村与村之间的自然分隔带来建造大量社会住宅，同时住宅形态开始向立体化发展，除了多层行列式之外，还出现了点式多层以及少量的高层点式建筑。

（3）方式三：渐进更新

在曹杨新村最具有代表性的城市更新建设便是“二万户”住宅，从 1987 年起曹杨五村成为全市“二万户”改造的试点，极大改善了原有工人阶级居住环境，如金岭园等；后来剩余的“二万户”住宅在市场化初期和商品房时期被相继拆除，建造了高层住宅，如君悦苑等。市场化初期，为了配合产业结构调整，上海市进行产业用地调整，在中心城区实施“退二进三”策略，在该时期曹杨新村出现了将工厂拆除改建住宅的更新类型，如曹杨公寓等。

（4）方式四：未作改变

截止到2010年，未改变的住宅类型主要集中于曹杨七村以及二村，其主要以3层住宅和5层住宅类型为主，同时还有建造于解放之前的棚户区——小俞家弄，但目前小俞家弄已经在进行棚户区更新改造建设工作。

3.3 住区密度指标与模式类型相关性

3.3.1 曹杨新村住区空间密度指标统计

（1）住区空间密度指标分类

本研究对密度指标的统计首先是基于GIS空间数据库的空间信息，然后将“六普”人口统计数据叠加到小区空间数据中，住区形态密度测度指标则根据GIS数据计算后将其抽取出来。本研究将密度指标分成反映建筑开发强度的物质密度和反映人口承载程度的人口密度两大类（见表3.6）。

表3.6　曹杨新村住区密度指标分类表

AD-住区空间物质密度指标		PD-住区空间人口密度指标	
指标名称	指标代码及计算公式	指标名称	指标代码及计算公式
容积率	AD1=总建筑面积/总用地面积	总人口密度	PD1=总人口数/总用地面积
建筑密度	AD2=建筑占地面积/总用地面积	总户数密度	PD2=居住总户数/总用地面积
平均层数	AD3=总建筑面积/建筑占地面积	总套数密度	PD3=总住宅套数/总用地面积
人均居住面积	AD4=总建筑面积/总人口数	租房户数密度	PD4=租房总户数/总用地面积
户均居住面积	AD5=总建筑面积/总户数	常住人口密度	PD5=常住人口总数/总用地面积
居室数量密度	AD6=总居室数量/总用地面积	外来人口密度	PD6=外来人口总数/总用地面积
—	—	男性人口密度	PD7=男性人口总数/总用地面积
—	—	女性人口密度	PD8=女性人口总数/总用地面积

（2）住区物质密度指标统计与区段特征

经过统计计算，住区物质密度指标 AD1、AD2、AD3、AD4、AD5、AD6 的统计数值见表 3.7。

表 3.7　曹杨新村住区物质密度指标的数值统计特征

物质密度代码	最小值	最大值	平均值	标准差	偏度	峰度
AD1- 容积率	0.593	5.115	2.064	0.963	1.194	1.311
AD2- 建筑密度	0.202	0.646	0.345	0.071	1.187	5.014
AD3- 平均层数	1.709	20.701	7.828	4.591	1.155	0.430
AD4- 人均居住面积	11.467	81.863	30.223	18.111	1.339	0.930
AD5- 户均建筑面积	22.257	156.902	62.776	35.086	1.054	0.023
AD6- 居室数量密度	245.179	2675.341	670.249	368.148	3.427	16.382

本研究对物质密度指标数据进行分箱化区段处理，各项密度指标的区段划分标准以及百分比见表 3.8。

表 3.8　曹杨新村住区物质密度区段的分布比例特征（N=54 个小区）

AD1- 容积率区段		百分比（%）	AD2- 容积率区段		百分比（%）	AD3- 容积率区段		百分比
1	0.51~1.50	27.78	1	0.25 以下	7.41	1	3.00 层以下	3.70
2	1.51~2.50	48.15	2	0.26~0.33	40.74	2	3.01~6.00 层	55.56
3	2.51~3.50	16.67	3	0.34~0.41	40.74	3	6.01~9.00 层	9.26
4	3.51~4.50	5.56	4	0.42~0.49	9.26	4	9.01~12.00 层	14.81
5	4.51 以上	1.84	5	0.50 以上	1.85	5	12.01~15.00 层	7.41
—	—	—	—	—	—	6	15.01~18.00 层	3.70
—	—	—	—	—	—	7	18.01 层以上	5.56
总计		100.00	总计		100.00	总计		100.00

续表

AD4- 人均居住面积区段		百分比（%）	AD5- 户均居住面积区段		百分比（%）	AD6- 居室数量密度区段		百分比（%）
1	18.00 平方米以下	29.63	1	35.00 平方米以下	18.52	1	466 以下	15.63
2	18.01~30.00 平方米	38.89	2	35.01~59.00 平方米	44.44	2	460~666 个	43.75
3	30.01~42.00 平方米	5.56	3	59.01~83.00 平方米	12.96	3	666~866 个	10.94
4	42.01~54.00 平方米	14.81	4	83.01~107.00 平方米	7.41	4	886~1066 个	6.25
5	54.01~66.00 平方米	5.56	5	107.01~130.00 平方米	11.11	5	1066~1266 个	3.13
6	66.00 平方米以上	5.55	6	131.00 平方米以上	5.56	6	1266 个以上	4.69
总计		100.00	总计		100.00	总计		100.00

容积率分布以 1.50~2.50 比重最高，占到 48.15%；建筑密度以 26%~33% 和 34%~41% 两个区段的比重最高，累积比例达到 81.48%；建筑平均层数以 3~6 层居多，占到总比例数值的 55.56%；人均建筑面积 30 平方米以下累积频数比例占到 68.52%；户均建筑面积则以 35~59 平方米为主，占到 44.44%；居室数量密度则以 460~666 个 / 公顷区段为主，比例达到 43.75%。

（3）住区人口密度指标统计与区段特征

在住区人口密度指标的统计数值分布中（见表 3.9），曹杨新村常住人口密度是外来人口密度的 12 倍，人口最大密度已超过 1800 人 / 公顷，而这一密度如果和中国香港最高密度区的每公顷 1740 人比较，则可以看出曹杨新村是一个高密度与中低密度多样性混合的住区。

表 3.9　曹杨新村住区人口密度指标的数值统计特征（*N*=54 个小区）

物质密度代码	最小值	最大值	平均值	标准差	偏度	峰度
PD1- 总人口密度	363.405	1814.778	906.201	271.018	0.716	1.661
PD2- 户数密度	15.495	73.074	36.127	11.702	0.419	0.588

续表

物质密度代码	最小值	最大值	平均值	标准差	偏度	峰度
PD3- 住宅套密度	168.712	780.566	398.806	119.632	0.427	0.802
PD4- 租户密度	0.000	48.616	10.262	11.123	1.661	2.338
PD5- 常住人口密度	369.235	1875.170	908.426	284.074	0.829	1.661
PD6- 外来人口密度	31.849	350.273	174.711	74.377	0.403	0.077
PD7- 男性人口密度	169.071	887.761	441.081	137.481	0.732	1.182
PD8- 女性人口密度	200.164	987.408	467.345	147.887	0.915	2.098

（4）住区密度指标的空间分布特征

总体来说，曹杨新村目前的物质密度与人口密度在空间上的分布结构呈现较易识别的序列格局，中等容积率的住区开发模式为主要基底，低容积率主要集中在曹杨一村、七村和小俞家弄等中、北部区域，高容积率住区则散布其间。多样化的住区形态以各自独立封闭的形式与城市发生了空间联系。其次，曹杨新村的传统结构形态是以中心聚集并结合环绕结构形成的，内部空间网络整体可达性较好且服务设施便利，并形成了当前“曲线 +T 形尽端”的空间结构，这种通而不畅的网络结构也使得住区具有一定的封闭性特征。最后，曹杨新村空间密度的增长还伴随着社会分异的过程，这种过程既有内部性居住环境条件的改善，也有来自外部性人口导入演替的变化，在邻里单位原型不断演进的基础上最终形成了空间与社会的多样化分布。

3.3.2 住区物质密度指标与模式类型相关性

本研究选取住区模式和住区模式的物质密度指标进行单因素方差齐性检验，以住区模式作为因子变量。从 ANOVA 分析结果来看（见表 3.10），除了建筑密度以外，住区模式类型对其他密度指标均具有显著相关性作用，从 ***F*** 值大小来看，模式类型对容积率、建筑平均层数和户均建筑面积的影响作用会更大一些。

表 3.10　物质密度与住区模式的 ANOVA 显著性分析

物质密度指标 * 模式类型		Sum of Squares	df	Mean Square	*F*	Sig.
小区容积率 * 住区模式类型	组间	65.357	7.000	9.337	27.378	0.000**
	组内	15.687	46.000	0.341		
	总计	81.044	53.000			
建筑密度 * 住区模式类型	组间	0.059	7.000	0.008	1.848	0.101
	组内	0.210	46.000	0.005		
	总计	0.269	53.000			
平均层数 * 住区模式类型	组间	988.618	7.000	141.231	50.612	0.000**
	组内	128.362	46.000	2.790		
	总计	1116.980	53.000			
人均居住面积 * 住区模式类型	组间	11647.044	7.000	1663.863	13.341	0.000**
	组内	5737.129	46.000	124.720		
	总计	17384.173	53.000			
户均建筑面积 * 住区模式类型	组间	53983.858	7.000	7711.980	31.506	0.000**
	组内	11259.827	46.000	244.779		
	总计	65243.685	53.000			
住宅居室数量密度 * 住区模式类型	组间	2359917.292	7.000	337131.042	3.215	0.007**
	组内	4823314.938	46.000	104854.673		
	总计	7183232.230	53.000			
显著性说明	$***P \leqslant 0.001$，$**P \leqslant 0.01$，$*P \leqslant 0.05$					

3.3.3 住区人口密度指标与模式类型相关性

本研究进一步选取住区模式和住区模式的人口密度指标进行单因素方差齐性检验，同样还是以住区模式作为因子变量。从 ANOVA 分析结果来看（见表 3.11），除了外来密度指标以外，模式类型对其他密度指标均具有显著相关性作用，但从 F 值大小来看，住区模式对各人口密度指标的影响作用较为一致化。

表 3.11　人口密度与住区模式的 ANOVA 显著性分析

人口密度指标 * 模式类型		Sum of Squares	df	Mean Square	F	Sig.
小区总人口密度 * 住区模式类型	组间	1740392.394	7.000	248627.485	5.313	0.000**
	组内	2152506.403	46.000	46793.617		
	总计	3892898.797	53.000			
小区户数密度 * 住区模式类型	组间	3377.105	7.000	482.444	5.719	0.000**
	组内	3880.477	46.000	84.358		
	总计	7257.582	53.000			
住宅套密度 * 住区模式类型	组间	340789.172	7.000	48684.167	5.361	0.000**
	组内	417736.739	46.000	9081.233		
	总计	758525.911	53.000			
租户密度 * 住区模式类型	组间	2395.914	7.000	342.273	3.783	0.003**
	组内	4161.458	46.000	90.466		
	总计	6557.372	53.000			
小区常住人口密度 * 住区模式类型	组间	1978939.578	7.000	282705.654	5.659	0.000**
	组内	2298050.939	46.000	49957.629		
	总计	4276990.517	53.000			
小区外来人口密度 * 住区模式类型	组间	80959.261	7.000	11565.609	2.507	0.029
	组内	212235.239	46.000	4613.810		
	总计	293194.500	53.000			
小区男性人口密度 * 住区模式类型	组间	465420.952	7.000	66488.707	5.703	0.000**
	组内	536338.379	46.000	11659.530		
	总计	1001759.331	53.000			

续表

人口密度指标 * 模式类型		Sum of Squares	df	Mean Square	F	Sig.
小区女性人口密度 * 住区模式类型	组间	526288.236	7.000	75184.034	5.465	0.000**
	组内	632855.460	46.000	13757.727		
	总计	1159143.696	53.000			
显著性说明	$***P \leqslant 0.001$，$**P \leqslant 0.01$，$*P \leqslant 0.05$					

3.3.4 住区社会指标与模式类型相关性

（1）曹杨新村住区社会指标统计

其一，住区多样性指标参数分类。

本研究有关社会空间多样性指标统计首先基于“六普”基本数据，并结合前文对多样性指标指数的计算公式和分类方法，将其分成反映住房类型的住房多样性指标和反映住户类型的住户多样性指标两大类。住房多样性指标主要包括 AT1- 不同建设年代的住房数量、AT2- 不同产权性质的住房数量；住户多样性指标则主要包括 PT1- 不同职业特征的住户数量和 PT2- 不同教育程度的住户数量（见表 3.12）。

表 3.12　曹杨新村住区空间多样性指标分类表

AT- 住房多样性指标代码及分类		PT- 住户多样性指标代码及分类	
指标参数名称	测度指标的分类水平	指标参数名称	测度指标的分类水平
AT1- 不同建设年代的住房数量	AT1-1950 年至 1959 年数量	PT1- 不同教育程度的住户数量	PT1- 未上过学人数
	AT1-1960 年至 1969 年数量		PT1- 小学文化水平人数
	AT1-1970 年至 1979 年数量		PT1- 初中文化水平人数
	AT1-1980 年至 1989 年数量		PT1- 高中文化水平人数
	AT1-1990 年至 1999 年数量		PT1- 大学专科文化水平人数
	AT1-2000 年以后数量		PT1- 大学本科文化水平人数
			PT1- 大学研究生文化水平人数

续表

AT-住房多样性指标代码及分类		PT-住户多样性指标代码及分类	
指标参数名称	测度指标的分类水平	指标参数名称	测度指标的分类水平
AT2-不同产权性质的住房数量	AT2-租赁廉租住房数量	PT2-不同职业特征的住户数量	PT2-从事企业事业单位负责人人数
	AT2-租赁其他住房数量		PT2-从事专业技术人员人数
	AT2-自建住房户数量		PT2-从事办事和有关人员人数
	AT2-购买商品房数量		PT2-从事商业服务人员人数
	AT2-购买二手房数量		PT2-从事农林牧副渔水利生产人员人数
	AT2-购买经济适用房数量		
	AT2-购买公有住房数量		PT2-从事生产运输设备操作员人数

其二，住房多样性指标类型统计。

本研究对住房类型多样性指标AT1、AT2的分类水平百分比进行了统计，从图中可以看出（见图3.6，图3.7）：在不同建设年代的住房类型数量分布中，以1980—1989年为主，比例为29.85%，其次分别为1990—1999年和1970—1979年，比例分别为20.35%和18.80%；在不同产权性质的住房类型数量分布中，购买公有住房和租赁其他住房两种类型的比例较高，分别占到44.50%和32.71%，购买二手房和商品房两类的比例累计达到21.77%。值得深思的是，在住房商品化的大背景下，曹杨新村仍然保留了大量公房，并为外来人员提供了经济保障性住房，其多元化的住房类型不但延续了城市原有的空间

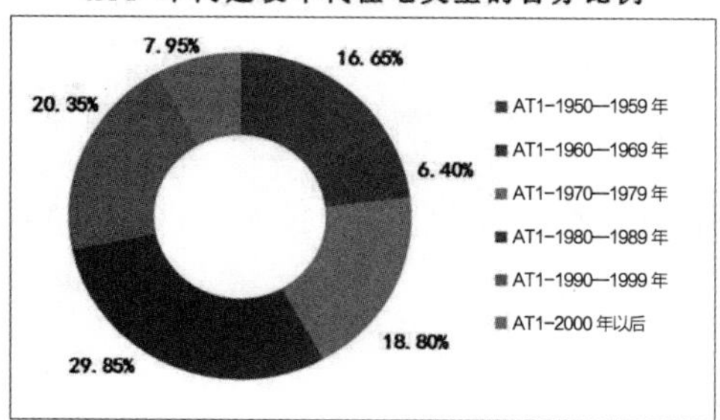

图3.6　住房类型多样性AT1百分比分布图

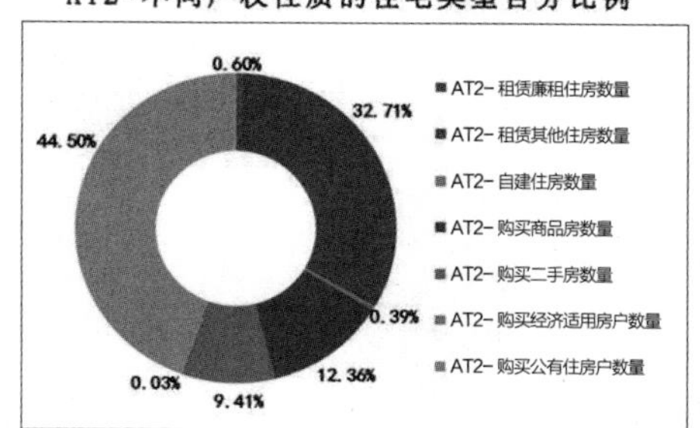

图3.7　住房类型多样性AT2百分比分布图

肌理和密度类型，同时还为社会混合提供了必要的物质空间条件。

其三，住户多样性指标类型统计。

在住户教育程度的分类水平百分比统计中（见图 3.8）：高中文化水平人群比重最大，占到了 30.27%，其次分别为大学专科文化水平和大学本科文化水平，比例分别为 26.75% 和 16.19%，未上过学的人群最低只占到 1.79%。在不同职业类型的人数比例中（见图 3.9），以从事商业服务人员和从事专业技术人员两种类型为主，比例分别占到 34.51% 和 26.82%，其次是从事事业企业单位负责人、办事人员和相关人员以及从事生产运输设备操作人员，比例分别为 14.55%、12.21% 及 11.75%，从事农林牧副渔水利生产的人员比例是最低的。

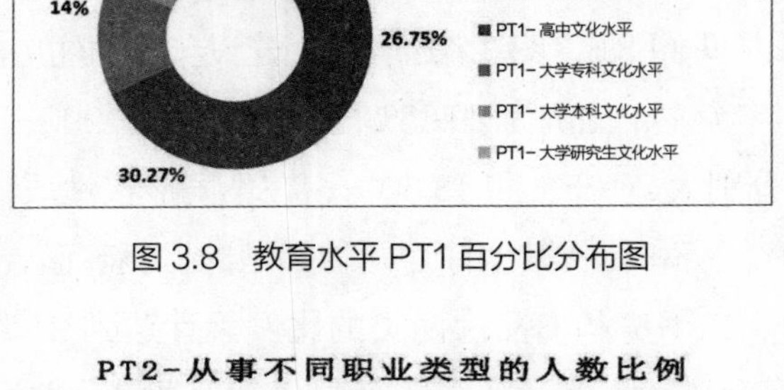

图 3.8　教育水平 PT1 百分比分布图

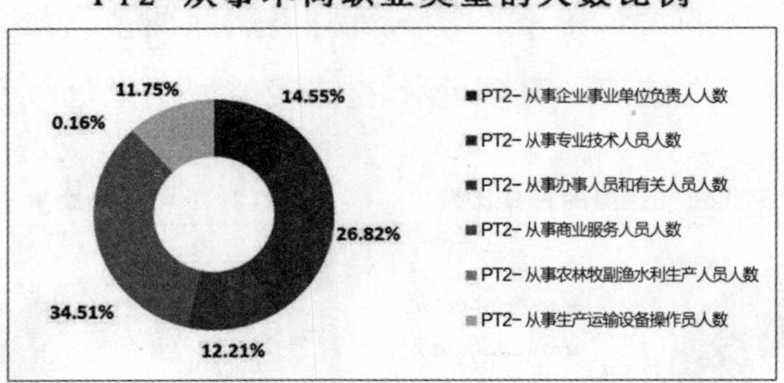

图 3.9　职业类型 PT2 百分比分布图

（2）住房构成与模式类型的差异分布特征

第一，住房建设年代数量与模式类型。

本研究选取住房建设年代数量和模式类型进行单因素方差齐性检验，以住区模式作为因子变量。从 ANOVA 分析结果来看（见表 3.13），住区模式对 AT1-1970 至 1979 年建筑数量和 AT1-2000 年以后建筑数量具有显著相关性作用，从 *F* 值大小来看，对 AT1-2000 年以后建筑数量影响作用会更大一些。

表 3.13　住房建设年代数量与住区模式类型的 ANOVA 显著性分析

不同建设年代的住房数量 * 住区模式类型		Sum of Squares	df	Mean Square	F	Sig.
AT1-1950 年至 1959 年建筑数量 * 住区模式类型	组间	7147.315	7	1021.045	1.901	0.091
	组内	24701.000	46	536.978		
	总计	31848.315	53	—		
AT1-1960 年至 1969 年建筑数量 * 住区模式类型	组间	641.398	7	91.628	0.768	0.617
	组内	5489.583	46	119.339		
	总计	6130.981	53	—		
AT1-1970 年至 1979 年建筑数量 * 住区模式类型	组间	6151.911	7	878.844	2.188	0.043*
	组内	18475.738	46	401.646		
	总计	24627.648	53	—		
AT1-1980 年至 1989 年建筑数量 * 住区模式类型	组间	8306.296	7	1186.614	1.040	0.417
	组内	52501.038	46	1141.327		
	总计	60807.333	53	—		
AT1-1990 年至 1999 年建筑数量 * 住区模式类型	组间	3200.677	7	457.240	1.152	0.348
	组内	18255.638	46	396.862		
	总计	21456.315	53	—		
AT2-2000 年以后建筑数量 * 住区模式类型	组间	3781.967	7	540.281	6.669	0.000**
	组内	3726.867	46	81.019		
	总计	7508.833	53	—		
显著性说明	*** $P \leqslant 0.001$，** $P \leqslant 0.01$，* $P \leqslant 0.05$					

第二，住房产权使用户数与模式类型。

本研究继续选取住房产权户数与模式类型进行单因素方差齐性检验，以住区模式作为因子变量。从ANOVA分析结果来看（见表3.14），住区模式对租赁其他住房户数、购买商品房户数以及购买公有住房户数具有较强的显著相关性影响作用，从 F 值大小来看，对购买商品房户数的数量影响作用会更大一些。

表3.14　住房产权使用户数与住区模式类型的ANOVA显著性分析

不同住房产权的户数 * 住区模式类型		Sum of Squares	df	Mean Square	F	Sig.
AT2-租赁廉租住房户数 * 住区模式类型	组间	5.605	7	0.801	0.478	0.845
	组内	76.988	46	1.674		
	总计	82.593	53	—		
AT2-租赁其他住房户数 * 住区模式类型	组间	11624.700	7	1660.671	2.482	0.030*
	组内	30777.300	46	669.072		
	总计	42402.000	53	—		
AT2-自建住房户数 * 住区模式类型	组间	0.333	7	0.048	0.876	0.532
	组内	2.500	46	0.054		
	总计	2.833	53	—		
AT2-购买商品房户数 * 住区模式类型	组间	5722.198	7	817.457	15.081	0.000**
	组内	2493.450	46	54.205		
	总计	8215.648	53	—		
AT2-购买二手房户数 * 住区模式类型	组间	404.877	7	57.840	1.146	0.352
	组内	2321.938	46	50.477		
	总计	2726.815	53	—		
AT2-购买经济适用房户数 * 住区模式类型	组间	0.231	7	0.033	2.028	0.042*
	组内	0.750	46	0.016		
	总计	0.981	53	—		
AT2-购买公有住房户数 * 住区模式类型	组间	17122.729	7	2446.104	2.996	0.011*
	组内	37561.271	46	816.549		
	总计	54684.000	53	—		
显著性说明	$***P \leqslant 0.001$，$**P \leqslant 0.01$，$*P \leqslant 0.05$					

第三，住房多样性指数与模式类型。

从住房类型多样性指数的统计数值表可以看出（见表 3.15）：在 54 个统计小区中，住房建设年代 *Sp* 多样性指数平均值为 0.213，*Sw* 多样性指数平均值为 0.379；住房产权使用 *Sp* 多样性指数平均值为 0.443，*Sw* 多样性指数平均值为 0.665。从整体来看，在曹杨新村，住房建设年代混合的均质化程度要稍低于住房产权类型混合程度。从上述四项住房多样性指数偏度和峰度的统计数值比较来看，住房建设年代的多样性指数为右偏，住房产权使用的多样性指数为左偏，且二者数据结构都呈平峰状，由此可说明，54 个住区的住房整体多样性混合程度的数值结构差异性不大。

表 3.15　住房多样性指数统计特征描述（*N*=54）

	最小值	最大值	平均值	标准差	方差	偏度	峰度
住房建设年代 *Sp* 多样性指数	0.000	0.661	0.213	0.229	0.052	0.511	−1.356
住房产权使用 *Sp* 多样性指数	0.000	0.729	0.379	0.217	0.047	−0.299	−1.079
住房建设年代 *Sw* 多样性指数	0.000	1.455	0.443	0.474	0.225	0.610	−1.059
住房产权使用 *Sw* 多样性指数	0.000	1.346	0.665	0.379	0.144	−0.176	−0.926

本研究继续选取住房多样性指数与模式类型进行单因素方差齐性检验，以住区模式作为因子变量。从 ANOVA 分析结果来看（见表 3.16），住区模式对住房多样性指数影响作用并不明显，其中只有住房建设年代的 SW 指数的显著性水平较高。

表 3.16　住房多样性指数与住区模式类型的 ANOVA 显著性分析

住房多样性指数 * 住区模式类型		Sum of Squares	df	Mean Square	*F*	Sig.
住房建设年代 *Sp* 多样性指数 * 住区模式类型	组间	0.565	7	0.081	1.676	0.139
	组内	2.215	46	0.048		
	总计	2.780	53	—		
住房产权使用 *Sp* 多样性指数 * 住区模式类型	组间	0.514	7	0.073	1.707	0.131
	组内	1.980	46	0.043		
	总计	2.494	53	—		

续表

住房多样性指数 * 住区模式类型		Sum of Squares	df	Mean Square	F	Sig.
住房建设年代 *Sw* 多样性指数 * 住区模式类型	组间	2.649	7	0.378	1.878	0.045*
	组内	9.270	46	0.202		
	总计	11.919	53	——		
住房产权使用 *Sw* 多样性指数 * 住区模式类型	组间	1.429	7	0.204	1.519	0.185
	组内	6.182	46	0.134		
	总计	7.611	53	——		
显著性说明	***$P \leqslant 0.001$，**$P \leqslant 0.01$，*$P \leqslant 0.05$					

（3）住户构成与模式类型的差异分布特征

其一，住户教育程度与模式类型。

本研究选取住户教育程度人数与模式类型进行单因素方差齐性检验，以住区模式作为因子变量。从 ANOVA 分析结果来看（见表 3.17），住区模式对住户教育程度分布的显著相关性作用并不明显，且不同教育程度户数的 F 值差异性也不大。

表 3.17　住户教育程度数量与住区模式类型的 ANOVA 显著性分析

不同教育程度的住户数量 * 住区模式类型		Sum of Squares	df	Mean Square	F	Sig.
PT1- 未上过学人数 * 住区模式类型	组间	7363.511	7	1051.930	1.514	0.187
	组内	31969.471	46	694.988		
	总计	39332.981	53	—		
PT1- 小学文化水平人数 * 住区模式类型	组间	112177.150	7	16025.307	1.596	0.161
	组内	461990.721	46	10043.277		
	总计	574167.870	53	—		
PT1- 初中文化水平人数 * 住区模式类型	组间	1300347.800	7	185763.971	1.620	0.154
	组内	5273817.533	46	114648.207		
	总计	6574165.333	53	—		

续表

不同教育程度的住户数量 * 住区模式类型		Sum of Squares	df	Mean Square	*F*	Sig.
PT1- 高中文化水平人数 * 住区模式类型	组间	1155163.894	7	165023.413		
	组内	5591272.254	46	121549.397	1.358	0.246
	总计	6746436.148	53	—		
PT1- 大学专科文化水平人数 * 住区模式类型	组间	114646.183	7	16378.026		
	组内	815191.817	46	17721.561	.924	0.497
	总计	929838.000	53	—		
PT1- 大学本科文化水平人数 * 住区模式类型	组间	46665.548	7	6666.507		
	组内	1236461.433	46	26879.596	.248	0.970
	总计	1283126.981	53	—		
PT1- 大学研究生文化水平人数 * 住区模式类型	组间	909.622	7	129.946		
	组内	26924.971	46	585.325	.222	0.978
	总计	27834.593	53	—		
显著性说明	*** $P \leqslant 0.001$，** $P \leqslant 0.01$，* $P \leqslant 0.05$					

其二，住户职业分类与模式类型。

本研究选取住户职业分类人数与模式类型进行单因素方差齐性检验，以住区模式作为因子变量。从 ANOVA 分析结果来看（见表 3.18），住区模式对企业事业单位负责人、商业服务人员、生产运输设备操作人员三种职业类型人数的显著相关性影响作用较明显，从 *F* 值来看住区模式类型对生产运输设备操作人员分布的影响作用是最强的。

表 3.18　住户职业分类数量与住区模式类型的 ANOVA 显著性分析

不同职业分类的住户数量 * 住区模式类型		Sum of Squares	df	Mean Square	*F*	Sig.
PT2- 从事企业事业单位负责人人数 * 住区模式类型	组间	996.188	7	142.313		
	组内	2546.404	46	55.357	2.571	0.025*
	总计	3542.593	53	—		

续表

不同职业分类的住户数量 * 住区模式类型		Sum of Squares	df	Mean Square	F	Sig.
PT2- 从事专业技术人员人数 * 住区模式类型	组间	798.863	7	114.123	0.878	0.531
	组内	5980.471	46	130.010		
	总计	6779.333	53	—		
PT2- 从事办事人员和有关人员人数 * 住区模式类型	组间	192.776	7	27.539	0.814	0.580
	组内	1556.483	46	33.837		
	总计	1749.259	53	—		
PT2- 从事商业服务人员人数 * 住区模式类型	组间	7247.820	7	1035.403	2.486	0.030*
	组内	19157.217	46	416.461		
	总计	26405.037	53	—		
PT2- 从事农林牧副渔水利生产人员人数 * 住区模式类型	组间	1.063	7	0.152	1.635	0.150
	组内	4.271	46	0.093		
	总计	5.333	53	—		
PT2- 从事生产运输设备操作员人数 * 住区模式类型	组间	1178.626	7	168.375	3.350	0.006**
	组内	2311.967	46	50.260		
	总计	3490.593	53	—		
显著性说明	$***P \leqslant 0.001$，$**P \leqslant 0.01$，$*P \leqslant 0.05$					

从整体来看，住区模式所对应的住户职业特征是具有阶层混合性的，但偏向服务型和生产型行业的人群更多分布在模式一、二和三中，偏向技术型人群分布更为多元化，而企业事业型人群则主要分布在模式六和七中。这也充分说明了在曹杨新村住区模式演进过程中，住区社会空间结构由原来以单位为中心的均质化集聚转变为异质化拼贴，阶层分化最终在空间上形成了居住模式分化。

其三，住户多样性指数与模式类型。

从住户类型多样性指数的统计数值表可以看出（见表 3.19）：在 54 个统计小区中，居民教育水平 Sp 多样性指数平均值为 0.772，Sw 多样性指数平均值为 0.711；居民职业类型 *Sp* 多样性指数平均值为 1.619，*Sw* 多样性指数平均值为 1.389。从整体来看，曹杨新村居民职业类型混合的丰富性以及均质程度要好于教育水平混合性。从上述四项住户多样性指数偏度和峰度的统计数值比较来看，居民教育水平和职业类型的多样性指数都为右偏，且二者多样性指数的数据结构均呈现尖峰状，由此可说明，住户多样性指数分布的水平距离差异较大，且职业类型混合的不均性是最强的。

表 3.19 住户多样性指数统计特征描述

住户多样性指数统计特征描述（*N*=54）							
	最小值	最大值	平均值	标准差	方差	偏度	峰度
居民教育水平 *Sp* 多样性指数	0.724	0.797	0.772	0.018	0.000	−1.051	0.525
居民职业类型 *Sp* 多样性指数	0.497	0.780	0.711	0.059	0.003	−1.518	2.612
居民教育水平 *Sw* 多样性指数	1.486	1.707	1.619	0.053	0.003	−0.888	0.351
居民职业类型 *Sw* 多样性指数	0.983	1.560	1.389	0.144	0.021	−1.263	1.203

3.3.4 住区模式的密度与社会特征总结

从曹杨新村住区形态模式演进特征来看，它已形成了多梯度、多次类的密度结构特征，由建设最初单一的工人新村逐渐向成熟、混合、多样化的城市住区转变。不同类型的住区模式是具有空间与社会双关性意义的，且住房类型多样化不但实现了社会阶层混合，同时还能够催生积极的主体行为选择效应。另外，在低、中、高三种容积率比较中还可以发现，不同住宅次类型发展演变从始至终都与社会意识形态密切相关，不同历史阶段所建设的物质空间形态是与其当时所主导的社会价值观相关照对应的。

（1）住区模式类型的密度空间特征

理论上来说，通过提高土地容积率是增加人口密度的最有效途径，但从曹杨新村的分析数据比较来看却可以发现（见表 3.20），低容积率模式与高容积率模式在人口密度上的差异并不显著，甚至小高层行列式住区模式的户密度 204 户 / 公顷还要低于中、低容积率住区模式以及平均密度。从住区物质密度和人口密度在空间的分布规律可以进一步发现，住区人口密度与人均居住面积、户均居住面积是呈负相关的，这说明人口密度越大而居民的居住面积反而会越小，该分布规律体现了人口密度对于物质密度演化过程所起到的反作用关系。

表 3.20　曹杨新村住区空间模式类型与密度空间特征

主类	次类	亚类		具体形态	空间模式	容积率	建筑密度	户密度（户/公顷）	住房建筑面积（平方米）	人均住房面积（平方米/人）
		类型	布局模式							
低容积率	低层	行列式	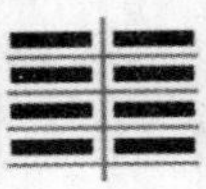		模式一	0.98	31.7%	313	26.47	11.58
中容积率	多层	行列式	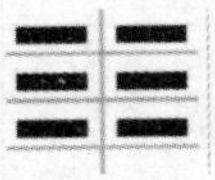		模式二	1.83	34.0%	436	51.36	23.19
	多层	混合式	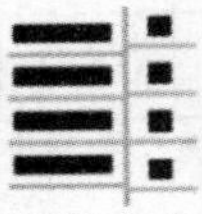		模式三	1.68	31.5%	386	46.66	20.23
	多层	围合式			模式四	2.02	34.7%	420	51.60	21.17
高容积率	小高层	行列式	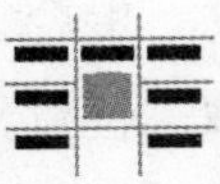		模式五	3.20	20.5%	204	126.43	49.57
	小高层	围合式			模式六	3.80	29.6%	241	139.78	46.64
	高层	点式			模式七	4.00	24.2%	409	88.62	35.28
	高层	独栋式			模式八	4.06	36.8%	388	89.85	41.30

如果说更高的空间密度所承载的是更多的人口容量，那么在曹杨新村的研究中却出现了发展悖论，即并不能简单地将高容积率理解为高密度。一方

面在住区开发强度增加的同时人均居住面积也随之提高，伴随的则是住宅单位密度和人口密度不增反降，并形成空间绅士化特征；另一方面开发强度与人口密度之间的增长趋势也并不是简单的线性对应关系，由于居民社会阶层混合、住房使用需求与可负担的多元性，住区模式中的空间密度与人口密度之间的逻辑关联关系也变得愈加复杂。可见这种容积趋高、强度增大、人均面积增大的过程，是一个生活水平提高并有可能趋向于高能耗高碳排的过程。

（2）住区模式类型的社会空间特征

从住区模式类型与住户教育程度比较来看（见表 3.21），教育程度高人群（大学本科以上学历水平）在各住区模式的分布均值极为接近，整体差异性水平并不大，同时模式一、模式三和模式八的低学历人群分布数量则是较高的。而从职业类型来看，模式五和模式六所对应的居民职业类型主要是企事业负责人员职业类型，而模式一和模式三则集中体现了以生产生活服务人员的社会职业类型为主的职业构成特征。与上述不同模式对应下的社会阶层分异也体现出，在曹杨新村从单位分房到商品房的转型过程中，传统上基于生产关系纽带的单位住区在住户产生了深刻的社会结构变化。

表 3.21　曹杨新村住区空间模式类型与住户特征

主类	次类	亚类		具体形态	空间模式	教育程度人数均值分布（人/公顷）			职业类型人数均值分布（人/公顷）		
		类型	布局模式			教育程度低	教育程度中	教育程度高	企事业负责人型	专业技术型	生产生活服务型
低容积率	低层	行列式			模式一	259.0	1725.3	336.0	3.7	10.3	41.3
中容积率	多层	行列式			模式二	149.3	963.6	286.6	10.4	21.4	54.3
	多层	混合式			模式三	230.4	1447.3	313.9	9.8	19.8	63.1

续表

主类	次类	亚类		具体形态	空间模式	教育程度人数均值分布（人/公顷）			职业类型人数均值分布（人/公顷）		
		类型	布局模式			教育程度低	教育程度中	教育程度高	企事业负责人型	专业技术型	生产生活服务型
中容积率	多层	围合式			模式四	82.0	668.5	248.8	5.3	10.0	14.0
高容积率	小高层	行列式			模式五	161.8	1125.4	286.0	18.4	21.8	27.4
	小高层	围合式			模式六	146.8	1143.4	341.2	22.2	22.4	20.8
	高层	点式			模式七	247.4	1625.0	315.4	11.8	19.4	25.2
	高层	独栋式			模式八	72.5	486.0	233.8	8.0	15.5	20.8

另外，从模式类型与住房特征比较中（见表 3.22）可以发现，模式类型所对应的住房使用权利差异性特征正是由于社会身份特征及阶层分化，重新塑造了住区的社会形态与住区模式的自我选择机会，如模式一、模式二中住户租赁住房的比例是最高的，模式二和模式三中购买公有住房的住户占主体，而模式五和模式六中购买商品房的住户成为该模式类型的构成主体。

在对曹杨新村的研究中还可以发现，住区空间模式与社会构成是具有逻辑对应关系的，从传统的单位化住区向现代的市场化住区转变过程中，曹杨新村居民构成、住房产权等模式构成因素变化对其模式类型重构起到了重要作用。经济分层、社会分层使住区模式具有了空间“筛选器”作用——虽然不同阶层的人生活在同一区域内，但实际上却由于获得社会资源差异性导致了模式本身的身份化象征。

表 3.22 曹杨新村住区空间模式类型与住房特征

主类	次类	亚类		具体形态	空间模式	住房建设年代均值分布（单元 / 公顷）			住房产权使用均值分布（单元 / 公顷）		
		类型	布局模式			新中国成立到 20 世纪 80 年代以前	20 世纪 80 年代初到 90 年代末	20 世纪末到 21 世纪初	租赁住房型	购买商品住房型	购买公有住房型
低容积率	低层	行列式	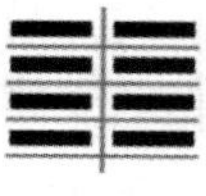		模式一	54.33	2.00	0.00	55.00	0.00	1.33
中容积率	多层	行列式	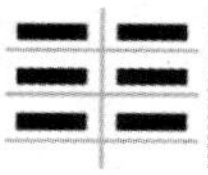	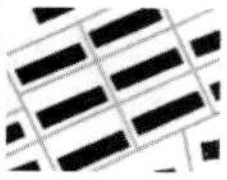	模式二	45.44	34.63	0.00	32.06	5.44	42.06
	多层	混合式	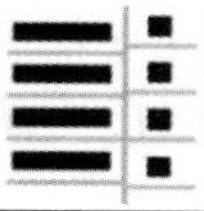	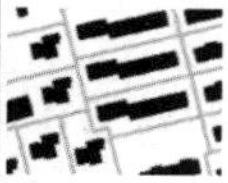	模式三	41.42	42.25	0.33	27.25	10.50	46.08
	多层	围合式			模式四	0.50	23.75	2.00	3.25	7.50	15.25
高容积率	小高层	行列式	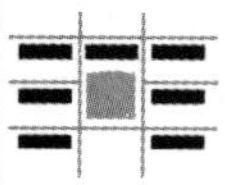	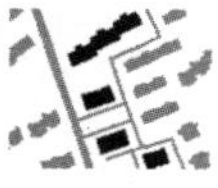	模式五	3.20	32.20	10.60	8.80	22.60	14.60
	小高层	围合式	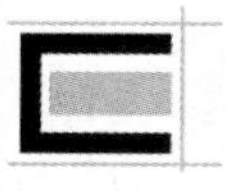		模式六	0.00	13.60	27.80	1.80	39.40	0.00
	高层	点式	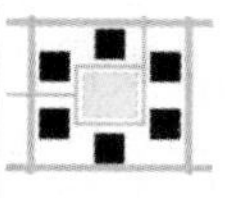		模式七	0.00	46.00	2.60	8.20	17.60	22.80
	高层	独栋式	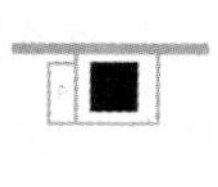		模式八	0.00	16.00	12.50	1.50	22.50	4.25

综上，从曹杨新村住区模式类型与住户、住房特征比较中，可以得出社会转型背景下的城市空间形态的重构过程，也是社会经济结构嵌入空间模式的逻辑过程，站在住区空间模式演进的历史视点上，住区模式发展与选择需

要面对“低碳导向、社会公正和生活质量”三方面的可持续发展和价值平衡。对住区模式的物质空间和社会空间比较研究，突出了城市—住区—家庭—居民各层次系统的空间组织规律，并将低碳空间、社会构成和居民日常生活行为高度整合起来。

3.4 本章小结

本章从“人地”关系角度对我国住区模式演进历史阶段和具体特征进行了系统梳理，在此基础上以上海曹杨新村作为实证对象，对其住区空间形态特征和模式类型加以归纳总结，并得出以下分析结果：

（1）住区模式演化具有时空演进性

本研究将中国近代住区模式从时间维度划分成了单位化住区模式、转型化住区模式和商品化住区模式三个发展阶段。从上述三个历史阶段的住区物质空间形态和开发建设特征比较可以发现，政策和经济因素对于住区模式演化具有主导性作用，同时物质模式特征与社会经济发展水平具有时空逻辑对应性。但需要反思的是，“人地”关系并不是采用“高层高密度”的唯一价值判断理由，在当前城镇化深刻转型过程中，住区模式研究也是全面理解社会空间结构分异的一把钥匙。

（2）曹杨新村住区模式演进特征评价

从曹杨新村三个历史阶段的空间形态演变与模式类型叠合的特征来看，住区开发强度不断增加的过程也是居民居住条件改善的过程，因此以高强度作为模式发展的必然结果是具有积极性意义的。同时随着人口密度的增加，住区内部的公共服务配套种类和规模也在不断完善，对于曹杨新村来说，其物质形态更新也是朝着居民日常生活便捷性方向发展的。本研究认为，判断住区模式究竟是好还是坏的本质，关键还是需要考察居民生活质量变好还是变差，这就涉及要将住区物质空间形态与社会结构组织加以关联。

（3）曹杨新村住区模式的空间类型划分

通过对曹杨新村住区模式空间类型演进特征比较研究，本研究以谱系方式对不同住区空间类型进行了系统总结和八种模式划分。从容积率低、中、高来看：低容积率对应的是低层行列式；中容积率对应的是多层行列式、多层混合式、多层围合式；高容积率对应的是小高层行列式、小高层围合式、高层点式、高层独栋式。同时，上述住区空间模式类型在目前国内住区规划建设中也同样具有代表性。

（4）曹杨新村住区模式的社会结构特征

曹杨新村住区空间模式类型不但与密度指标、住房建设年代及产权类型具有很强的相关性之外，同时还具有社会空间组织意义。从不同模式住区的住户构成来看，不同社会阶层和身份的住户在模式类型中既具有一定程度的混合性，同时也具有某种社会水平结构的典型代表性，并反映出住区物质模式对社会结构重组是具有空间“筛选器”作用的。本研究还认为，站在住区空间模式演进的历史视点上，住区模式发展与选择需要面对“低碳导向、社会公正和生活质量”三方面综合考量。

第四章　曹杨新村住区模式的社会区隔化分析

综前研究，曹杨新村的住区模式类型无论是物质形态特征还是社会结构组织，其空间演进逻辑都是与特定的制度环境分不开的。如果说住区空间模式演变会随着空间形态的不同而表现出差异化特征，那么空间形态表现形式背后最值得关注的便是居住空间的分异现象。一方面住区内部的居民家庭空间分布与社会经济特征表现出一定的一致性，即有着相同职业背景、文化取向、收入状况的社会群体倾向于同类而居；另一方面这些属性不同的居民又分居在住区内不同的模式空间范围内，整个住区的居住空间会产生分化甚至区隔化状况。“区隔”一词最早是由布迪厄提出的，社会区隔理论主要应用于消费研究方面，其研究视角将消费不再看作是一种简单的个体行为，而是深入到社会文化因素，并进而对社会消费中所隐藏的社会逻辑加以剖析。从社会区隔化角度来研究住区模式的社会分异现象，不仅能够深度解读不同生活形态的社会群体构成空间，同时还可以将其与能耗行为产生的碳排放联系起来，并将能耗主体的日常生活能耗行为置入住区社会结构组织的逻辑框架内。

4.1 住区人口社会经济特征研究

4.1.1 人口社会经济特征变量的描述性统计

（1）性别、年龄、婚姻及户籍结构状况

在本次整体调查抽样的性别结构比例图中（见图 4.1），男性占 42.95%，女性占 57.05%。在不

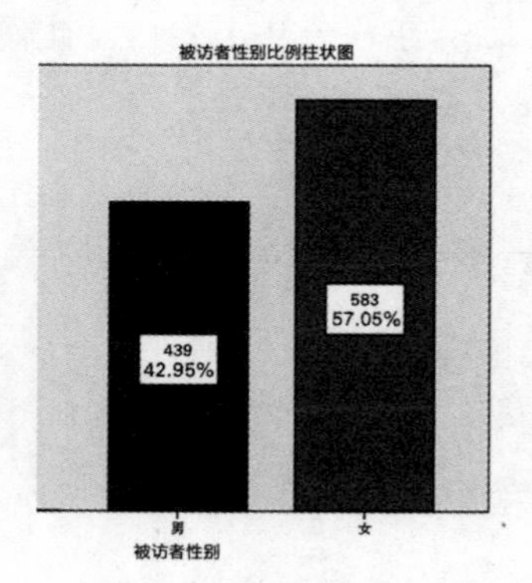

图 4.1　样本人口性别结构柱状图

同年龄区段的男女性别分布中（见图4.2），男性年龄结构在男性样本中以55~64岁（13.68%）、45~54岁（7.48%）、65~74岁（6.99%）为主，女性年龄结构在女性样本中以35~44岁（6.00%）、45~54岁（11.22%）、55~64岁（20.87%）、65~74岁（7.97%）为主。从调查样本整体性别构成特征来看，男女比例基本各占一半，但从年龄结构来看，女性的平均年龄要比男性平均年龄大，因此也造成了曲线分布的峰度值更高。

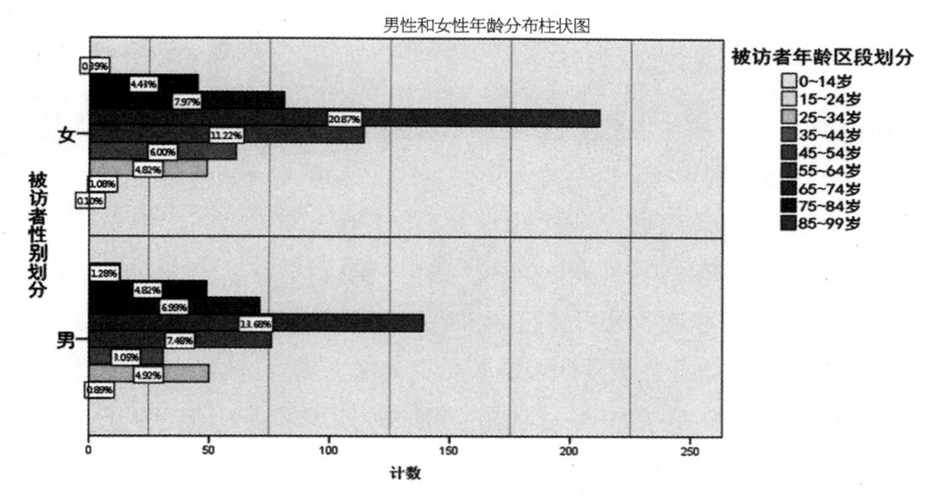

图4.2　调查样本的人口年龄结构柱状图

在户籍状况分布图中（见图4.3），本地常住户籍占90.70%，其他区常住户籍占3.13%，持有居住证的占2.35%，非上海户籍、未填写及其他占3.82%。从户籍分布情况来看，调查样本中主要是以上海本地户籍居民为主，外来人口比例在调查样本中所占比例较低。在婚姻状况特征的饼图中（见图4.4），已

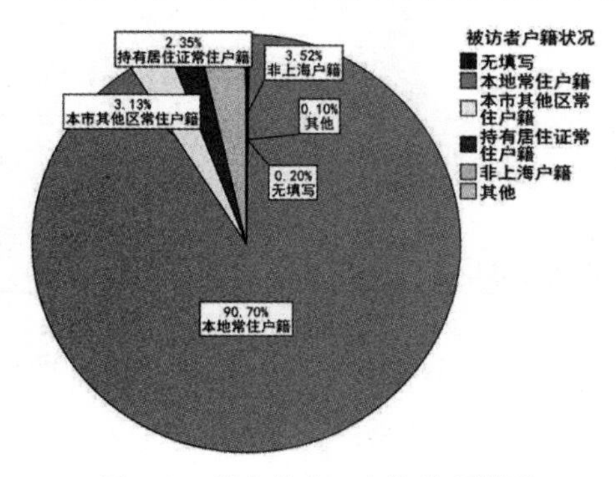

图4.3　样本的人口户籍状况饼图

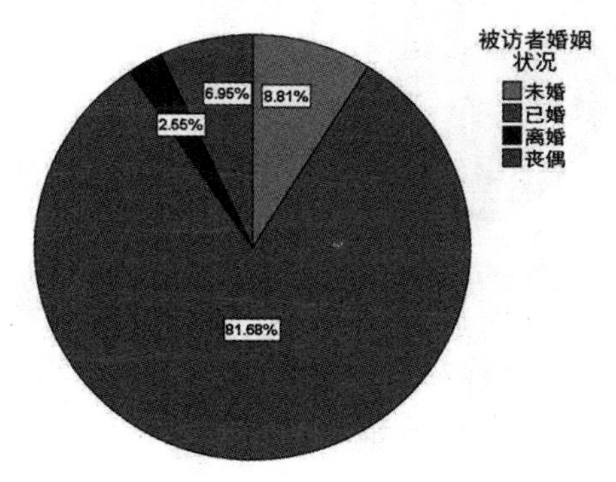

图4.4　样本的人口婚姻状况饼图

婚比例为 81.68%，未婚占 8.81%，离婚占 2.55%，丧偶占 6.95%。

（2）教育程度、就业及职业状况

从被访者教育程度的柱状图分布来看（见图 4.5），无任何教育的占 1.2%、小学（5.4%）、初中（28.8%）、高中（26.0%）、中专（9.4%）、大专（15.2%）、本科（12.6%）、研究生以上（1.3%）。

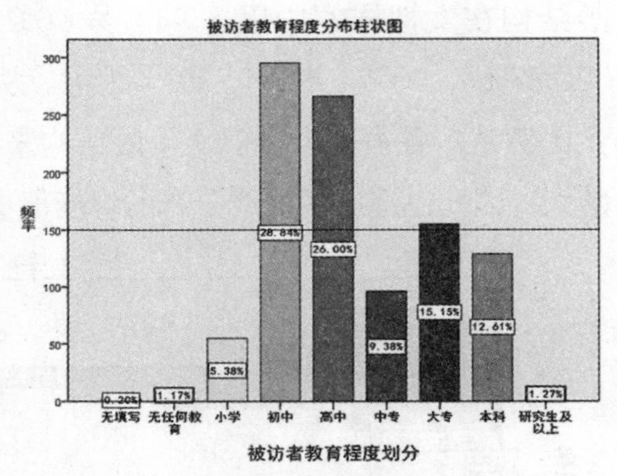

图 4.5　调查样本的人口教育程度状况柱状图

在调查样本中被访者就业状况分布图中（见图 4.6），就业人数占总调查样本的 36.47%，非就业人数占调查样本的 63.53%。在就业比例中，则以全职就业为主（28.46%），临时就业为 2.77%；在非就业人群分布中，则主要以离退休为主（55.73%）。从统计数据来看，非就业人数要明显高于就业人数。需要说明的是，在本次问卷调研过程中，虽然是按照随机抽样的方法确定入户对象，但以入户方式进行回收的问卷往往是由在家者填写的，由此就造成了就业状况调查中非就业人数和离退休比例较高的分布现象。

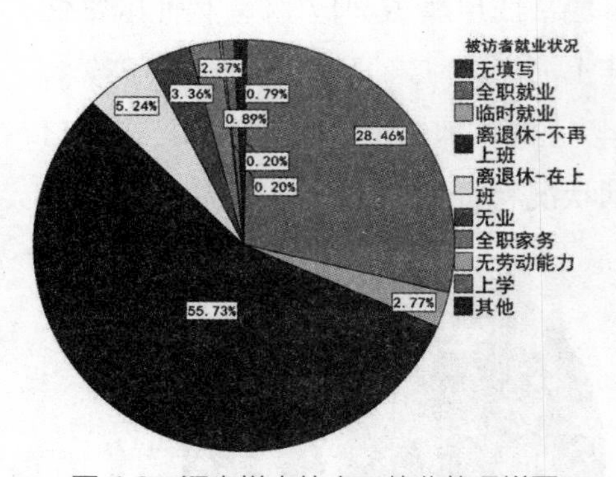

图 4.6　调查样本的人口就业状况饼图

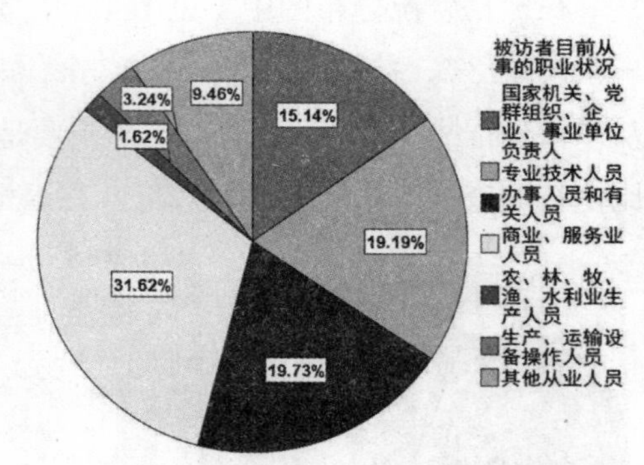

图 4.7　调查样本的人口职业状况饼图

从被访者职业状况分布来看（见图 4.7），就业人群从事的主要有四种职业类型，其中商业服务业人员的比例最高，为 31.62%，其次分别为办事人员、专业技术人员、国家机关企业事业负责人，分别占到 19.73%、19.19%

和 15.14%。从各类职业类型的比例分布可以看出，曹杨新村居住群体所从事的职业特征随着社会经济与产业结构的调整而产生变化，即由传统以技术人员和国家机关工作人员为主的职业类型向商业服务业人员和办事人员转变。

3. 个人月收入状况分析

从本次问卷调查的被访者月收入状况的箱形图来看（见图 4.8），数据有少量的异常值出现但极端异常值不多，数据整体中位数分布基本位于 2000~2500 元之间，但北岭园—南区的中位数值偏高且达到了 5000 元，其说明在该小区中被访者的月收入状况明显高于其他小区调查样本。另外，从中位线与四分位线的相对位置来看，像梅园、西部秀苑、桂巷新村等小区由于样本数据数量结构原因存在着一定的偏态性现象，整体来说，调查数据结构是符合正态性分布对称结构的，这也说明各小区的被访者月收入状况在均值水平上浮动差距并不大。

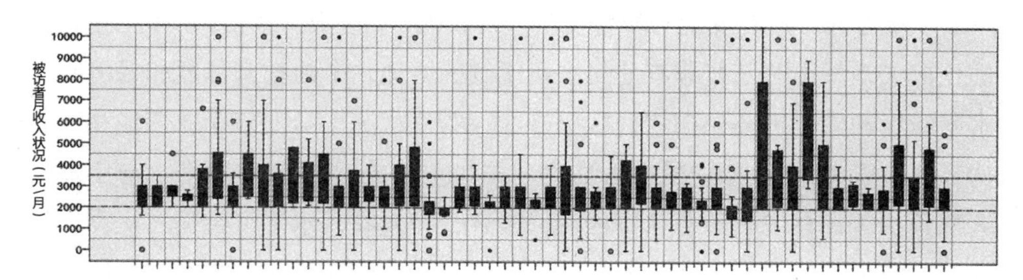

图 4.8　调查样本的居民月收入状况分布箱形图

从统计数值特征来看，被访者个人月收入的均值为 3100.33 元，最大值为 10000 元，最小值为 0 元，标准差统计量为 3848.61。在接收数据符合正态分布的检验条件下，对个人月收入数值进行分箱化处理，并划分成六个区段。从各区段分布比例特征来看（见图 4.9），曹杨新村个人月收入分布主

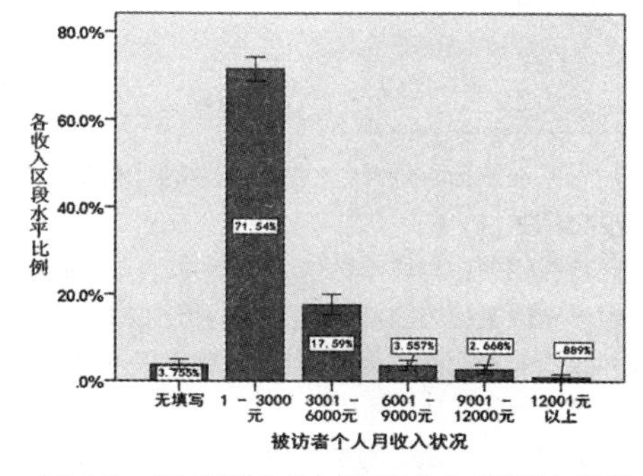

图 4.9　调查样本的居民月收入状况柱状图

要集中在1000~3000元、3001~6000元两个区段，频数分布累计百分比为71.54%和17.59%。另外，0~1000元占5.3%，6001~9000元、9001~12000元及12001元以上收入区段的分布比例数值比例较低。整体来看，在调查样本中的居民月收入水平并不是很高，按照上海2010—2015年人均工资水平4072元的标准来看，调查样本整体的月收入水平比上海人均月工资平均水平略低。

4.1.2 变量间的自相关性分析

本研究采用Spearman相关系数分析对个体社会经济特征变量之间进行相关性分析。从检验显著性①分析结果来看（见表4.1）：年龄特征方面，其与户籍及收入状况在0.01水平上呈显著性负相关，这也说明随着年龄数值的增加，居住个体的本地户籍分布概率会增大，而收入水平则会随之下降；在户籍状况方面，户籍变量与教育及个人月收入状况变量在0.01水平上呈显著性正相关，其说明随着非本地化户籍比例的增加，个体教育程度和经济收入水平增加的概率提高；在教育状况方面，教育状况变量则与职业变量和收入变量在0.01水平上分别呈显著性负相关和正相关，在0.05水平上与年龄显著性负相关，其说明随着教育程度的提升，个人收入水平将会随之提高，且企业事业单位负责人及技术人员的比例会加大，而在年龄结构方面则偏向中青年化；在就业状况方面，就业变量与年龄及婚姻状况变量在0.01水平上呈显著性正相关，这说明随着个体非就业比例的增加，将会伴随着人口老龄化和家庭单身化现象。

---

①在统计学分析中，相关系数的强弱仅仅看系数的大小是不够的。一般来说，取绝对值后，0~0.09为没有相关性，0.1~0.3为弱相关，0.3~0.5为中等相关，0.5~1.0为强相关。但是，检验两组数据是否显著性相关还与样本数量大小有关，样本数量越是大，其需要达到显著性相关的相关系数就会越小。当样本数量超过300个时，其分析出来的相关系数就会比较低，这主要是因为样本量的增大造成了组间数值差异型的增大，但在SPSS软件中却认为这是极其显著性的相关。相关系数的正负则表示两个变量之间的变化关系，正为同向变化，负则为反向变化，相关系数的绝对值越大则关联程度会越强。本研究对于变量之间是否相关采用SPSS统计软件分析结果作为判断的主要依据，同时对于显著性强度则采用相对比较的方式给出分析结论与学理解释。

表 4.1　个体社会经济特征变量的 Spearman 相关性分析

问卷被访者经济社会特征的相关显著性分析（N=1012）									
			被访者年龄状况	被访者户籍状况	被访者婚姻状况	被访者教育状况	被访者就业状况	被访者职业状况	被访者个人月收入状况
斯皮尔曼等级相关系数 Spearman's rho	被访者年龄状况	Correlation	1.000	−0.093**	0.111**	−0.077**	0.012	0.185**	−0.244**
		Sig.（2−tailed）		0.003	0.000	0.014	0.694	0.000	0.000
	被访者户籍状况	Correlation	−0.093**	1.000	−0.250**	0.207**	−0.038	−0.146**	0.383**
		Sig.（2−tailed）	0.033		0.000	0.000	0.228	0.000	0.000
	被访者婚姻状况	Correlation	0.111*	−0.250**	1.000	−0.293**	−0.190**	0.378**	−0.384**
		Sig.（2−tailed）	0.000	0.000		0.000	0.000	0.000	0.000
	被访者教育状况	Correlation	−0.077**	.207**	−0.293**	1.000	0.003	−0.314**	0.434**
		Sig.（2−tailed）	0.014	0.000	0.000		0.920	0.000	0.000
	被访者就业状况	Correlation	0.012	−0.383	−0.190**	0.003	1.000	−0.125**	−0.091**
		Sig.（2−tailed）	0.694	0.228	0.000	0.920		0.000	0.004
	被访者职业状况	Correlation	0.185**	−0.146**	0.378**	−0.314**	−0.125**	1.000	−0.176**
		Sig.（2−tailed）	0.000	0.000	0.000	0.000	0.000		0.000
	被访者个人月收入状况	Correlation	−0.244**	0.383**	−0.384**	0.434**	−0.091**	−0.176**	1.000
		Sig.（2−tailed）	0.000	0.000	0.000	0.004	0.000	0.000	
**. 0.01 水平上的显著性相关　Correlation is significant at the 0.01 level（2−tailed）.									
*. 0.05 水平上的显著性相关　Correlation is significant at the 0.05 level（2−tailed）.									

4.2 家庭结构特征研究

本研究认为家庭生命周期概念对于研究家庭特征变量设定具有很好的理论指导意义。首先，当我们将人口统计中的生活中的个体作为分析单位时，可以将其年龄与婚姻、子女状况相关联，并由此对不同年龄阶段的能源消费行为加以分段解析。其次，家庭生命周期与住房选择之间有着相关性，而住房特征则与家庭能耗行为有着密切的相关性。当个体处于单身阶段时期，由于没有经济负担，对于住房要求较低会选择租房，而更注重休闲娱乐和生活基本必需的消费内容，在该阶段各类生活能耗消费较低；当男女个体组建成家庭，新婚夫妇会根据其自身经济状况选择与老人合住或贷款购买首套住房，在该阶段家庭直接能耗消费水平开始增加；当孩子大于 6 岁时家庭处于满巢期，父母会购买更大的住房来改善居住条件，同时更倾向于选择便于子女教育和服务便利的区位，该阶段家庭直接能耗消费达到最高；当子女已经成年并独立生活，父母进入退休生活的空巢期时，家庭对于住房条件改善的意愿会大大降低，并更倾向于在维护身体健康和文化娱乐休闲方面的消费支出，此时家庭各类生活能耗消费开始降低。

综上，家庭特征变量设定与家庭生命周期变化是紧密相关的。作为社会构成的基本细胞——家庭，其内在的规模结构也会随着外部的社会经济条件变化而产生变化调整的适应性现象。从已有研究结论来看，家庭人口规模、经济收入水平与碳排放相关性是最强的，因此本研究选取上述两个变量作为住区能耗碳排放的主要因子，并通过相关性分析探寻变量之间的逻辑关系。

4.2.1 家庭结构特征变量的统计性描述

（1）家庭规模特征

从本次调查问卷的家庭人数分布特征条状图可以看出（见图 4.10），家庭人数的分布曲线基本呈正态分布（正偏态）。两口之家和三口之家占总样本计数的 70%，家庭从 1 人到 5 人的频率累计百分比为 98.1%，家庭人口的均值为 2.95 人 / 户。

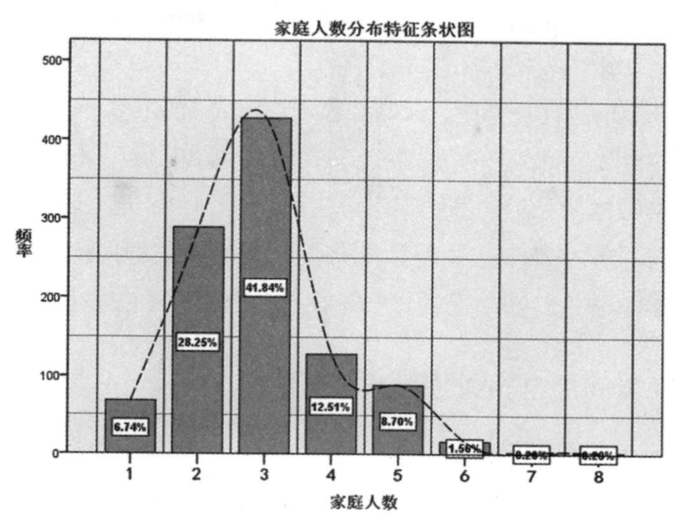

图 4.10　调查样本家庭人数分布状况图

（2）家庭收入状况

本研究进一步对数据进行区段化处理，从家庭年收入条状图可以得出以下结论（见图 4.11）：家庭年收入分布比例构成中主要集中在 1~50000 元区段和 50001~100000 元两个区段，其比例分别为 38.83 和 44.07%；其次则

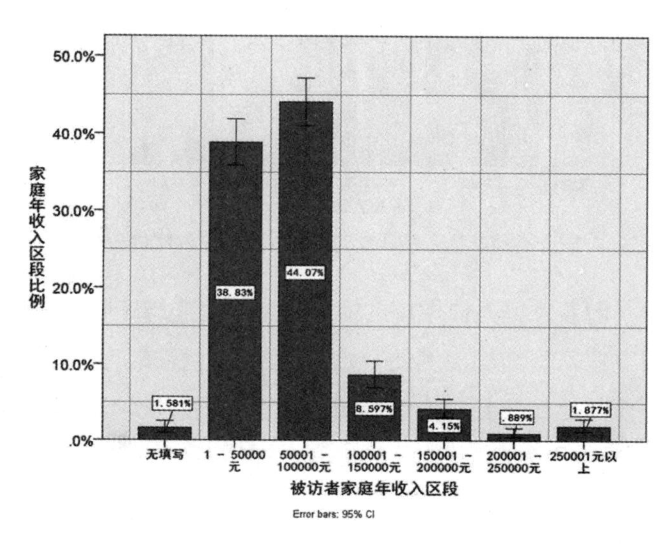

图 4.11　调查样本家庭年收入的区段分布特征图

为 100001~150000 万元以及 150001~200000 元两个区段，二者比例累计为 12.74%。在调查样本中家庭年收入分布特征呈现出非对称结构，且主要集中在收入 10 万元水平以下。

另外，在数值统计特征中，家庭年收入均值为 75061.03 元，众数为 60000 元，标准差为 62856.69，偏度为 4.158，峰度为 30.394。根据 2010 年上海市统计局官网数据所显示的家庭年均可支配收入 31838 元，调查样本为 23750 元，比全市标准水平略低。从整体上来说，样本中家庭人均年收入水平介于中低收入标准水平（21780 元）与中等收入标准水平（27484 元）之间。

4.2.2 变量间的自相关性分析

本研究进一步对家庭人均年收入水平在家庭人数规模类别上加以聚类比较分析（见图 4.12），结果却显示出与家庭年收入分布特征曲线呈反向结构，即家庭人均年收入水平与家庭规模呈负相关性。

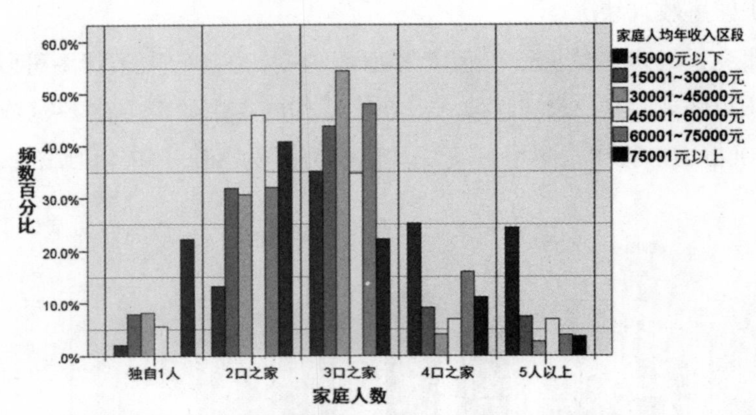

4.12　不同家庭人口规模的家庭人均年收入比例分布图

研究结论：随着家庭人口规模的增加，当家庭人均年收入在 75001 元以上区段时，三口之家家庭结构比例便开始呈现出明显衰减，且家庭人口越多则人均年收入水平低的比例就会越大。在调查样本中还发现，家庭年收入水平、人均年收入水平与家庭规模之间均呈现出先增加后减少的曲线变化特征。结合我国以及上海目前家庭人口规模演变趋势，还可以预测未来在曹杨新村，家庭规模结构演化将会主要以两口之家和三口之家为主。

4.3 住房使用特征研究

综合以上研究结论和理论观点，本研究对于曹杨新村住房特征调查除了对基本统计数据加以分析之外，还需要进一步探究居民社会经济特征变量与住房变量之间的相互作用关系。住房建筑面积[①]特征作为住房状况调查中的主要测度因素，对其数值分布规律不但需要从人口社会经济以及家庭结构方面加以理解，同时还应基于数据差异性分布规律予以机制解释。同时，曹杨新村作为转型时期的大型混合住区，由于住房供应结构的多元化导致了住房消费需求的多样化，因此社会经济特征以及家庭特征变量对住房面积也必定会具有较强的影响作用。

4.3.1 住房使用特征变量的描述性统计

（1）住房建筑面积

从本次问卷调查的 54 个小区住房建筑面积的箱形图可以看出（见图 4.13），调查样本中主要以 1~36 平方米和 36.1~72.0 平方米面积区段类型为

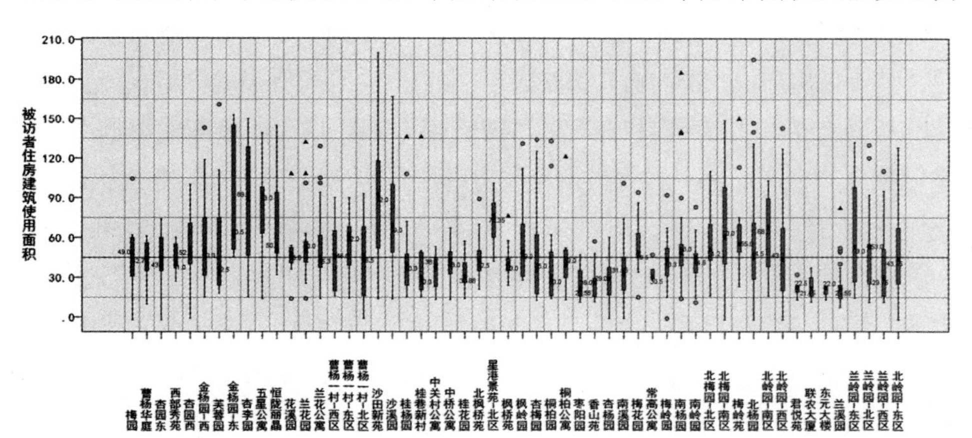

图 4.13　样本住房建筑面积的箱形分布图

①房屋建筑面积是指房屋外墙（柱）勒脚以上的各层的外围水平投影面积，包括阳台、挑廊、地下室、室外楼梯等。商品房建筑面积由套内建筑面积（包括套内使用面积、套内墙体面积和阳台建筑面积之和）和分摊的共有建筑面积（每幢楼内的公用建筑面积，例如大堂、公用楼梯等）组成。

主，比例分别为 36.96% 和 44.66%；其次为 72.1~108.0 平方米和 108.1~144.0 平方米区段，比例分别为 15.33% 和 1.38%。整体上来看，72 平方米以下建筑面积在整个居住面积区段比例最高，累计达到 81.62%。

（2）住房建造年代与入住年代

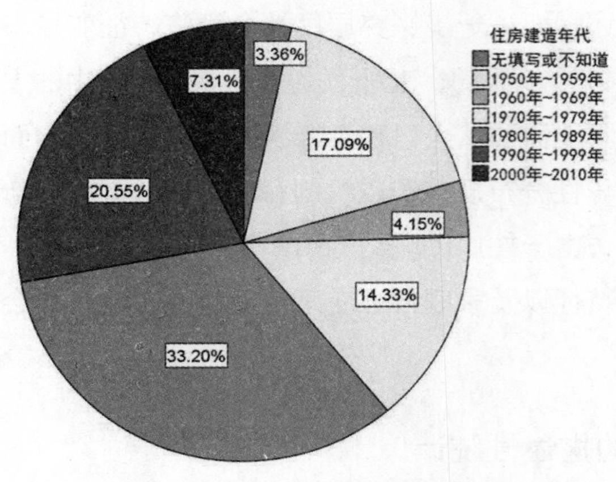

图 4.14　住房建造年代比例分布饼图

从调查样本的建造年代分布状况的饼图来看（见图 4.14），住房建造年代分布主要集中在 1980—1989 年、1990—1999 年两个时间区段，所占比例分别为 33.20% 和 20.55%；其次为 1950—1959 年和 1970—1979 年两个时间区段，所占比例则分别为 17.09% 和 14.33%。将该数据与 GIS 空间数据中的建设年代比例加以比较之后可以得出样本的抽样结构与整体数据结构基本保持一致的结论，这也说明了该调查样本抽样有效性且基本能够符合曹杨新村整体社会经济属性要素分布特征。

（3）住房产权状况与自购房来源

从调查样本住房所有权分布的饼图来看（见图 4.15），产权类型构成结构中以独立产权商品房、独立产权房改房以及公房承租三种产权类型为主，其比例分别占到了 39.53%、33.60% 和 20.45%，累计贡献率达到 97.75%。

在自购房主要来源分布中（见图 4.16），则主要以单位分房、售后公房、自购二手商品房和自购一手商品房四种类型为产权获得主要来源，其比例分别占到了总样本的 21.74%、20.55%、18.18%、13.64%，其中购买商品房的累计比例达到了 31.82%。

从上述产权类型和产权获得具体来源来看，样本数据的住房产权类型构成结构与 GIS 空间数据的分布比例是较为一致的。另外，调查之所以针对购房来源方面加以分类统计，是为了便于测度住房产权从公房租赁向自置转变过程中，社会组织分化以及家庭规模因素对住房产权使用占有的影响作用。

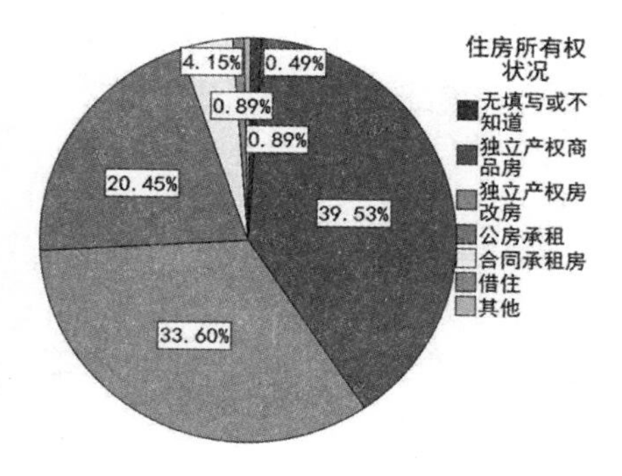

图 4.15　住房产权拥有来源饼图

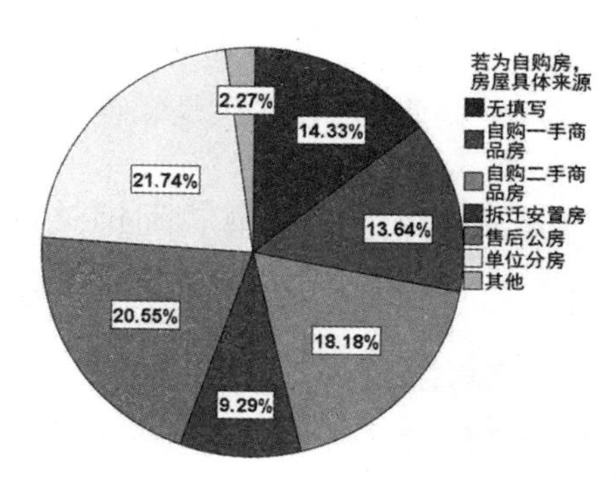

图 4.16　住房产权使用类型饼图

（4）住房厨卫改造及合用户数状况

从住房厨卫使用状况来看（见图 4.17），调查样本中原有独立厨卫分布比例最高，达到了 61.07%；而合用厨卫状况现象依然存在，比例占到了 6.92%；在厨卫分项合用方面，原有独立厨占到了 18.28%，原有独立卫占到了 4.83%；在厨卫改造方面，经过改造后厨卫分用的比例仅占到了 1.09%。

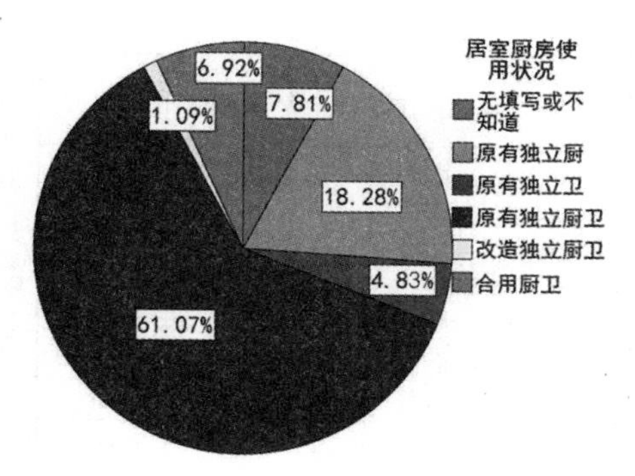

图 4.17　住房厨卫使用状况饼图

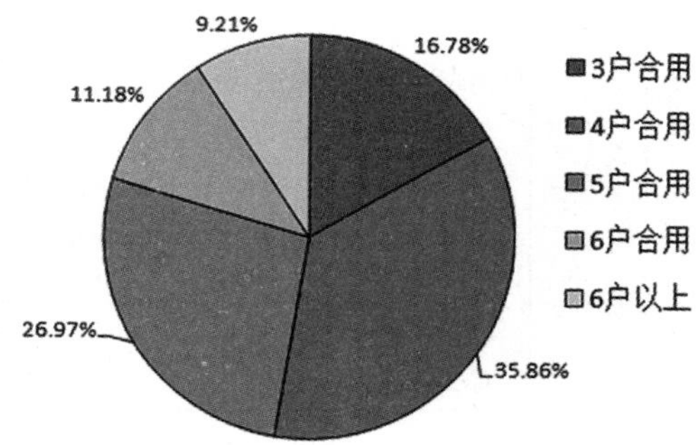

图 4.18　住房厨卫合用户数饼图

上述数值结构比例说明，目前曹杨新村在住房厨卫使用方面，仍存在着不成套现象，且只有少量原来不成套的公房加以改造后才实现厨卫分区。在统计样本中住房存在厨卫不成套的户数总计有 304 户，累计比例占到了 6.92%。在 304 户厨卫合用的户数比例分布中，4 户合用以及 5 户合用的百分比还是较高的，累计达到了 62.83%，同时还存在着 6 户以上合用的状况（见图 4.18）。综合以上分析，本研究认为厨卫合用状况对于住房家庭直接能耗水平必然有着重要的影响性，而多户合用状况也从侧面反映出，对于住区能耗水平的碳排放评价不能仅仅以数值大小来加以衡量，住房成套水平决定着居民整体的居住水平和生活质量，同时也是低碳发展理念下的社会环境绩效考核的重要内容。

4.3.2 变量间及模块间相关性分析

（1）住房使用特征模块内部相关性

根据住房面积、建筑年代、所有权状况及厨卫使用状况的统计描述结果，本研究对 7 个住房特征变量进行相关性分析（见表 4.2）。

表 4.2 住房特征模块内在变量的显著性相关分析

			住房建筑使用面积	住房人均建筑使用面积	居室厨房状况	合用厨卫户数	住房建造年代	住房产权具体来源	住房所有权状况
斯皮尔曼等级相关系数 Spearman's rho	住房建筑使用面积	Correlation Coefficient	1.000	−0.093**	0.413**	−0.484**	0.599**	0.152**	−0.512**
		Sig.（2-tailed）		0.000	0.000	0.000	0.000	0.000	0.000
	住房人均建筑使用面积	Correlation Coefficient	−0.777**	1.000	−0.375**	0.468**	−0.555**	−0.110**	−0.456**
		Sig.（2-tailed）	0.000		0.000	0.000	0.000	0.000	0.000
	居室厨房状况	Correlation Coefficient	0.413**	−0.375**	1.000	−0.604**	−0.419**	0.036	−0.380**
		Sig.（2-tailed）	0.000	0.000		0.000	0.000	0.252	0.000
	合用厨卫户数	Correlation Coefficient	−0.484**	0.468**	−0.604**	1.000	0.534**	−0.017	0.553**
		Sig.（2-tailed）	0.000	0.000	0.000		0.000	0.581	0.000
	住房建造年代	Correlation Coefficient	0.599**	−0.555**	−0.419**	0.534**	1.000	−0.155**	−0.537**
		Sig.（2-tailed）	0.000	0.000	0.000	0.000		0.000	0.000
	住房产权具体来源	Correlation Coefficient	−0.152**	−0.110**	0.036	−0.017	−0.155**	1.000	0.060
		Sig.（2-tailed）	0.000	0.000	0.252	0.581	0.000		0.054
	住房所有权状况	Correlation Coefficient	−0.512**	−0.456**	−0.380**	0.553**	−0.537**	0.060	1.000
		Sig.（2-tailed）	0.000	0.000	0.000	0.000	0.000	0.054	

*. 0.05 水平上的显著性相关 Correlation is significant at the 0.01 level（2-tailed）.

研究结论：在曹杨新村，住房建筑面积以及人均建筑使用面积水平随着建设时间的推移而不断提高，在住房物质条件演变过程中，伴随的是住房产权私有化程度提高与购房手段的直接货币化现象，住房不成套化率以及多户合用厨卫的现象依然是曹杨新村住房条件需要加以关注的主要问题。从调查样本相关性显著系数来看，住房建设年代以及住房产权状况对于建筑面积大小的解释性是最强的，而住房建筑面积、住房建造年代对于住房不成套现象的解释性则是最强的。

（2）住房建筑面积与社会经济特征因素相关

本研究选取住房建筑面积作为因变量，个体社会经济特征作为自变量，由于社会经济特征变量中大多数变量都属于有序分类变量和名义变量，因此需要将上述变量转化成虚拟变量，并采用 ANOVA 单因素方差分析①方法对不同特征变量的分类水平的住房建筑面积进行均值差异性比较。从方差齐性的检验结果来看，七个社会经济特征变量的显著性值均为 0.000，这说明社会经济特征变量对于住房建筑面积具有影响作用的研究假设需要被接受。

研究结论：个体年龄的差异性特征不仅可以反映出家庭所处的生命周期阶段，同时也反映了家庭的积蓄水平和购房能力，而职业以及教育水平的差异性直接决定着住房建筑面积的改善程度，就业与否以及就业水平程度会通过影响收入水平而间接影响到居住面积的变化。在曹杨新村，个体的经济收入水平则在所有特征变量中是最重要的主导性因素，从均值差异性分布来看，只有当个人月收入水平在 6000 元以上时才会对住房建筑面积产生显著性的影响作用，这也说明收入水平对住房面积改善是有临界条件的。

（3）住房建筑面积与家庭特征因素相关

本研究选取住房建筑面积作为因变量，家庭特征作为自变量，采用 ANOVA 单因素方差分析方法对不同特征变量的分类水平的住房建筑面积进

---

①单因素方差分析（one-way ANOVA），用于完全随机设计的多个样本均数间的比较，其统计推断是推断各样本所代表的各总体均数是否相等。单因素方差分析完全随机设计（completely random design）不考虑个体差异的影响，仅涉及一个处理因素，但可以有两个或多个水平，所以亦称“单因素实验设计”。即在实验研究中按随机化原则将受试对象随机分配到一个处理因素的多个水平中去，然后观察各组的试验效应。

行差值比较。从方差齐性的检验结果来看（见表 4.3），三个家庭特征变量的显著性值均为 0.000，这说明家庭规模、家庭人均年收入、家庭年收入与住房建筑面积的方差是齐性的，因此需要进一步采用 Brown-Forsythe 进行事后检验，检验结果呈显著性，这说明在方差齐性的条件下家庭特征变量与住房建筑面积平均值是存在显著性差异的。

表 4.3　住房建筑面积与家庭特征变量的方差齐性检验及均值比较

（自变量 = 住房建筑面积）

<table>
<tr><th rowspan="2">社会特征变量</th><th rowspan="2">特征变量分类</th><th colspan="4">统计描述性数值</th><th rowspan="2">方差齐性 ANOVA 显著性 Sig.</th><th rowspan="2">事后检验 Brown-Forsythe Sig.</th></tr>
<tr><th>平均值</th><th>标准偏差</th><th>最小值</th><th>最大值</th></tr>
<tr><td rowspan="5">家庭规模</td><td>独自 1 人</td><td>35.76</td><td>23.33</td><td>0.00</td><td>114.00</td><td rowspan="5">0.000</td><td rowspan="5">0.000</td></tr>
<tr><td>2 口之家</td><td>48.36</td><td>29.96</td><td>0.00</td><td>200.00</td></tr>
<tr><td>3 口之家</td><td>48.71</td><td>30.71</td><td>0.00</td><td>195.00</td></tr>
<tr><td>4 口之家</td><td>58.21</td><td>38.75</td><td>14.40</td><td>185.00</td></tr>
<tr><td>5 口之家</td><td>57.21</td><td>38.04</td><td>11.20</td><td>161.00</td></tr>
<tr><td rowspan="6">家庭人均年收入状况</td><td>15000 元以下</td><td>43.30</td><td>28.53</td><td>0.00</td><td>185.00</td><td rowspan="6">0.000</td><td rowspan="6">0.000</td></tr>
<tr><td>15001~30000 元</td><td>44.69</td><td>26.90</td><td>0.00</td><td>200.00</td></tr>
<tr><td>30001~45000 元</td><td>57.71</td><td>33.88</td><td>0.00</td><td>150.00</td></tr>
<tr><td>45001~60000 元</td><td>66.74</td><td>41.89</td><td>0.00</td><td>167.00</td></tr>
<tr><td>60001~75000 元</td><td>88.68</td><td>48.59</td><td>20.00</td><td>195.00</td></tr>
<tr><td>75001 元以上</td><td>71.70</td><td>38.56</td><td>0.00</td><td>145.00</td></tr>
<tr><td rowspan="6">家庭年收入状况</td><td>50000 元以下</td><td>39.78</td><td>23.65</td><td>0.00</td><td>185.00</td><td rowspan="3">0.000</td><td rowspan="3">0.000</td></tr>
<tr><td>50001~100000 元</td><td>50.33</td><td>31.32</td><td>0.00</td><td>200.00</td></tr>
<tr><td>100001~150000 元</td><td>63.42</td><td>35.35</td><td>0.00</td><td>150.00</td></tr>
<tr><td>150001~200000 元</td><td>72.75</td><td>39.18</td><td>0.00</td><td>153.00</td><td rowspan="3">0.000</td><td rowspan="3">0.000</td></tr>
<tr><td>200001~250000 元</td><td>135.67</td><td>34.20</td><td>90.00</td><td>195.00</td></tr>
<tr><td>250001 元以上</td><td>85.83</td><td>41.85</td><td>15.00</td><td>149.00</td></tr>
</table>

4.4 住区模式的社会区隔化分析

由于不同类型的住区模式所对应的住房形态以及所承载的居住群体不同，其所涵盖的社会特征也不同，同时也势必影响到碳排放的空间分布不同。考虑到不同空间模式住区内部社会特征的差异性，本章节则对不同住区空间模式类型的人口社会经济特征、家庭组织特征以及住房特征三方面进行统计分析，以此界定与物质空间模式所对应的社会经济构成特征与区隔类型。

从曹杨新村住区模式类型与人口社会经济特征、家庭结构特征以及住房使用特征相关性的分析结果来看，各特征模块中的主要变量与住区模式类型均具有显著相关性，但同时也表现出某些变量如个人月收入、家庭人口规模、住房建筑面积对应于住区模式之间的非线性关系。本研究对这些变量进行均值比较之后发现，与不同模式类型对应的变量均值曲线是具有区段化特征的。这在某种程度上也充分反映出住区模式与社会经济特征变量之间并非简单的正相或负相逻辑关系。本研究认为，每个小区的社会阶层是混杂在一起的，但社会区隔化消费现象会对居住分异产生影响作用。因此，研究根据不同模式类型下的个体社会经济特征、家庭结构特征、住房使用特征的百分比区段分别加以区段合并和类型重组。

4.4.1 住区模式类型的社会经济特征

在与住区空间模式所对应的家庭结构类型中（见表 4.4），居民的社会经济特征可以分成以下三种社会模式类型：

社会模式一所对应的住区空间模式类型为模式一、模式二、模式三和模式七，其反映出在低层、多层行列式和混合式、高层住区类型中，居民在年龄特征、教育程度和职业类型的比例构成中的相似性特征。

社会模式二所对应的住区空间模式类型为模式四和模式八，其反映出在多层和高层住区类型中，居民在年龄和职业类型的比例构成方面的相似性，但在教育程度百分比中，高层独栋式住区的居民教育水平在本科以上的要略高于多层围合式住区。

社会模式三对应的住区空间模式类型分别为模式五和模式六，虽然二者在年龄和教育程度的比例构成方面具有相似性，但在职业类型构成百分比中却有较大的差异性。如在小高层行列式住区类型中以专业技术人员和办事人员职业类型的社会阶层为主，而在小高层围合式类型中则主要以国家机关、企事业单位负责人和商业服务人员阶层为主，其反映出住区模式的外源式阶层符号与内源式身份建构相统一的空间分层结构。

表 4.4 基于住区空间模式类型特征的社会经济模式划分

社会经济模式类型		社会模式一				社会模式二		社会模式三	
住区空间模式类型		模式一 低层 行列式	模式二 多层 行列式	模式三 多层 混合式	模式七 高层 点式	模式四 多层 围合式	模式八 高层 独栋式	模式五 小高层 行列式	模式六 小高层 围合式
年龄特征	20 岁以下	2.0%	1.0%	2.4%	1.7%	0.0%	0.0%	0.0%	0.0%
	21~35 岁	6.0%	9.7%	15.9%	13.3%	16.7%	3.3%	11.2%	12.5%
	36~50 岁	26.0%	15.4%	17.6%	16.7%	30.1%	36.3%	12.4%	20.3%
	51~65 岁	40.0%	51.6%	43.3%	48.3%	28.3%	30.3%	48.3%	45.3%
	66~80 岁	20.0%	19.6%	17.0%	16.7%	16.7%	20.0%	20.2%	18.8%
	81 岁以上	6.0%	2.6%	3.8%	3.3%	8.3%	10.0%	7.9%	3.1%
教育程度	无任何教育	2.0%	1.7%	1.9%	2.2%	1.3%	0.8%	1.7%	1.6%
	小学	9.1%	8.9%	9.6%	9.1%	8.9%	8.3%	8.6%	7.4%
	初中	29.2%	25.2%	28.8%	30.4%	10.1%	19.4%	15.5%	13.6%
	高中	32.7%	29.5%	30.9%	30.1%	28.5%	25.0%	30.1%	31.8%
	大专	12.5%	14.1%	13.0%	13.9%	17.3%	17.0%	25.9%	24.7%
	本科	13.0%	18.0%	14.2%	13.1%	22.2%	24.5%	15.8%	18.3%
	研究生及以上	1.5%	2.5%	1.6%	1.4%	2.7%	5.0%	2.4%	2.6%
职业类型	国家机关、党群组织、企业、事业单位负责人	12.4%	17.5%	13.2%	8.7%	18.2%	15.1%	13.8%	39.0%

续表

社会经济模式类型		社会模式一				社会模式二		社会模式三	
住区空间模式类型		模式一低层行列式	模式二多层行列式	模式三多层混合式	模式七高层点式	模式四多层围合式	模式八高层独栋式	模式五小高层行列式	模式六小高层围合式
职业类型	专业技术人员	8.7%	13.2%	15.0%	13.0%	33.8%	38.5%	20.7%	15.0%
	办事人员和有关人员	21.7%	21.9%	24.0%	18.7%	38.9%	38.8%	37.6%	14.0%
	商业服务业人员	34.8%	26.3%	33.8%	46.5%	4.5%	0.0%	17.6%	32.0%
	农、林、牧、渔、水利业生产人员	5.0%	0.0%	2.5%	4.3%	0.0%	7.7%	3.4%	0.0%
	生产、运输设备操作人员	4.3%	7.9%	0.8%	4.3%	0.0%	0.0%	0.0%	0.0%
	其他从业人员	13.0%	13.2%	10.7%	4.3%	4.5%	0.0%	6.9%	0.0%

结论：一方面，住区物质空间形态特征折射出以家庭为单位的社会空间消费能力是具有区隔特征的；另一方面，也说明了在家庭组织结构演变过程中，空间物化现象反映了当购房手段直接货币化后家庭获取居住权利的排他性与多样性。随着城市发展阶段、空间区位、设施布局等外界情景因素产生变化，住区物质模式的社会空间意义和价值内涵也随之显现。

4.4.2 住区模式类型的家庭结构特征

在住区空间模式所对应的家庭结构类型中（见表 4.5），随着住区空间模式从低层低密度模式向高层高密度模式转变，家庭收入水平也从中低收入向多水平收入混合或中高收入转变。

表 4.5 基于住区空间模式类型特征的家庭结构模式划分

家庭结构模式类型		家庭模式一		家庭模式二		家庭模式三		家庭模式四	
住区模式类型		模式一低层行列式	模式二多层行列式	模式三多层混合式	模式四多层围合式	模式五小高层行列式	模式六小高层围合式	模式七高层点式	模式八高层独栋式
家庭规模	独自 1 人	4.0%	6.3%	5.5%	4.2%	9.0%	9.4%	8.3%	13.3%
	2 口之家	42.0%	27.7%	29.8%	29.2%	24.7%	26.6%	25.0%	43.3%
	3 口之家	32.0%	42.1%	39.8%	50.0%	41.6%	48.4%	46.7%	31.0%
	4 口之家	12.0%	13.4%	12.5%	8.3%	15.7%	9.4%	8.3%	9.3%
	5 人以上	10.0%	10.5%	12.5%	8.3%	9.0%	6.3%	11.7%	3.3%
家庭年收入	50000 元以下	48.0%	38.6%	34.3%	14.3%	6.9%	15.1%	13.3%	6.0%
	50001~100000 元	36.0%	43.7%	46.4%	52.1%	46.1%	46.9%	68.3%	76.7%
	100001~150000 元	14.0%	12.8%	10.6%	20.4%	35.0%	24.7%	6.7%	10.0%
	150001~200000 元	2.0%	2.2%	3.8%	9.2%	10.2%	10.3%	6.7%	3.3%
	200001~250000 元	0.0%	0.8%	2.4%	2.1%	0.0%	1.6%	0.0%	0.0%
	250001 元以上	0.0%	1.9%	2.5%	0.0%	1.8%	1.6%	5.0%	4.0%
家庭人均年收入	15000 元以下	50.0%	26.1%	22.9%	5.1%	6.4%	7.1%	11.3%	6.7%
	15001~30000 元	26.0%	48.0%	45.0%	51.2%	49.8%	43.8%	65.3%	73.3%
	30001~45000 元	14.0%	14.9%	15.4%	25.0%	27.9%	24.8%	6.7%	10.0%
	45001~60000 元	6.0%	6.7%	11.8%	10.4%	13.7%	15.0%	5.0%	6.7%
	60001~75000 元	4.0%	1.9%	2.1%	8.3%	0.0%	4.7%	5.0%	0.0%
	75001 元以上	0.0%	2.4%	2.9%	0.0%	2.2%	4.7%	6.7%	3.3%

其中家庭模式一的年收入和人均年收入反映出，当以家庭为单位时，该住区模式类型的低收入水平家庭比例是最高的，其次才是家庭模式二。家庭结构模式三中，充分反映出家庭整体收入水平开始提高，且在中高收入水平上开始有所分布。家庭模式四虽然中高收入水平的家庭构成比例较高，但已开始出现两极分化的端倪，但高收入阶层比例明显要低于家庭模式三。

结论：一方面，从住区模式类型划分反映出，以家庭为单位的社会空间消费能力是具有区隔特征的；另一方面，也说明了在家庭组织结构演变过程中，空间物化现象反映了当购房手段直接货币化后家庭获取居住权利的排他性与多样性。随着城市发展阶段、空间区位、设施布局等外界情景因素变化，其赋予了住区物质模式的社会空间意义和发展价值内涵，空间物化现象的背后是家庭组织模式的阶层分化与类型重组。

4.4.3 住区模式类型的住房使用特征

住区模式一的住房主要由低层行列式和高层独栋式构成，反映出通过国家或者单位再分配的权利所获得的居住条件非常一般，但住房产权获得来源略有差异性。

住区模式二的住房则反映出由计划经济向市场经济转型过程中，住房和邻里所形成的“同类群聚”的住区组织结构，如多层住区模式在住房建筑使用面积、建设年代、产权使用、购房来源等方面具有很大的相似性。

住区模式三的住房主要由多层围合式和高层独栋式构成，二者虽然在住房面积区段的比例分布略有差别，但在住房产权方面的相似性却体现出，在1980—1989年期间“政策因素”和“市场因素”合力作用机制对住区模式塑造的主导性作用。

住区模式四的住房不但反映出高层住区在1990年以后的快速建设发展过程，同时该类型住房对建筑面积改善是具有积极意义的。

从上述不同住房使用特征变量在八种住区模式分布的比例中可以发现，基于居民的社会经济条件以及家庭结构特征的居住条件分异实际上是社会经济条件与居住消费选择共同作用的结果。由于城市社会不同阶层的居民对居住地进行选择时会将自己置于特定的社会群体之中，因此每个家庭会依据各自的生活方式要求，将所需要的住房类型与自身的社会身份、家庭结构特征相联系。

结论：通过从居民社会经济特征、家庭结构特征和住房使用特征对住区模式类型的重新分类与内涵拓展，可以更为深入地了解住区模式的“社会阶层空间结构”。住房特征不但是社会空间消费“符号”的具体体现，也是个体以及家庭的社会“身份”表现。在曹杨新村调查样本中，居住空间分异既有历史发展条件，是政策制度演化的直接原因，同时也有当下住区内部社会空间过滤的持续影响，并最终形成了住房使用固化与流动的双向调节平衡机制。

4.5 本章小结

本章借用社会消费区隔化理论来试图证明住区模式是具有空间过滤机制的，并由此形成了住区模式的社会化区隔分布与阶层分异，从曹杨新村调查样本的分析结果中可以进一步明确以下相关结论：

（1）住区模式与人口社会经济变量具有相关性

在调查样本中，居民个体职业类型、教育程度以及月收入水平这三个变量与其他社会经济特征变量之间的相关性作用会更强，这也说明上述三个变量对于曹杨新村住区的社会形态结构区隔化具有重要的影响作用。从八种住区模式与个体社会经济特征相关性分析结果来看，多层行列式、多层混合式、高层点式和高层独栋式与其相关性较强，在各变量中年龄特征、户籍状况、教育程度和月收入水平具有显著性作用，这一分析结论与上述变量自相关分析结果略有不同。但可以肯定的是，个人职业类型、受教育程度等变量因素最终影响的是经济收入水平，并由此决定了住区模式社会组织关系的分层秩序结构。

（2）住区模式与家庭结构特征变量具有相关性

从曹杨新村家庭结构特征变量的相关分析结果来看，随着家庭人口规模的增加，其人均年收入呈先增加后下降的变化趋势，三口之家是家庭人均年收入 75000 元的重要拐点。从住区模式与家庭特征变量相关性分析结果来看，家庭收入水平对于住区模式社会空间结构分化具有显著性影响作用。从小高层行列式和小高层围合式与家庭人均年收入水平相关性结果中还可以判断出，小高层住区模式具有高度商品化和社会阶层代表性，空间物化现象直接反映了当购房手段直接货币化后家庭获取居住权利的排他性。

（3）住区模式与住房使用特征变量具有相关性

从住房使用特征变量自相关的分析结果来看，在曹杨新村，住房建设年代以及住房产权状况对于建筑面积大小的解释性是最强的，而住房建筑面积、住房建设年代对于住房不成套现象的解释性则是最强的。在所有住房使用特征变量中，住房建筑使用面积与其他变量间的相关性最强，同时也是解释住房产权私有化程度与住房消费能力的主要解释变量。

在住房建筑使用面积与个体社会经济特征相关性分析结果中，居民月收入水平是最重要的影响因子。调查样本显示，只有当个人月收入水平在6000元以上时才会对住房建筑使用面积改善产生显著性影响作用，同时也说明了个体经济收入水平对住房面积改善是存在边界约束条件的。

在住房建筑使用面积与家庭结构特征相关性分析结果中，在曹杨新村，家庭人口规模以及人均年收入水平对住房建筑使用面积具有显著性作用但影响机制较为复杂，由于核心家庭规模小型化趋势明显，当家庭人均年收入水平达到7.5万以上时，家庭经济收入因素与住房面积之间的正相关性开始减弱，而家庭人口规模对住房面积需求起主导作用。

从住区模式与住房使用特征变量相关性分析结果来看，住房建筑使用面积与住区模式之间具有较强的相关性，且住房建设年代、住房产权和住房建筑面积三者之间也具有密切的因果逻辑关联性，其反映出在住区模式演进过程中，制度变迁和社会阶层转变对模式功能结构的深刻影响作用。

（4）曹杨新村住区模式的社会区隔化特征

从曹杨新村住区模式的社会组织结构来看，当以个体社会经济特征为评价因子时，住区模式可以分成三种社会模式类型，并反映出住区模式的外源式阶层物化符号与内源式社会身份建构相统一的空间分层结构。当以家庭组织结构特征作为评价因子时，住区模式可以分成四种家庭模式类型，其不但证实了曹杨新村以家庭为单位的社会空间消费能力的区隔化，同时也反映出家庭组织结构的阶层分化与类型重组对于住区物质模式演进的推进作用；当以住房使用特征作为评价因子时，住区模式则可以分成四种住房模式类型，并反映出在住房和邻里所形成的“同类群聚”的社会空间组织结构。

第五章 住区居民交通出行行为碳排放特征评价

交通工具作为人类发展的载体，是温室气体的重要排放源之一。美国《国家科学院学报》上刊发的奥斯陆国际气候和环境研究中心的研究数据显示：1998—2008 年，全球碳排放量增加 13%，其中交通运输工具产生的碳排放量增长率达 25%。交通碳排放已经成为城市碳排放的主要来源之一，如何减少交通碳排放，是建设低碳城市的核心问题。

国外关于交通出行碳排放的研究，主要是探讨交通出行碳排放特征以及影响因素。在交通出行碳排放特征方面，在对英国、韩国的相关研究中，均发现出行碳排放存在“60—20”规律，即温室气体排放最多的 20% 的人排放了总量的 60%。国内关于交通碳排放的研究主要是从国家层面，根据统计数据，分析交通碳排放现状，并对减少交通碳排放的潜力进行预测。另外，从影响居民出行碳排放的因素所涉及的空间尺度来看，当前对居民出行碳排放的研究可以分成两个层面：一个层面是区域—城市空间环境的碳排放影响因素研究，另一个是微观个体行为视角下的住区—家庭的社会经济影响因素研究。本研究则属于后者，即自下而上根据每个抽样家庭的居民选择的出行方式、私家车使用状况、公共交通使用特征等数据对居民交通出行碳排放进行核算。

5.1 住区居民交通出行碳排放影响因素研究

5.1.1 交通出行结构的相关影响因素

（1）出行活动目的的需求层次性

社会行为学理论认为，人类对于食物、身体安全、社会交往等方面的需求是其活动的主要动机。Gliebe 则将出行需求分成了三个层次，第一层次是身体舒适和温饱需求，第二层次是休闲娱乐等方面的精神需求，第三层次则是社会交往等最高级的自我价值实现需求。柴彦威则结合国外研究方法将国内居民的活动类型特征分成了三种类型，第一种类型是满足生存性的活动（如睡眠、用餐、工作、上学等），第二种类型为不可任意支配的活动（如家务活动、购物消费、照顾家人和个人心理需求的责任性活动），第三种类型为自由活动（包括社交的、文化的、娱乐性等活动），并按照居民出行目的将出行方式划分成工作交通出行和日常生活交通出行两个部分。

（2）出行距离时间与城市结构相关

综合国内外研究成果可以看出，出行距离及时间与碳排放强度之间的相关性研究主要是从两个尺度层面加以展开的。在城市层面，土地利用规划和功能布局是交通出行距离及时间的重要影响因素，主要是在于城市在更大的空间范围内集中提供公共交通设施以及解决了职住平衡问题，由此影响了居民交通出行碳排放量；而在住区层面，由于其空间尺度范围较小，对于居民出行碳排放量的影响则主要是通过提高步行和自行车使用比例来降低居民出行碳排放总量。但需要指出的是，对于住区层面的出行碳排放影响因素研究，除了需要对居民社会经济属性以及行为方式加以关注外，也要考虑到住区土地利用混合度、公共服务设施可达性（含交通设施）对于居民出行碳排放差异的影响作用，因为居民对于住区设施使用与休闲交通出行关联，良好的设施可达性会使居民更倾向于采用步行和公共交通，非工作出行条件下也会更多地采用非机动交通出行方式。

（3）交通方式碳排放的差异性特征

根据相关研究结果，不同的交通方式的能耗强度是具有水平差异特征的，从不同的交通出行方式中以及碳排放因子、强度排序来看（见表5.1），私家车、摩托车等交通方式是属于高碳的，公共汽车、电动摩托车等方式是属于中碳的，而地铁轻轨是属于低碳的，步行、自行车则是属于零碳的。根据上述不同交通方式的碳排放特征，本研究将居民交通出行方式划分成步行、自行车、电动摩托车、单位通勤车、公共汽车、轨道交通、出租车和私家车八小类，其碳排放强度等级特征大小排序为：出租车和私家车 > 单位通勤车和公共汽车 > 电动车 > 轨道交通 > 步行、自行车。

表5.1　各种交通方式的人均碳排放因子

交通方式	碳排放因子（克/千米）	强度等级
私人小汽车/单位小汽车/出租车	178.6	高
公共汽车/单位班车/物业巴士/商场免费巴士	73.8	中
电动摩托车	69.6	中
地铁/轻轨	9.1	低
步行/自行车	0	零

资料来源：姚永胜，潘海啸．低能耗城市空间结构和交通模式研究[M]．石家庄：河北科学技术出版社，2011．

5.1.2 居民设施使用行为的相关影响因素

（1）住区设施使用需求具有差异性特征

基于使用主体视角的公共服务设施使用需求以及行为研究是城市规划制定配置标准与政策实施的前提，20世纪70年代中后期设施规划的“社会性”被西方理论界开始关注，研究学者开始从人本位的角度对其空间布局理论加以思考，并体现出对居民需求偏好以及与居民社会经济属性相适应的价值转向。居民对设施使用强度指标不但可以直接反映出住区公共服务产品的供给水平和居民使用需求结构，同时还可以发现使用者对住区内部和外部不同功能类型设施消费所采用的出行方式选择替代作用。与通勤交通出行所不同的是，居民工作交通出行碳排放具有一定的时空锁定效应，而非工作交通出行（休闲出行）则会由于住区功能结构和设施布局的差异性而发生出行方面的碳排放变化。

（2）住区设施使用行为与态度评价相关

社会地理学的相关研究认为，住区是人们进行日常生活活动的载体，其生活空间质量的高低主要是通过各类设施合理布局来实现的，对公共服务设施的满意度评价研究方法则主要以问卷调查的方式为主，以电话访谈为辅。同时针对居民属性的研究除了需要权衡不同人群对于公共服务设施选择的偏好之外，还包括评价不同健康条件下居民的生活需求。Amerigo 则提出设施使用满意度测评的两个模型：第一个模型将设施使用满意度作为标准变量，并以其作为解释其他相关主观评价的预测因子；第二个模型则是以服务设施使用满意度作为一个既定变量来预测其他相关的居民行为情况，如住户迁移和区位选择行为等。

5.2 曹杨新村交通出行与设施使用模块描述性统计

5.2.1 曹杨新村交通出行结构的描述性统计

（1）通勤出行特征变量

第一，工作区位与出行距离。

从被访者的工作区位分布的频率柱状图来看（见图 5.1），在曹杨新村内部和普陀区分布比例较高说明了本区在一定程度上解决了职住平衡的问题，在当前中国城市居住与就业空间不断被重构、市场化土地功能分区推动下的“职住分离”现象愈加明显的现实情境下，曹杨新村居民的就业本地化是值得加以深入研究的。

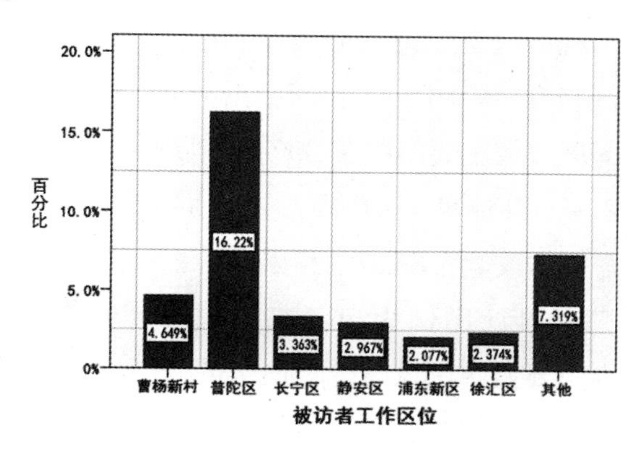

图 5.1　被访者工作区位分布柱状图

在工作出行距离调查的柱状图分布中（见图 5.2），被访者工作交通出行距离则主要集中在 5~10 千米短距离范围内，其次是 10~15 千米的中长距离，上述两个区段的比例累计达到了 25.76%，其他距离区段比例分布特征较为相似，而 25 千米以上的超长通勤出行距离比例分布则非常低。

第二，交通出行方式选择。

从被访者工作交通出行方式的分布频数均值百分比特征来看（见图 5.3），在曹杨新村，居民工作交通出行主要还是以公共交通、自行车及步行为主，调查样本中选择自行车和步行的出行方式完成工作通勤的比例达到了 38.12%，公共交通出行比例为 48.65%，整体上曹杨新村居民的交通出行方式碳排放水平反映出较强的低碳和中碳特征。

第三，交通出行时间。

从调查样本中被访者上下班单程所花费的时间分布比例的饼图来看（见图 5.4）：通勤出行时间区段值主要集中在 20 分钟以及 21~30 分钟两个区段内，分别占到总样本数量的 35.37% 和 20.09%，二者累计比例为 55.46%；其次则主要集中在 30 分钟到 1 小时之内，二者累计百分比为 35.38%。从统计数值整体的分布特征来看，数据基本符合正态分布，标准差值为 1.760，且居民通勤时间在 1 小时以内的比例已占到了 90% 以上。

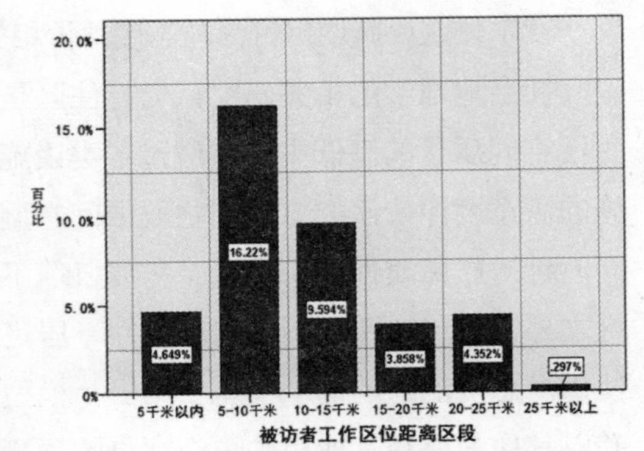

图 5.2　调查样本工作出行距离柱状图

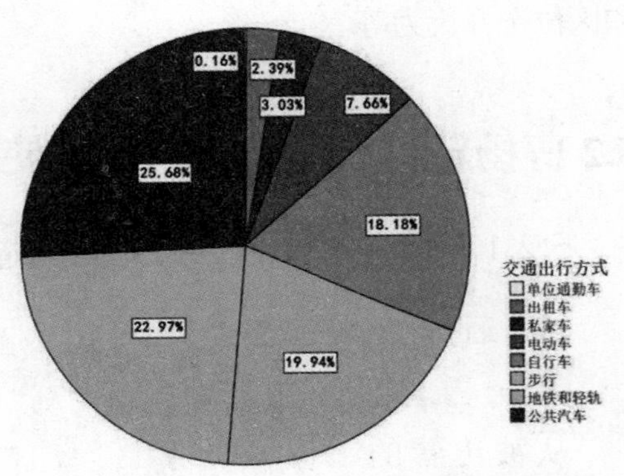

图 5.3　通勤交通出行方式选择频次饼状图

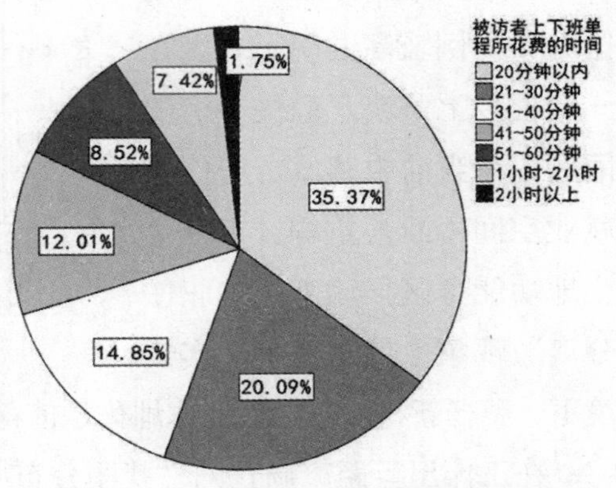

图 5.4　被访者上下班单程花费时间饼状图

（2）休闲交通出行特征变量

其一，交通出行方式选择。

从使用交通方式的频次百分比例来看（见表 5.2），其中去购物中心和大型购物超市采用的主要交通方式均为步行、公共汽车和地铁轻轨；去图书馆、美术馆及博物馆采用的主要交通方式则为自行车、地铁轻轨和公共汽车；去本区之外的体育活动场馆的主要交通方式则主要以步行为主。

表 5.2 被访者到本区之外各种服务设施采用的交通方式百分比（N=1012）

交通方式选择	去本区之外购物中心采用的交通方式	去本区之外大型超市采用的交通方式	去本区之外购物中心采用的交通方式	去本区之外美术馆、博物馆采用的交通方式	去本区之外体育活动场馆采用的交通方式
	百分比（%）	百分比（%）	百分比（%）	百分比（%）	百分比（%）
无填写或不知道	10.3	8.4	8.6	39.0	19.8
私家车	5.6	5.6	4.3	4.4	4.5
出租车	1.9	1.9	3.6	2.5	1.8
地铁、轻轨	16.0	3.6	25.9	13.0	10.5
公共汽车	23.4	26.8	15.7	8.3	13.1
单位通勤车	0.5	2.4	0.0	0.0	0.0
电动车、摩托车	6.2	7.4	5.0	3.0	4.0
自行车	6.8	8.3	36.1	29.1	6.0
步行	29.3	35.6	0.8	0.7	40.3
总计	100.0	100.0	100.0	100.0	100.0

其二，交通出行时间。

上述时间区段反映出，在曹杨新村，居民在购物休闲活动方面所花费的交通出行时间比体育文化活动要更多一些，但在偏好选择上居民对体育文化休闲活动出行时间成本的考虑会更多一些。在调查样本中，当出行时间超过 30 分钟时，居民对各类休闲活动的出行活动时间会明显减少，而购物行为与其他休闲行为相比较对于出行时间决策影响性会更强（见表 5.3）。

表 5.3 被访者到本区之外各种服务设施出行时间区段百分比（*N*=1012）

交通出行时间	去本区之外购物中心采用的交通方式	去本区之外大型超市采用的交通方式	去本区之外购物中心采用的交通方式	去本区之外美术馆、博物馆采用的交通方式	去本区之外体育活动场馆采用的交通方式
	百分比（%）	百分比（%）	百分比（%）	百分比（%）	百分比（%）
无填写或不知道	10.9	9.5	9.1	39.0	20.5
10 分钟以内	18.6	21.3	28.9	14.3	18.0
11~20 分钟	31.1	35.2	30.2	20.6	25.8
21~30 分钟	20.0	20.9	14.0	11.1	17.6
31~40 分钟	10.6	7.6	8.0	7.2	8.7
41~50 分钟	3.4	2.2	3.9	3.1	3.2
51~60 分钟	1.9	0.9	2.2	1.6	2.6
1 个小时以上	3.5	2.4	3.7	3.1	3.6
总计	100.0	100.0	100.0	100.0	100.0

（3）公共交通出行频次使用特征

从本次问卷调查的 54 个住区被访者每周公共汽车和每周轨道交通使用次数箱形图来看（见图 5.5、图 5.6），二者调查数据虽然均有少量的异常值出现但极端异常值并不多，其中每周公共汽车使用次数的中位数分布位于 1~3.5

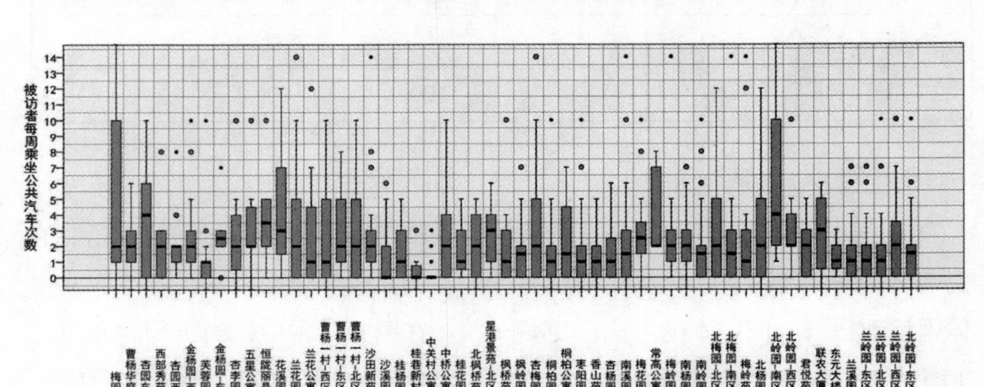

图 5.5 被访者每周乘坐公共汽车次数

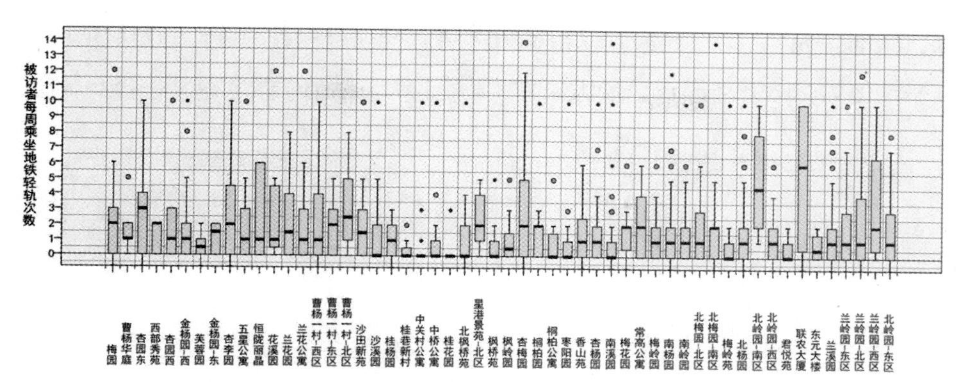

图 5.6 被访者每周乘坐轨道交通次数

次之间，每周轨道交通使用次数的中位数位于 1~2.5 次之间，上述两种公共交通方式使用次数的分布水平较为相似。

整体上来看，曹杨新村居民每周在不同公共交通方式的使用频次水平上，对公共汽车的使用强度会略高于轨道交通，出现上述差异性特征的原因，可能是公共汽车交通站点的覆盖范围比轨道交通站点要大，居民步行到公交站点的时间比轨道交通时间要短，由此会导致居民在二者使用频次强度分布水平上的差异性。

（4）曹杨新村私家车使用特征

第一，私家车拥有状况及数量。

在被访者家庭是否有私家车的调查数据中，没有私家车的占 74.1%（758 例），有私家车的占 9.97%（102 例），无填写的占 15.93%（163 例）。在 102 个家庭拥有私家车的调查样本中，家庭拥有 1 辆车的占总统计频数的 90.91%，拥有 2 辆车的占 6.06%，拥有 3 辆车的占到 3.03%（见图 5.7）。

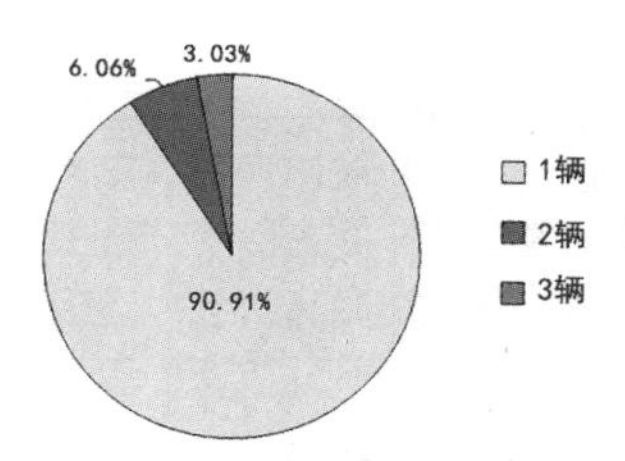

图 5.7 家庭拥有私家车数量饼图

第二，私家车行驶里程状况。

本次研究将私家车行驶里程状况分成总行驶里程和每天行程里程两方面加以问卷统计。从 P-P 正态图分布来看（见图 5.8、图 5.9），私家车总行驶里程和每天行驶里程的调查数据基本上是呈正态性分布的。在家庭使用私家车的每天行驶里程数的统计分布数值中，平均值为 28 千米，最大值为 300 千米，标准差为 15.107；在家庭使用私家车的总行驶里程数的统计分布数值中，其平均值为 2139.93 千米，最大值为 18 万千米，标准差为 12485.846。

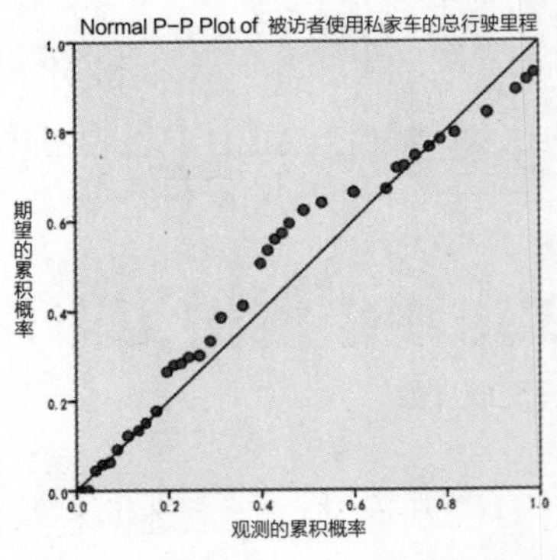

图 5.8　私家车总行驶里程 P-P 正态图

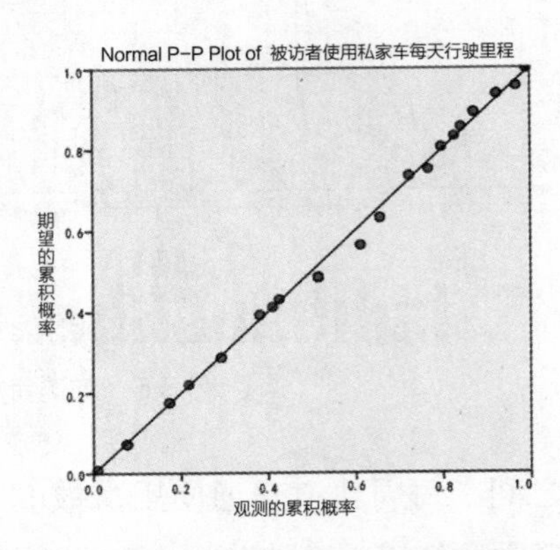

图 5.9　私家车每天行驶里程 P-P 正态图

5.2.2 曹杨新村设施使用行为的描述性统计

（1）住区内部服务设施使用频次的统计特征

整体来看（见表 5.4），曹杨新村居民对于内部服务设施使用频次强度与其日常生活结构以及需求层次密切相关，特别是菜市场、餐饮店这类设施居民在步行范围内选择概率最多的，规划中优先考虑此类设施的选址布局对于鼓励采用步行出行和减少机动车交通出行能耗是具有显著性作用的。

表 5.4　住区内部设施使用的频次统计

住区内部公共服务设施分类	被访者每周去百货商店次数	被访者每周去餐饮店次数	被访者每周去便利店次数	被访者每周去书刊店次数	被访者每周去菜市场次数	被访者每周去便民服务中心次数	被访者每周去体育健身场地次数
均值	1.290	2.898	1.939	1.182	5.249	0.624	2.824
中值	1.000	2.000	1.000	0.000	6.000	0.000	2.000
众数	1.000	0.000	1.000	0.000	7.000	0.000	0.000
标准差	1.265	2.695	2.004	2.145	2.754	1.034	2.980
方差	1.600	7.262	4.015	4.600	7.585	1.070	8.881
偏度	1.979	1.232	2.085	4.630	1.698	4.574	1.341
峰度	6.594	3.738	7.089	43.035	17.236	35.449	5.955

（2）住区外部服务设施使用频次的统计特征

从被访者每年使用服务设施次数的平均数比较中可以发现（见表 5.5），每年使用服务设施的频次强度值排序为：大型公园绿地 > 商业购物中心 > 图书馆 > 体育馆 > 电影院 > 剧院、美术馆和博物馆。从标准差来看，去图书馆、商业购物中心和体育场馆的数据离散性和分布差异性较大。

表 5.5　住区外部设施使用的频次统计

住区外部公共服务设施分类	每年去电影院次数	每年去剧院次数	每年去美术馆次数	每年去博物馆次数	每年去图书馆次数	每年去商业购物中心次数	每年去体育场馆次数
均值	1.542	0.402	0.348	0.397	2.446	12.090	2.144
中值	0.000	0.000	0.000	0.000	0.000	5.000	0.000
众数	0.000	0.000	0.000	0.000	0.000	0.000	0.000
标准差	3.870	1.703	1.607	1.259	12.800	30.688	13.321
方差	14.975	2.900	2.583	1.584	163.834	941.780	177.442
偏度	6.615	12.163	13.956	9.713	15.435	7.906	20.763
峰度	69.265	212.759	266.115	144.892	270.749	75.075	543.622

从社会阶层分异角度来看，低收入以及中低收入群体的收入可支配状况决定了其选择免费以及低消费的公共服务设施，而中高收入群体则会优先选择文化观演、体育健身作为业余生活消费项目。在走访中还发现，曹杨新村内部虽然有体育场馆以及文化活动中心，但其品质和标准与市中心类似设施存在一定的差距，这导致了居民选择使用本区以外的同类文体设施的频次增多。

5.3 交通出行模块的相关性分析

5.3.1 通勤交通出行方式的相关性影响因素

（1）通勤交通出行方式与社会经济特征显著性相关

本研究选取通勤交通出行方式与个体社会经济变量进行初步的相关显著性分析，其中交通方式变量分别为被访者出行采用私家车、出租车、地铁轻轨、公共汽车、电动摩托车、自行车和步行七种类型（变量类型为两分变量）。

在相关系数以及显著性水平表中（见表 5.6），个体的户籍特征、婚姻特征、年龄特征、教育程度、就业特征、职业特征以及收入特征七个特征变量均与通勤交通出行方式选择具有显著性相关。其中就业特征与职业特征与各类交通方式的关联性是最强的，而户籍特征则只与私家车和步行方式呈显著性相关，婚姻特征与出租车、地铁轻轨、公共汽车显著性相关，年龄特征与出租车、地铁轻轨、公共汽车、电动摩托车以及步行方式显著性相关，教育特征除自行车之外都呈显著性相关，收入水平则与私家车、出租车、地铁轻轨和公共汽车显著性相关。

表 5.6　被访者到本区之外各种服务设施出行时间区段百分比（N=1012）

社会特征变量	特征变量分类	私家车	出租车	公共汽车	电动摩托车	地铁轻轨	自行车	步行
户籍特征	本地常住户籍	83.3%	84.1%	88.0%	85.7%	86.7%	91.5%	84.9%
	本市其他区常住户籍	2.1%	6.8%	4.2%	3.9%	2.9%	1.4%	4.1%
	持有居住证常住户籍	8.3%	—	4.7%	2.6%	2.9%	3.5%	3.4%
	非上海户籍	6.3%	6.8%	3.1%	6.5%	7.5%	2.1%	7.5%
婚姻特征	未婚	14.6%	18.2%	18.3%	16.9%	20.2%	7.7%	12.3%
	已婚	83.3%	79.5%	74.3%	75.3%	74.0%	80.4%	77.4%
	离婚	—	—	2.1%	5.2%	1.2%	3.5%	4.1%
	丧偶	2.1%	—	5.2%	1.3%	4.6%	7.7%	6.2%
年龄特征	小于 20 岁	—	4.5%	1.0%	3.9%	1.2%	0.7%	1.4%
	21~35 岁	29.2%	38.6%	24.1%	18.2%	32.4%	7.7%	21.2%
	36~50 岁	47.9%	22.7%	18.3%	33.8%	17.3%	24.5%	26.0%
	51~65 岁	14.6%	29.5%	47.1%	42.9%	40.5%	46.9%	42.5%
	66~80 岁	8.3%	4.5%	9.4%	1.3%	8.7%	14.7%	6.8%
	81 岁以上	—	—	—	—	—	5.6%	2.1%

续表

社会特征变量	特征变量分类	私家车	出租车	公共汽车	电动摩托车	地铁轻轨	自行车	步行
教育程度	无任何教育	—	—	—	—	—	1.4%	0.7%
	小学	—	—	1.6%	—	1.2%	4.2%	1.4%
	初中	12.5%	13.6%	15.2%	22.1%	9.8%	31.5%	16.4%
	高中	12.5%	18.2%	30.9%	29.9%	23.1%	28.7%	32.2%
	中专	8.3%	11.4%	9.9%	9.1%	12.1%	11.9%	6.8%
	大专	22.9%	18.2%	19.4%	23.4%	23.7%	13.3%	24.7%
	本科	41.7%	34.1%	19.9%	13.0%	26.6%	7.0%	16.4%
	研究生及以上	2.1%	2.3%	3.1%	1.3%	3.5%	1.4%	1.4%
就业特征	全职就业	77.1%	70.5%	50.3%	64.9%	57.8%	37.1%	52.1%
	临时就业	2.1%	—	4.2%	2.6%	3.5%	4.2%	5.5%
	离退休－不上班	14.6%	18.2%	36.6%	16.9%	30.6%	48.3%	29.5%
	离退休－在上班	—	2.3%	5.2%	7.8%	3.5%	7.7%	8.9%
	无业	—	2.3%	—	2.6%	—	0.7%	—
	全职家务	2.1%	2.3%	1.6%	—	1.7%	1.4%	2.1%
	无劳动能力	—	—	—	—	—	—	0.7%
	上学	2.1%	—	1.6%	1.3%	2.3%	—	0.7%
	其他情况	2.1%	2.3%	0.5%	2.6%	0.6%	—	0.7%
职业特征	国家机关、党群组织、企业、事业单位负责人	18.8%	4.5%	9.9%	11.7%	11.6%	6.3%	15.8%
	专业技术人员	10.4%	9.1%	16.2%	15.6%	17.9%	9.8%	7.5%
	办事人员和有关人员	6.3%	6.8%	8.9%	13.0%	9.8%	13.3%	19.9%
	商业、服务业人员	37.5%	31.8%	18.3%	26.0%	18.5%	16.1%	17.8%
	农、林、牧、渔、水利业生产人员	—	—	0.5%	5.2%	—	—	—
	生产、运输设备操作人员	—	6.8%	2.1%	2.6%	2.3%	—	0.7%
	其他从业人员	8.3%	4.5%	3.1%	1.3%	3.5%	2.8%	3.4%

续表

社会特征变量	特征变量分类	私家车	出租车	公共汽车	电动摩托车	地铁轻轨	自行车	步行
收入特征	3000 元以下	29.2%	47.7%	62.8%	62.3%	54.9%	82.5%	63.7%
	3001~6000 元	25.0%	25.0%	23.6%	29.9%	28.9%	15.4%	27.4%
	6001~9000 元	14.6%	15.9%	7.3%	5.2%	8.1%	0.7%	3.4%
	9001~12000 元	16.7%	6.8%	3.7%	1.3%	4.0%	—	3.4%
	12000 元以上	8.3%	4.5%	0.5%	1.3%	1.7%	—	0.7%

研究结论：在曹杨新村通勤交通出行主要是以公共交通方式为主，且交通出行方式低碳化特征较为明显，但不同社会经济属性变量对于碳排放的贡献率却是具有水平差异性的。收入与工作情况决定了人们选择可支付的交通方式，而通勤出行作为居民的一种刚性交通出行行为，在方式选择上必然会由于个体社会经济变量的相互影响作用而表现出交通碳排放强度水平排序的多样性。虽然居民通勤交通出行方式的选择与个体特征之间相互作用机制较为复杂，但从曹杨新村的调查样本中却反映出，居民年龄、教育、就业、职业以及月收入水平五个特征变量与通勤交通出行之间较强的相关性，在住区层面功能混合性以及就业本地化特征对于曹杨新村的低碳交通出行引导是具有显著性作用的。

（2）通勤交通出行方式与出行时间、距离显著性相关

其一，交通出行方式与出行时间。

研究选取通勤交通出行方式与交通出行时间进行初步的相关显著性分析，从二者之间的显著性相关水平来看（见表 5.7），在不同出行时间区段上所对应的交通出行方式选择是具有明显差异性特征的，随着交通出行时间的增加，采用公共交通出行方式的显著水平明显增强，且二者之间在 0.01 水平上呈正相关性。

研究结论：从调查样本研究中可以发现，在居民通勤交通出行方式的选择上，采用私家车及电动摩托车的方式主要集中在 50 分钟以内时间区段，而采用步行和自行车则主要集中在 30 分钟以内的时间区段，一旦出行时间超过 1

小时，则完全采用公共交通出行方式。若从出行时间因素来考虑居民通勤行为，则出行方式替代选择与交通工具运输能力和使用便捷程度密切相关，且出行时间对于小汽车使用是具有区段锁定与边界限定作用，与此同时，公共交通使用方式对于长时间通勤出行来说无疑具有重要选择替代性。

表 5.7　通勤交通出行方式与出行时间的相关性分析（N=1012）

交通出行时间	显著性值	通勤交通出行方式						
		私家车	出租车	地铁轻轨	公共汽车	电动摩托车	自行车	步行
20 分钟以内	相关系数	0.128**	0.077*	−0.051	0.002	0.145**	0.203*	0.438**
	显著性（Sig.）	0.000	0.014	0.108	0.852	0.000	0.000	0.000
21~30 分钟	相关系数	0.066*	0.098**	0.146**	0.144**	0.147**	0.136**	0.088**
	显著性（Sig.）	0.035	0.002	0.000	0.000	0.000	0.000	0.005
31~40 分钟	相关系数	0.082*	0.103**	0.172**	0.183**	0.146**	0.042	0.019
	显著性（Sig.）	0.057	0.001	0.000	0.000	0.000	0.178	0.546
41~50 分钟	相关系数	0.142**	0.036	0.211**	0.204**	0.074*	0.052	−0.028
	显著性（Sig.）	0.000	0.253	0.000	0.000	0.019	0.096	0.367
51~60 分钟	相关系数	0.061	0.085**	0.252**	0.236**	−0.014	0.007	0.005
	显著性（Sig.）	0.051	0.007	0.000	0.000	0.656	0.830	0.885
1~2 小时	相关系数	0.008	0.092**	0.160**	0.134**	0.058	−0.013	−0.029
	显著性（Sig.）	0.811	0.003	0.000	0.000	0.064	0.683	0.362
2 小时以上	相关系数	0.035	−0.005	0.130**	0.960**	−0.013	−0.026	0.001
	显著性（Sig.）	0.271	0.880	0.000	0.002	0.669	0.401	0.967
显著系数相关说明	显著程度说明：***$P \leqslant 0.001$，**$P \leqslant 0.01$，*$P \leqslant 0.05$							

其二，交通出行方式与出行距离。

本研究选取通勤交通出行方式与交通出行距离进行初步的相关显著性分析，从二者之间的显著性相关水平来看（见表 5.8），在不同出行距离区段上所对应的交通出行方式选择具有明显差异性特征，随着通勤交通出行距离的增加，居民在机动化出行中选择私家车和地铁轻轨显著性系数明显提高。

表 5.8　通勤交通出行方式与出行距离的相关性分析（*N*=1012）

交通出行距离	显著性值	通勤交通出行方式						
		私家车	出租车	地铁轻轨	公共汽车	电动摩托车	自行车	步行
15 千米以下	相关系数	0.78*	0.198**	0.077	0.121**	0.156**	0.016	0.171**
	显著性（Sig.）	0.014	0.000	0.014	0.000	0.000	0.605	0.000
15.1~30.0 千米	相关系数	0.085**	0.090**	0.078	0.071*	−0.026	−0.004	−0.032
	显著性（Sig.）	0.007	0.004	0.013	0.024	0.418	0.898	0.314
30.1~45.0 千米	相关系数	0.078**	−0.007	0.069*	−0.015	−0.009	−0.013	−0.011
	显著性（Sig.）	0.009	0.831	0.028	0.630	0.775	0.686	0.723
45.1 千米以上	相关系数	0.95**	−0.010	0.082*	−0.021	−0.013	0.046	−0.016
	显著性（Sig.）	0.003	0.763	0.012	0.496	0.687	0.144	0.616
显著系数相关说明	显著程度说明：***$P \leqslant 0.001$，**$P \leqslant 0.01$，*$P \leqslant 0.05$							

研究结论：从交通出行距离与交通方式选择的相关性变化特征来看，在调查样本中当出行距离在 15 千米以下时，居民通勤交通出行会更多地采用步行等绿色交通出行方式；当出行距离在 30 千米以下时，居民采用机动化出行趋势会较为明显；当出行距离在 30 千米以上时，私家车成为重要的交通出行工具。若从出行距离因素来考虑居民通勤行为，则可以发现随着工作出行距离的增加公共交通对于居民交通方式选择替代性的影响作用开始减小，而以小汽车为主体选择方式特征的机动化水平则不断提升，这也说明了城市空间

上的职住分离对于交通碳排放水平是具有距离区段边界条件的，即使在曹杨新村公共交通服务水平较高的住区，拥有私家车居民对于长距离通勤出行也会更多地采用小汽车出行而不是公共交通。

5.3.2 休闲交通出行方式的相关性影响因素

（1）休闲交通出行方式与个体特征变量显著性相关

第一，购物中心交通出行方式选择与个体社会特征变量。

本研究选取购物中心交通出行方式与个体社会经济变量进行相关性的显著水平分析，分析结果见表 5.9。

表 5.9 去购物中心交通出行方式与个体社会经济特征变量相关性分析（*N*=1012）

社会特征变量	显著性值	去购物中心采用的交通出行方式						
		私家车	出租车	地铁轻轨	公共汽车	电动摩托车	自行车	步行
户籍特征	相关系数	0.029	0.037	0.078*	−0.078*	0.065*	0.019	0.025
	显著性（Sig.）	0.357	0.240	0.013	0.013	0.040	0.543	0.428
婚姻特征	相关系数	−0.032	−0.019	−0.090*	0.040	−0.003	−0.003	0.013
	显著性（Sig.）	0.312	0.542	0.004	0.200	0.917	0.927	0.670
年龄特征	相关系数	−0.133**	−0.058	−0.182**	0.088**	−0.101**	−0.004	0.017
	显著性（Sig.）	0.000	0.067	0.000	0.005	0.001	0.906	0.597
教育程度	相关系数	0.134**	0.044	0.176**	−0.111**	0.042	0.003	0.019
	显著性（Sig.）	0.000	0.160	0.000	0.000	0.182	0.916	0.556
就业特征	相关系数	−0.048	−0.095**	−0.133**	0.101**	−0.062*	0.024	−0.029
	显著性（Sig.）	0.125	0.003	0.000	0.001	0.050	0.437	0.357
职业特征	相关系数	0.049	−0.009	0.027	−0.025	0.002	−0.011	−0.024
	显著性（Sig.）	0.122	0.763	0.399	0.422	0.950	0.728	0.454

续表

社会特征变量	显著性值	去购物中心采用的交通出行方式						
		私家车	出租车	地铁轻轨	公共汽车	电动摩托车	自行车	步行
收入水平	相关系数	0.132	0.085	0.117**	−0.082**	−0.038	−0.006	−0.070*
	显著性（Sig.）	0.000	0.007	0.000	0.009	0.233	0.860	0.025
显著系数相关说明	显著程度说明：***P ≤ 0.001，**P ≤ 0.01，*P ≤ 0.05							

从居民到本区之外的购物中心所选择的交通方式与个体差异相关性特征来看，采用自行车与各特征变量之间不存在着显著相关性，而公共汽车、地铁轻轨与个体社会经济变量相关性则是最强的，其次是电动摩托车、私家车及出租车，最后才是步行。这也说明本区居民在进行本区之外的购物休闲活动中会更多地采用公共交通方式，但收入水平对于以小汽车为主导的出行交通方式选择具有行为决策影响性，同时就业充分与否对于居民购物消费需求和出行意愿之间呈显著性正相关。

第二，大型超市交通出行方式与个体特征变量。

本研究选取大型超市交通出行方式与个体社会经济变量进行相关性的显著水平分析，结论见表 5.10。

表 5.10　去大型超市交通出行方式与个体社会经济特征变量相关性分析（N=1012）

社会特征变量	显著性值	去大型超市采用的交通出行方式						
		私家车	出租车	地铁轻轨	公共汽车	电动摩托车	自行车	步行
户籍特征	相关系数	0.076*	−0.016	0.018	−0.020	0.019	−0.012	0.043
	显著性（Sig.）	0.015	0.604	0.560	0.532	0.546	0.694	0.171
婚姻特征	相关系数	−0.032	0.032	−0.013	0.033	0.006	−0.005	−0.072*
	显著性（Sig.）	0.302	0.305	0.688	0.287	0.856	0.870	0.023

续表

社会特征变量	显著性值	去大型超市采用的交通出行方式						
		私家车	出租车	地铁轻轨	公共汽车	电动摩托车	自行车	步行
年龄特征	相关系数	-0.159**	-0.050	-0.061	0.117**	-0.069	0.000	-0.122**
	显著性（Sig.）	0.000	0.112	0.054	0.000	0.028	0.994	0.000
教育程度	相关系数	0.175**	0.069*	00.83**	-0.093**	0.043	-0.006	0.040
	显著性（Sig.）	0.000	0.029	0.008	0.003	0.174	0.837	0.205
就业特征	相关系数	-0.074*	-0.083**	-0.100**	0.151**	-0.075*	0.040	0.049
	显著性（Sig.）	0.018	0.008	0.002	0.000	0.017	0.201	0.119
职业特征	相关系数	0.189**	0.078*	0.024	-0.164	0.110**	0.005	0.049
	显著性（Sig.）	0.000	0.013	0.445	0.000	0.000	0.866	0.119
收入水平	相关系数	0.203**	0.007	-0.013	0.082**	-0.006	-0.056	0.059
	显著性（Sig.）	0.000	0.832	0.685	0.009	0.857	0.073	0.060
显著系数相关说明	显著程度说明：***$P \leqslant 0.001$，**$P \leqslant 0.01$，*$P \leqslant 0.05$							

从居民到本区之外的大型超市所选择的交通方式与个体社会经济特征的相关性来看，采用私家车出行则与各项社会经济变量整体相关性是最强的，其次是公共汽车、出租车和电动摩托车，最后是地铁轻轨和步行。同时教育程度和就业特征对于个体去大型超市的多样化交通方式选择具有较强的影响作用，居民教育程度越高选择小汽车出行的概率会越大，就业越不充分则超市购物出行的比例也会越低。

第三，美术馆、博物馆交通出行方式与个体特征变量。

本研究选取美术馆、博物馆交通出行方式与个体社会经济变量进行相关性的显著水平分析，见表 5.11。

表 5.11　去美术馆、博物馆交通出行方式与个体社会经济特征变量相关性分析（N=1012）

社会特征变量	显著性值	去美术馆、博物馆采用的交通出行方式						
		私家车	出租车	地铁轻轨	公共汽车	电动摩托车	自行车	步行
户籍特征	相关系数	−0.012	0.018	0.027	−0.017	0.025	−0.010	0.119**
	显著性（Sig.）	0.696	0.558	0.390	0.586	0.424	0.755	0.000
婚姻特征	相关系数	−0.013	−0.046	−0.140**	0.024	0.009	−0.003	−0.070*
	显著性（Sig.）	0.679	0.146	0.000	0.443	0.773	0.919	0.025
年龄特征	相关系数	−0.109**	−0.078*	−0.151**	0.033	−0.069*	−0.055	−0.226**
	显著性（Sig.）	0.001	0.013	0.000	0.296	0.028	0.081	0.000
教育程度	相关系数	0.115**	0.065*	0.189**	0.029	0.046	0.005	0.142**
	显著性（Sig.）	0.000	0.039	0.000	0.357	0.142	0.871	0.000
就业特征	相关系数	−0.109**	−0.051	−0.108**	−0.007	−0.056	−0.042	−0.112**
	显著性（Sig.）	0.001	0.105	0.001	0.829	0.074	0.183	0.000
职业特征	相关系数	0.123**	0.093**	0.068**	0.017	0.088**	0.026	0.147**
	显著性（Sig.）	0.000	0.003	0.029	0.584	0.005	0.414	0.000
收入水平	相关系数	0.143**	0.036	0.153**	0.015	−0.090**	−0.018	0.047
	显著性（Sig.）	0.000	0.258	0.000	0.640	0.004	0.567	0.131
显著系数相关说明	显著程度说明：***P ≤ 0.001，**P ≤ 0.01，*P ≤ 0.05							

从居民到本区之外的美术馆、博物馆所选择的交通方式与个体差异相关性特征来看，采用公共汽车和自行车与各类个体特征变量之间不存在着显著相关性，而采用地铁轻轨、步行出行方式则与社会经济变量整体相关性是最

强的，其次是私家车和出租车，最后是电动摩托车。在分析结果中还可以发现，居民年龄越大去美术馆、博物馆的出行比例就会越低，而文化程度越高则进行文化休闲活动的交通出行概率就会越大；与此同时，就业特征和职业特征对于差异性人群的文化精神需求具有重要显著性影响作用；另外，收入水平与交通方式选择显著相关性也从侧面反映出，拥有私家车的中高收入阶层在文化活动出行方面是具有较强消费倾向特征的。

（2）休闲交通出行方式出行时间显著性相关

其一，购物中心交通出行方式与出行时间。

本研究选取购物中心交通出行方式与交通出行时间进行初步的相关显著性分析，从二者之间的显著性相关水平结果来看（见表5.12），在不同出行时间区段上所对应的购物中心交通出行方式选择差异性特征较为相似，显著性水平较高的主要交通出行方式为地铁轻轨、公共汽车和步行。

表5.12 购物中心交通出行方式与出行时间的相关性分析（N=1012）

交通出行时间	显著性值	去购物中心的交通出行方式						
		私家车	出租车	地铁轻轨	公共汽车	电动摩托车	自行车	步行
10分钟以内	相关系数	−0.040	−0.047	−0.146**	−0.114**	0.066*	0.042	0.307**
	显著性（Sig.）	0.209	0.132	0.000	0.000	0.035	0.180	0.000
11~20分钟	相关系数	0.049	0.017	−0.113**	−0.044	0.003	0.038	0.225**
	显著性（Sig.）	0.122	0.587	0.000	0.160	0.913	0.224	0.000
21~30分钟	相关系数	0.028	0.004	0.139**	0.185**	−0.016	0.002	−0.180**
	显著性（Sig.）	0.371	0.904	0.000	0.000	0.609	0.944	0.000
31~40分钟	相关系数	0.000	0.047	0.183**	0.075*	0.044	0.009	−0.179**
	显著性（Sig.）	0.991	0.134	0.000	0.016	0.158	0.775	−0.086**
41~50分钟	相关系数	0.026	0.015	0.068*	0.039	−0.003	−0.050	0.006
	显著性（Sig.）	0.412	0.642	0.030	0.211	0.933	0.109	0.259

续表

交通出行时间	显著性值	去购物中心的交通出行方式						
		私家车	出租车	地铁轻轨	公共汽车	电动摩托车	自行车	步行
51~60分钟	相关系数	−0.002	−0.019	079*	0.027	−0.006	−0.009	−0.057
	显著性（Sig.）	0.944	0.543	0.012	0.397	0.861	0.786	0.070
1小时以上	相关系数	0.001	0.014	0.109**	0.074*	−0.026	−0.030	0.000
	显著性（Sig.）	0.883	0.664	0.001	0.018	0.402	0.345	0.035
显著系数相关说明	显著程度说明：***$P \leqslant 0.001$，**$P \leqslant 0.01$，*$P \leqslant 0.05$							

研究结论：在居民去本区之外的购物中心出行时间与交通方式相关性研究中，采用步行方式主要集中在40分钟以内，而使用公共汽车与出行时间相关性则呈现出多样性特征，采用地铁轻轨则是本区居民进行购物休闲活动的主要交通方式，且随着出行时间的增加对于轨道交通方式选择的显著性水平也明显增强。同时在调查样本中，居民外出购物休闲的机动化出行与时间区段之间并没有显示出相关性特征，这也反映出在曹杨新村内部的城市商业配套水平是较高的，在整体购物休闲出行决策中并没有出现住区外部购物空间机动化现象。同时从公共交通出行方式的替代作用来看，当出行时间在21~30分钟时地铁轻轨影响作用最强，当出行时间在31~40分钟时公共汽车的替代影响作用最强。

其二，大型超市交通出行方式与出行时间。

本研究选取大型超市交通出行方式与交通出行时间进行初步的相关显著性分析，从二者之间的显著性相关水平来看（见表5.13），显著性水平较高的主要交通出行方式为地铁轻轨、公共汽车、电动摩托车和步行四种交通方式。

研究结论：在居民去本区之外大型超市的出行时间与交通方式相关性研究中，采用步行方式主要集中在30分钟区段以内，而选择地铁轻轨、公共汽车与出行时间相关性则呈现出区段跳跃性特征。整体上，采用公共交通出行方式仍然是本区居民去超市购物的主要交通方式，而小汽车机动化出行方式与出行时间并不存在着显著性相关，另外，在分析中还发现，在31~40分钟时，居民采用电动摩托车去大型超市的显著性较强，这可能与消费群体差异性以及购物地点选择偏好行为相关。

表5.13　大型超市交通出行方式与出行时间的相关性分析（N=1012）

交通出行时间	显著性值	通勤交通出行方式						
		私家车	出租车	地铁轻轨	公共汽车	电动摩托车	自行车	步行
10分钟以内	相关系数	−0.012	0.017	−0.122**	−0.077*	0.035	0.012	0.216**
	显著性（Sig.）	0.698	0.594	0.000	0.014	0.260	0.699	0.000
11~20分钟	相关系数	0.009	0.020	0.011	0.032	−0.036	0.022	0.107**
	显著性（Sig.）	0.787	0.524	0.718	0.303	0.257	0.477	0.000
21~30分钟	相关系数	0.011	−0.035	0.113**	0.099**	0.028	0.015	−0.133**
	显著性（Sig.）	0.723	0.260	0.000	0.002	0.371	0.636	0.000
31~40分钟	相关系数	0.005	0.015	0.078*	−0.044	0.065*	0.011	−0.004
	显著性（Sig.）	0.863	0.629	0.013	0.159	0.039	0.725	0.892
41~50分钟	相关系数	0.022	0.021	0.046	0.030	−0.038	−0.013	−0.021
	显著性（Sig.）	0.477	0.512	0.145	0.347	0.222	0.669	0.497
51~60分钟	相关系数	−0.023	−0.013	−0.013	0.047	0.019	0.016	−0.015
	显著性（Sig.）	0.462	0.677	−0.688	0.135	0.543	0.608	0.642
1小时以上	相关系数	0.018	0.026	0.074*	0.067*	−0.040	−0.042	−0.057
	显著性（Sig.）	0.562	0.404	0.019	0.033	0.202	0.180	0.068
显著系数相关说明	显著程度说明：***$P \leqslant 0.001$，**$P \leqslant 0.01$，*$P \leqslant 0.05$							

其三，美术馆、博物馆交通出行方式与出行时间。

本研究选取美术馆、博物馆交通出行方式与交通出行时间进行初步的相关显著性分析，从二者之间的显著性相关水平来看（见表5.14），居民去本区之外美术馆、博物馆类文化活动设施选择的交通方式较为多样化，在不同出行时间区段与七类交通方式也呈现了水平类别的差异性特征。

表5.14 美术馆、博物馆交通出行方式与出行时间的相关性分析（N=1012）

交通出行时间	显著性值	去美术馆、博物馆的交通出行方式						
		私家车	出租车	地铁轻轨	公共汽车	电动摩托车	自行车	步行
10分钟以内	相关系数	0.068*	0.008	−0.089**	−0.082**	0.136**	0.028	0.328**
	显著性（Sig.）	0.031	0.809	0.005	0.009	0.000	0.369	0.000
11~20分钟	相关系数	0.002	0.014	−0.047	0.015	0.006	0.084**	0.412**
	显著性（Sig.）	0.950	0.666	0.135	0.625	0.851	0.007	0.000
21~30分钟	相关系数	0.035	0.066*	0.187**	0.191**	0.008	0.050	0.003
	显著性（Sig.）	0.266	0.037	0.000	0.000	0.793	0.114	0.919
31~40分钟	相关系数	0.055	0.029	0.162**	0.151**	0.081**	0.019	−0.044
	显著性（Sig.）	0.081	0.349	0.000	0.000	0.010	0.550	0.164
41~50分钟	相关系数	0.076*	0.046	0.209*	0.050	0.001	0.003	−0.063*
	显著性（Sig.）	0.015	0.147	0.000	0.109	0.984	0.931	0.044
51~60分钟	相关系数	0.027	0.082**	0.196**	0.077*	0.022	0.022	−0.081**
	显著性（Sig.）	0.396	0.009	0.000	0.015	0.477	0.481	0.010
1小时以上	相关系数	0.076*	0.046	0.113*	0.113*	−0.032	0.037	−0.038
	显著性（Sig.）	0.015	0.147	0.000	0.000	0.307	0.245	0.228
显著系数相关说明	显著程度说明：***$P \leqslant 0.001$，**$P \leqslant 0.01$，*$P \leqslant 0.05$							

研究结论：在居民去本区之外美术馆、博物馆的出行时间与交通方式相关性研究中，在不同时间区段其选择的交通方式呈现出多样化和复杂性特征。在步行方式选择方面，20 分钟以内与其呈显著性正相关，41~60 分钟以内则呈现显著性负相关；在选择地铁轻轨、公共汽车方面，虽然各时间区段均呈现出很强的相关性，但选择地铁轻轨在 50 分钟以后出现相关系数衰减，选择公共汽车在 30 分钟以后出现相关系数衰减；在私家车和出租车选择方面，时间成本的替代作用并不明显，其相关系数分布也具有一定的随机化特征，但当出行时间在 50 分钟以上时，公共交通出行方式的替代作用又开始明显增强。

其四，体育活动场馆交通出行方式与出行时间。

本研究选取体育活动场馆出行方式与交通出行时间进行初步的相关显著性分析，从二者之间的显著性相关水平来看（见表 5.15），居民去本区之外体育活动场馆类健身休闲活动设施选择的交通方式虽然较为多样化，但从时间因素来看主要还是与公共交通出行呈较强的显著性相关水平。

表 5.15 体育活动场馆交通出行方式与出行时间的相关性分析（*N*=1012）

交通出行时间	显著性值	通勤交通出行方式						
		私家车	出租车	地铁轻轨	公共汽车	电动摩托车	自行车	步行
10 分钟以内	相关系数	0.046	−0.044	−0.068	−0.106**	−0.016	−0.010	0.300**
	显著性（Sig.）	0.143	0.166	0.031	0.001	0.616	0.739	0.000
11~20 分钟	相关系数	0.023	0.023	−0.135**	0.038	0.066*	0.107**	0.201**
	显著性（Sig.）	0.462	0.461	0.000	0.226	0.036	0.001	0.000
21~30 分钟	相关系数	−0.014	0.075*	0.079*	0.105**	0.039	0.036	0.020
	显著性（Sig.）	0.666	0.017	0.012	0.001	0.209	0.257	0.526
31~40 分钟	相关系数	00.000	−0.015	0.135**	0.098**	0.027	0.025	−0.045
	显著性（Sig.）	10.000	0.634	0.000	0.002	0.384	0.427	0.157

续表

交通出行时间	显著性值	通勤交通出行方式						
		私家车	出租车	地铁轻轨	公共汽车	电动摩托车	自行车	步行
41~50分钟	相关系数	0.069*	0.018	0.178**	−0.003	−0.037	−0.022	−0.055
	显著性（Sig.）	0.028	0.559	0.000	0.913	0.244	0.484	0.078
51~60分钟	相关系数	0.025	−0.022	0.148**	0.122**	0.031	−0.041	−0.107**
	显著性（Sig.）	0.436	0.487	0.000	0.000	0.322	0.191	0.001
1小时以上	相关系数	0.035−	0.055	0.143**	0.083**	−0.039	−0.004	−0.092**
	显著性（Sig.）	0.267	0.081	0.000	0.008	0.216	0.904	0.004
显著系数相关说明	显著程度说明：***$P \leqslant 0.001$，**$P \leqslant 0.01$，*$P \leqslant 0.05$							

研究结论：在居民去本区之外体育活动场馆的出行时间与交通方式相关性研究中，出行时间与公共交通出行选择相关性是最为显著的，而步行方式在一些时间区段也有显著性分布。在步行、自行车和电动摩托车方式选择方面，20分钟以内与其选择概率呈显著性正相关，40分钟以上步行方式选择则呈现显著性负相关；在选择地铁轻轨方面，其在50分钟以后出现相关系数衰减；在私家车和出租车选择方面，相关系数分布较为随机化。从时间成本以及使用需求替代性角度来看，本区居民去体育活动场馆主要还是以公共交通出行和步行方式为主，当时间超过20分钟时公共交通方式的替代作用明显增强。

5.4 休闲交通出行与SEM方程评价模型

由于居民选择交通出行方式既与活动主体社会经济特征属性相关，同时也受到设施使用行为的内生性和外生性之间的效用替代性作用影响（Jonathan），因此不同类型住区模式所对应的社会结构和行为特征的低碳效应需要采用结构方程模型加以关联性分析。结构方程模型（Structural Equation Modeling ，SEM）区别于传统的回归分析之处在于，其能够通过提供总体模型检验和独立参数的估计检验，广泛应用于量化研究中多维因素相关性及潜在概念关系之间的因果逻辑影响作用。基于 SEM 方程能够将传统路径分析和因子分析有效结合，本研究采用结构方程对住区低碳效应的影响因素以及路径系数加以量化分析。

5.4.1 SEM 模型的相关理论

（1）SEM 模型的变量构成

结构方程模型（SEM）最早是 20 世纪 60 年代在心理计量学领域由 Bock 和 Bargmann 提出来的，是一种多变量复杂关系的建模工具，能定量地分析各变量之间的关系，广泛应用于心理学、经济学、社会学、行为科学等领域研究。它是基于变量的协方差矩阵来分析变量之间关系的一种统计方法。SEM 是一个结构方程式的体系，这些方程式里包含随机变量（random variables）、结构参数（structural parameters），以及有时也包含非随机变量（nonrandom variables）。随机变量包含三种类型：观测变量、潜在变量以及干扰／误差变量（disturbance ／ error variables）。

观测变量是可以直接被测量的变量，潜在变量则是由理论和假设来构建的，它们通常是无法直接测量的变量，但是潜在变量可以通过观测变量加以构建。变量与变量间的联结关系是以结构参数来呈现的。结构参数是提供变量间因果关系的不变性常数。结构参数可以描述观测变量与观测变量、观测变量与潜在变量以及潜在变量与潜在变量间的关系。非随机变量则是探测性变量，它们的值在重复随机抽样下依然不变。

由上述变量组成的 SEM 模型分为观测模型（measurement model）和结构模型（structural model）。如下所示：

$$x = \Lambda_x \xi + \delta$$

$$y = \Lambda_y \eta + \varepsilon$$

$$\eta = B\eta + \Gamma\xi + \zeta$$

其中各参数表示，

x——外源（exogenous）指标（与外源潜变量有关系的题目）组成的向量；

y——内生（endogenous）指标（与内生潜变量有关系的题目）组成的向量；

Λ_x——表示外源指标与外源潜变量之间的关系，是外源指标在外源潜变量上的因子负荷矩阵；

Λ_y——一表示内生指标与内生潜变量之间的关系，是内生指标在内生潜变量上的因子负荷矩阵；

δ——为外源指标 x 的误差项目；

ε——为内生指标 y 的误差项目；

ξ——为外源潜变量；

B——系数矩阵，描述了内生潜变量 η 之间的相互影响；

Γ——系数矩阵，描述了外生潜变量 ξ 对内生潜变量 η 的影响；

ζ——结构方程的残差项，反映了 η 在方程中未能被解释的部分。

（2）SEM 模型的实现步骤

SEM 建模一般分为六个步骤。

一是模型构想。建立 SEM 模型之前，首先要以正确的理论为基础，明确各个潜变量的观测变量及其作用方向，明确潜变量与潜变量之间的关系等；其次，在上一步骤的基础上运用路径图初步构建模型。

二是参数设定。SEM 初始模型构建完成后，还需要设定路径图中的一些系数，方能进行 SEM 模型估计。SEM 的参数有三种类型：自由参数、固定参数和限定参数。其中自由参数是数值未知的需要 SEM 进行估计的参数；固定参数是 SEM 拟合过程无需估计的参数；限定参数指的是在某一类特定的模型拟合过程中，为了达到某些研究目的，需要加以限制的参数。

三是模型识别。模型是否具有统计上的可操作性，需要进行模型识别。SEM 常用 t- 法则识别模型，判定条件是表达式，$t \leqslant 1/2(p+g)(p+g+1)$ 成立。其中，t 是模型待估参数个数，p 是模型外生观测变量个数，q 为内生观测变量个数。$t=1/2(p+g)(p+g+1)$ 时，模型恰好识别；$t<1/2(p+g)(p+g+1)$ 时，模型过度识别。

四是模型估计。依据理论建立的模型经过参数设定、模型识别等处理后，就可对其参数进行估计了。SEM 的相关估计方法有：最大似然法（maximum likelihood，ML）、一般化最小平方法（generlized least squares，GLS）、渐进分配自由法（asymptotic distribution—free）。其中，SEM 最常使用的方法是最大似然法（ML），它要求样本服从多元正态分布且样本以简单随机抽样获取。但是由于 ML 法具有稳健性，当观测变量中有少部分不满足多元正态分布时，其估计结果仍可以良好地反映实际情况。

五是模型评价。度量假设模型与观察资料的一致性程度（也称“模式的适配度”），是模型评价的主要目的。评价模式适配度之前，需要先进行违反估计的检验，否则具有良好适配度模式有可能是错误模式。

①违反估计。当模型估计结果出现以下两种情况时，模型发生了违反估计：方差的估计或标准误差的估计出现负值；标准化系数超过或接近 1。若构建的模型出现上述两种情况，可通过模型修正的方法来改进。

②模型拟合度检验。SEM 模型的估计思想是利用原始数据相关矩阵 S 和设定模型来寻找与 S 最接近的再生矩阵 Σ。Σ 与 S 差距越小，表示模型与数据的拟合性越好。SEM 模型从绝对拟合度（理论模式能够预测相关矩阵 S 的程度）、相对拟合度（理论模式对于独立模式的改进程度）、简效性（同一估计水平下估计系数的数目越少越有效）三个方面评价模型拟合性，其判别标准见表 5.16。

表 5.16　评价 SEM 模型拟合性的指标

指标名称		评价标准
绝对拟合度评价	卡方值	越小越好
	GFI	GFI>0.9 时，认为拟合度良好
	RMR	越小越好，<0.05 时拟合度良好
	RMSEA	<0.05，良好；0.05~0.08，不错；0.08~0.1，中度；>0.1，不良
相对拟合度评价	NFI	>0.9 时，认为拟合度良好
	CFI	>0.9 时，认为拟合度良好
简效性评价	AIC	越小越好

资料来源：吴明隆 . 结构方程模型——AMOS 的操作与应用［M］. 重庆：重庆大学出版社，2010.

六是模型修正。

模型修正依据初始模型参数估计结果和模型修正指数（Modification Index，MI），包括模型限制和模型扩展两种方式。其中，模型扩展是指通过释放部分限制路径或添加新路径的方式修正模型；模型限制则是指通过删除或限制部分路径来修正模型。修改模型时，原则上每次只能修改一个参数，在结合理论依据的情况下，从MI最大值开始修正。

综上，经过上述六个步骤的实施，就可以得到一个较为理想的结构方程模型。运用该模型可以全面分析各变量之间的关系及影响研究变量的主要因素等，可以得到较为可靠和真实的结论。

5.4.2 模型的初步假设

基于活动的交通需求，分析方法的根本出发点是根据活动模式所决定的出行模式来分析交通需求。活动方法的行为理论基础主要体现在活动参与是引起出行的内在原因，活动受时空制约和个体能力制约，家庭影响个人活动和出行决策，等等。因此，本研究从居民社会模式、活动行为以及交通出行方式三者之间的相互关系出发，是基于以下条件建立了研究假设关系：

（1）由于住区社会模式特征的区隔化结构，在一定的社会模式下，居民个体及家庭社会经济属性在行为特征方面必定会呈现出差异化特征；

（2）家庭和个人的社会经济属性直接影响设施行为的使用；并决定了出行选择的交通方式；

（3）设施使用行为分为住区内部设施使用活动和住区外部设施使用活动，假定两者之间存在相互影响；

（4）设施使用的活动对出行选择的交通方式有决定性影响。

基于设施使用行为特征的住区低碳效应SEM结构方程模型（见图5.10），反映了“空间模式—社会结构—行为特征—低碳效应”的因果逻辑关系，并采用结构方程来量化社会结构对设施使用行为的影响作用和对公共交通出行频次强度的传导机制。从研究对象来看，曹杨新村作为从计划经济向市场经济转型的综合性住区，在其规划之初就考虑到了邻里单位的设施服务半径，虽然历经几十年空间模式演化，当初计划经济时期遗留下来的设施布

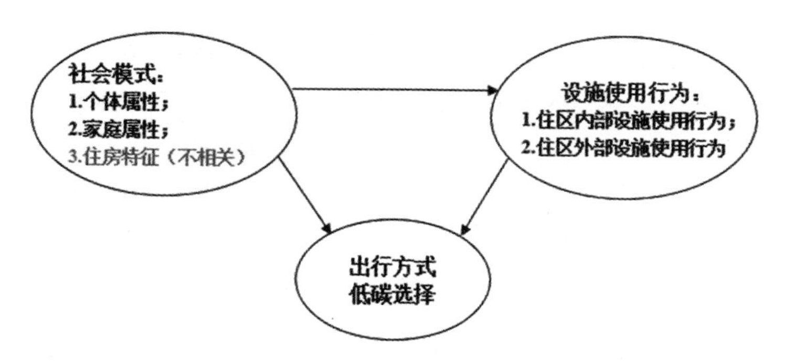

图 5.10　基于低碳出行、社会模式、设施使用的 SEM 模型建构

局结构依然对市场经济条件下的设施平衡配置起到了支撑作用，并主要体现在以下三方面：首先，曹杨新村较高的住区内部服务设施可达性可以在步行距离范围内提供日常生活必需的公共服务，进而会降低机动车出行发生概率并提高公共交通出行比例；其次，由于住区社会特征的区隔化结构，居民个体及家庭社会经济属性在行为特征方面必定会呈现出差异性；最后，基于行为特征的住区模式与低碳效应关系检验并非直接对应关系，住区休闲交通出行的低碳效应需要从社会结构和设施使用行为彼此相互影响作用来加以路径的系数强度检验。

5.4.3 模型变量的选择

（1）模型数据结构的初步检验

前文不同住区模式所对应的社会结构区隔化特征，可以初步判定个体和家庭因素对于住区设施使用活动是具有影响作用的。研究首先将公共交通使用频次也作为低碳效应检验的因变量，以个体社会经济特征、家庭结构特征、住房使用特征模块作为自变量加以相关性检验，剔除跟交通出行方式的相关性较弱的住房特征。根据检验结果，最终选取了个体社会经济特征中的年龄、教育以及就业变量，家庭结构特征中的家庭年收入、有无小汽车和每月交通出行费用变量，将上述六个变量作为结构方程模型的外生变量。之后再选取住区外部日常活动特征、外部休闲活动特征和公共交通使用频次作为内生变量，其中公共交通使用频次从行为强度方面间接反映出由于设施使用替代性所产生的出行低碳效应。根据本数据结构信度与效度检验，各潜变量内在的 Cronbach α 系数均在 0.7 以上，属于非常可信，因此可进一步通过结构方程模型来进行回归分析与系数权重评价（见表 5.17、表 5.18）。

表 5.17　结构方程外生变量解释表

<table>
<tr><th colspan="2">指标类型</th><th>指标名称</th><th>指标描述</th><th>变量类型</th></tr>
<tr><td rowspan="6">社会构成模式</td><td rowspan="3">个体社会经济特征</td><td>年龄特征</td><td>20 岁以下、21~35 岁、36~50 岁、51~65 岁、66~80、81 岁以上</td><td>有序变量
1、2、3、4、5</td></tr>
<tr><td>教育水平</td><td>小学、初中、高中、中专、大专、本科、研究生及以上</td><td>有序变量
序列编号 1~8</td></tr>
<tr><td>就业状况</td><td>全职就业，临时就业，离退休上班，离退休不上班，无业，全职家务，上学及其他</td><td>有序变量
序列编号 1~8</td></tr>
<tr><td rowspan="3">家庭结构特征</td><td>家庭年收入</td><td>50000 元以下、50001~100000 元、100001~150000 元、150001~200000 元、200001~250000 元、250001 元以上</td><td>有序变量
序列编号 1~6</td></tr>
<tr><td>家庭有无小汽车</td><td>无、有</td><td>虚拟变量
0 为无、1 为有</td></tr>
<tr><td>家庭每月交通出行费用</td><td>0~200 元、201~400 元、401~600 元、601~800 元、801~1000 元、1001 元以上</td><td>有序变量
序列编号 1~6</td></tr>
</table>

表 5.18　结构方程内生变量解释表

<table>
<tr><th></th><th>活动类型</th><th colspan="2">内生变量</th><th>活动目的</th></tr>
<tr><td rowspan="2">设施使用行为</td><td>区内设施使用（维持性活动）</td><td>设施使用频次</td><td>出行时间</td><td>综合百货店、餐饮店、便利店、书刊店、菜市场、便民服务中心、体育健身场地、老年服务中心、医疗服务设施、文化服务设施</td></tr>
<tr><td>区外设施使用（自由活动）</td><td>设施使用频次</td><td>出行时间</td><td>电影院、剧院、美术馆、博物馆、大型超市、商业购物中心、体育馆和大型公园绿地</td></tr>
<tr><td rowspan="2">公共交通使用频次</td><td>公共汽车</td><td colspan="2">每周使用频次</td><td>—</td></tr>
<tr><td>轨道交通</td><td colspan="2">每周使用频次</td><td>—</td></tr>
</table>

（2）设施使用行为的类型划分

基于活动决策需求的研究方法认为，出行是源于活动的需求，人们的出行决策是活动安排的一部分，因此在对出行者出行行为进行分析时，活动对出行有决定性影响。根据不同的研究目的，可以产生不同的活动划分。

Stophew 等将活动划分为以下三类：强制性的活动（如工作、上学），这类活动通常是在每天都有规律地发生的，并且地点和时间是固定的；灵活的活动（如购物、去银行），这一类活动是有一定规律性的，但是活动的地点和时间是可以有所变化的；可选的活动（如社交、娱乐活动），这类活动的所有特征都是可以变化的，也可以在一定时间段内发生的次数为 0 次。

Yuhwa Lee 等将活动分为以下三类：生存性活动，这类活动通常为维持性活动和自由活动提供经济上的支持；维持性活动，这类活动通常为满足个人或者家庭的生活需求而进行的服务和消费行为；自由活动，这类是出于文化和心理需求而产生的社交和娱乐活动。

本次调查中将居民的出行活动划分为维持家庭成员正常生活需要的活动（住区内设施使用活动）和缓解工作和生活压力而需要从事的一定的休闲活动（住区外设施使用活动）两大类。其中，住区内部设施包括：综合百货店、餐饮店、便利店、书刊店、菜市场、便民服务中心、体育健身场地、老年服务中心、医疗服务设施、文化服务设施。住区外部设施包括：电影院、剧院、美术馆、博物馆、大型超市、商业购物中心、体育馆和大型公园绿地。

（3）交通出行方式的低碳效应

居民日常活动一般采取步行、公共交通（公共汽车和轨道交通）、汽车（出租车及私家车），而选择步行及公共交通则属于低碳出行方式。本调查以住区内设施使用活动和住区外设施使用活动的出行方式为研究对象，选取公共汽车和轨道交通的频次作为考察居民低碳交通出行的特征变量。另外，公共交通使用频次强度还可以反映出交通站点在住区空间布局的合理性和可达性，而居民对公共交通使用的依赖程度越强，则会越有利于减少对私家车的交通使用需求，其对于促进住区以及城市的低碳可持续发展具有重要的推动作用。

5.4.4 模型估算结果及参数分析

（1）最终模型整体评价

对初始模型进行了反复试验和修正后，得到最终模型的检验结果。从结构方程的整体拟合度来看（见表5.19），AGFI、GFI、CFI均大于0.9，RMSEA小于0.08，其模型拟合精度符合结构方程模型的拟合标准要求且处于较为理想的范围值内，表示模型估算假设完全不被拒绝，反映最终模型在统计意义上与最优模型很接近，因此说明研究模型的计算结果是有效的，能进一步解释住区社会结构区隔化与设施使用行为以及低碳出行选择三者之间的相互影响作用。

表5.19 模型拟合度检验评价

评价指标内容	指标数值	合理建议值
卡方拟合指数	45	根据样本数量
适配度（GFI）	0.956	> 0.90
调整适配度（AGFI）	0.924	> 0.90
均方根残差（RMR）	0.005	< 0.05
近似误差均方根（RMSEA）	0.074	< 0.08
比较拟合指数（CFI）	0.942	> 0.90
规范拟合指数（NFI）	0.921	> 0.90

（2）模型的结算结果解析

根据以上的概念模型，在结构方程模型软件得出社会模式—活动—低碳出行选择关联分析方程结构关系通径图（见图5.11）。

第一，个体、家庭特征与低碳出行的选择之间的关系。

外生潜变量个体属性特征和家庭属性特征与内在潜变量公共交通使用频次之间的关联系数分别为 -0.53 和 0.08。表明个体属性特征和家庭属性特征对低碳出行的交通方式的选择具有显著的影响。同时，相比之下，个体属性特征的变量（年龄、教育、就业）比家庭属性特征的变量（家庭年收入、

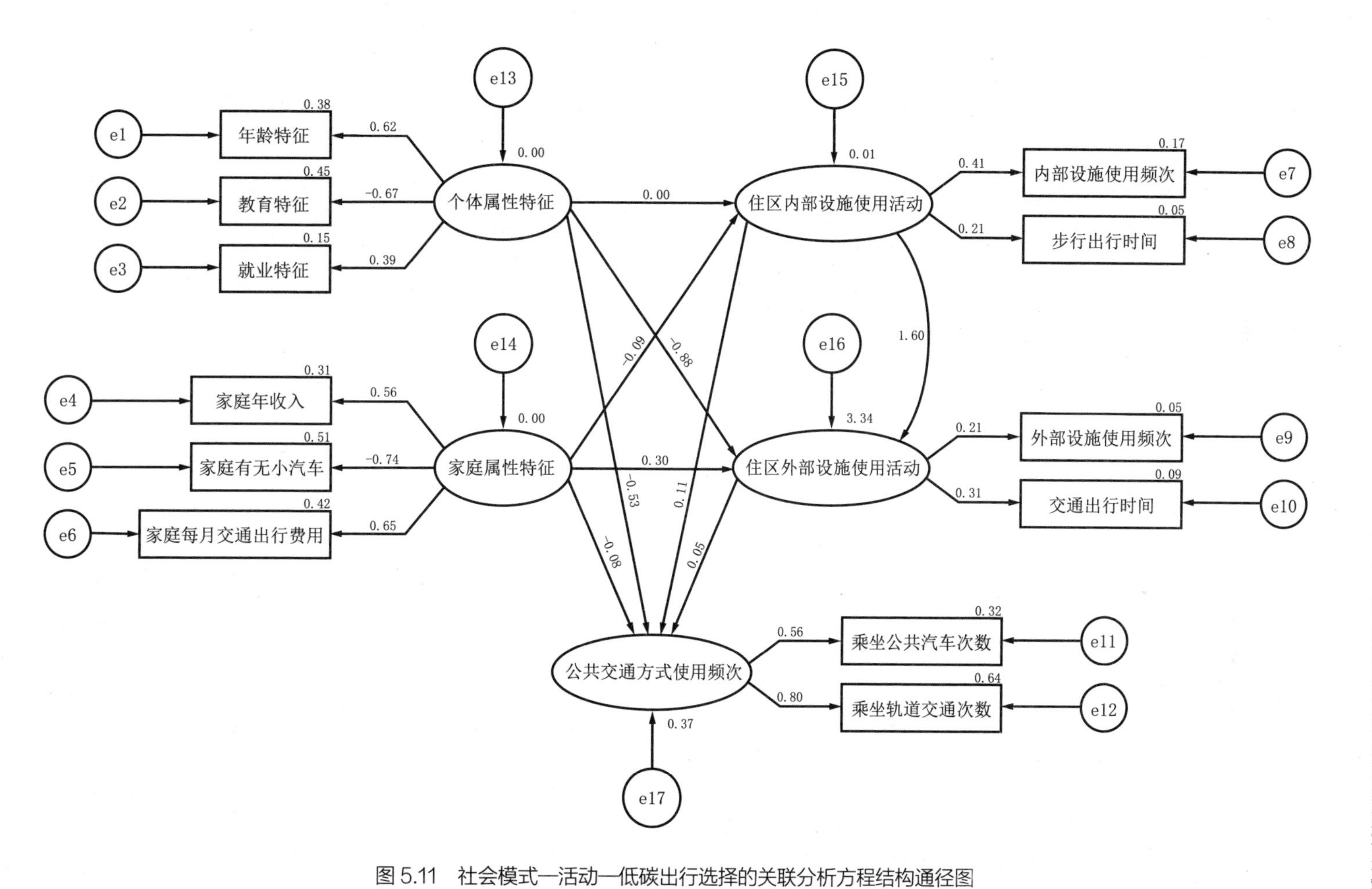

图 5.11　社会模式—活动—低碳出行选择的关联分析方程结构通径图

家庭有无小汽车、家庭每月交通出行费用），更能影响低碳交通出行方式的选择。

个体属性特征变量对低碳交通出行方式的选择影响的强弱关系为：教育程度 > 年龄特征 > 就业状况。其中，年龄和就业对低碳交通出行方式的选择为正相关，表明随着居民年龄结构和非就业比例的增加，居民选取公共交通方式进行休闲出行的概率会增大；教育程度则与其呈负相关，表明随着居民教育水平的提高，居民休闲出行的低碳交通方式使用概率反而会降低。家庭特征变量对低碳交通出行方式的选择影响强弱关系为：家庭是否拥有小汽车 > 家庭年收入 > 家庭每月交通出行费用。上述三个因子均与低碳交通出行方式选择呈负相关，表明拥有小汽车则选择公共汽车和轨道交通出行的概率就会降低，而家庭收入越高，每月交通出行费用越大，则选择低碳交通出行方式出行就会越少。

第二，个体、家庭特征与住区内、外设施活动之间的关系。

外生潜变量个体属性特征和家庭属性特征与内在潜变量住区内、外设施使用有一定的相关性。

个体属性特征和家庭属性特征与住区外部设施休闲活动之间的关联系数分别为 0.88 和 0.30。表明外部设施使用活动，即缓解工作和生活压力而需要从事的一定的休闲活动，受个体属性特征、家庭属性特征影响显著，其中，个体属性特征的影响作用更强。由此可见，个体属性特征的变量（年龄、教育、就业）更容易影响休闲交通低碳出行的选择。

个体属性特征对住区外部设施使用活动的作用机制与个体属性对公共交通出行频次的作用机制一致；而交通属性特征变量对住区外部设施使用活动影响的强弱为家庭有无小汽车 > 家庭每月交通出行费用 > 家庭年收入，其中，家庭有无小汽车与外部设施使用呈负相关且关联系数为 0.74，家庭年收入和交通出行费用呈正相关且关联系数分别为 0.56 和 0.65。上述结果说明，家庭有小汽车会增加住区外部出行概率，同时年收入和每月交通费越高，则外部休闲活动的出行频次和出行时间会越多。

个体属性特征和家庭属性特征与住区内部设施休闲活动之间的关联系数分别为 0.09 和 0.00。表明内部设施使用活动，即维持家庭成员正常生活需要的活动是居民日常必需的活动，受家庭属性特征的影响较弱，且基本不受个体属性特征的影响。进一步验证了曹杨新村住区内部服务设施的配套种类、规模和可达性对于维持居民日常生活是具有决定性作用的。

第三，住区内、外设施活动与低碳交通出行之间的关系。

在外生潜在变量相互影响作用中，住区内部设施使用活动和住区外部设施休闲活动与公共交通使用频次的关联系数分别为 0.11 和 0.05。在影响居民低碳交通出行方式的选择影响作用强弱方面，住区内部设施使用活动相比外部设施使用活动显著性会更强，即曹杨新村内部设施较高的空间可达性对于减少住区对外休闲活动和提高公共交通出行是具有显著性影响作用的。

另外，住区外部设施使用活动与公共交通使用频次的关联系数为 0.05，显著性影响作用较弱，这说明由于受到个体及家庭社会经济特征影响，居民在外部设施使用活动中采用公共交通会具有更大的选择替代性，所以路径传递的低碳效应作用会减弱。

第四，住区内、外设施活动之间的关系。

内生潜变量住区内部设施使用活动和住区外部设施使用活动的影响系数为 -1.60，说明了两种活动之间的交替消长关系。可见，住区内部设施使用活动（维持家庭成员正常生活需要的活动）拥有最高的优先级别，此类活动的增加会导致住区外部设施使用活动（缓解工作和生活压力而需要从事的一定的休闲活动）的显著减少。可见，住区内部设施使用的活动强度增加将会有效降低居民外部出行行为，并由此实现了住区设施使用行为的低碳效应传递路径。

综上所述，在基于行为特征的低碳效应结构方程计算结果中，本次研究证实了居民社会结构和行为特征是解释低碳效应的主导因素，且住区服务内部设施可达性对于实现居民日常生活功能支持是具有决定性作用的；在关联性路径影响系数中，住区内部设施活动增加对于减少住区外部设施使用活动的重要性，体现出公共服务设施合理布局对于平衡外部环境的额外能耗成本是具有显著作用的。需要指出的是，在曹杨新村由于土地混合利用方式以及较好的公共配套设施，居民整体的休闲交通出行是具有“低碳”特征的。从住区模式混合角度来说，多种住区模式类型组合对于增加本地就业机会，提供多层次、多种类的服务设施，减少交通出行能耗是一种有效的空间组织形式，同时它也将计划和市场两种不同的资源配置方式能够有效加以平衡。因此，对于住区设施使用的低碳效应研究必须要透过物质形态来探讨社会结构与能耗行为之间的关系，通过对居民休闲交通行为进行科学引导才是实现城市低碳目标的重要空间路径。

第六章　住区家庭直接能耗行为碳排放特征评价

6.1 住区家庭能耗行为特征影响因素

6.1.1 家庭能源消费的相关影响因素

家庭作为人类社会的基本单元，其能源消费的碳排放占全社会碳排放的 84%。家庭能源消费包括直接能源消费和间接能源消费。根据前文文献综述，家庭直接能源消费包括住宅能源消费和交通能源消费两大类，而本研究中家庭直接能源消费主要是指住宅能源消费，其主要包括家庭的房屋采暖降温、家用电器使用、照明和炊事等方面的生活能耗消费。

国内学术界对于家庭能源消费研究主要是针对主体行为角度展开的，主要分成基于区域能源统计数据的经济模型检验和基于社会调查数据的实证回归检验两大研究方向。在经济模型检验方面陆莹莹等认为人口因素（包括人口、家庭规模、家庭人口结构、年龄和受教育程度等）、经济因素（包括宏观经济增长及产业结构、微观家庭收入及家庭消费支出）、技术进步（主要体现在消费品的能源消耗强度上）、生活方式（包括消费商品和时间分配两类）等都会影响到家庭能源消费；焦有梅等学者则指出，家庭能源消费与居民家庭经济收入、居民生活和消费方式密切相关，与此同时在能源需求方面，城市居民与农村居民的生活用能需求有很大差别。在调查数据实证回归检验方面，叶隽等以武汉作为研究对象，对 212 户（2012）住宅建筑能耗消费进行了问卷调查，在数据分析中选取了家庭结构、家庭收入、居住面积以及采暖方式与能耗消费加以相关性分析，研究结果显示，家庭社会情况是影响家庭能耗直接碳排放的重要因子，在碳排放构成比例中住宅建筑面积的公共因子贡献率为 0.829。陈婧以上海为研究对象选取了高能耗消费群体进行比较研究，结论认为上海高收入人群的生活完全能耗和碳排放水平及结构已具备与发达国家相似的特点，同时高能耗群体的碳排放也具有锁定效应。从国内已有研究成果来看，研究尺度则多是从宏观层面对家庭能源结构、能源消费需求预测等方面的相关建议，而对于居民家庭能耗消费的主体微观行为的研究结论并不多。

综上所述，家庭能耗消费的影响因子既与家庭特征因素有关，同时也与住房本身物理特征因素相关，在建立能耗消费行为回归检验模型之前，需要对家庭直接能耗消费进行相关性的假设检验，并重点考察不同家庭、住房特征条件下的能耗消费结构的内在差异性分布规律。本研究对家庭能耗消费的差异性分析比较将主要从主体能耗行为自身属性出发，考虑到行为主体所处的地域气候环境以及价值观等因素对居民能耗消费结构会带来区域差异性，研究家庭能耗消费调查主要从生活用电、日常炊事和生活用水三大能源结构来加以测度，此外选取上述三种能源结构还在于能够较为方便地将其转换成碳排放标准量纲。考虑到上海居民采暖方式主要为空调和电暖器，并具有用电消费的季节性规律，在电费调查中我们将其分解成了冬季电费和夏季电费两大部分。

6.1.2 家庭采暖降温行为的相关影响因素

（1）家庭能耗行为与住房特征相关

建筑产业被认为是诸多导致气候变暖产业门类中的一个主要贡献因素，大量建筑部门的温室气体排放源于其大量能源的使用，据估计建筑部门能耗占全球能源使用的 40%，而居住部门就占了 30% 左右。以往很多研究都认为，住房最主要的碳荷载来源是个人，家庭能耗使用行为被认为是与住房特征紧密相关的，住房最直接的能耗就是随着区域气候条件变化而产生的采暖和降温需求，而且其能耗量化特征是弹性的且呈现动态变化的。在国外研究方面，根据 2002 年欧盟国家对现有建筑部门的能耗调查，居住碳排放量为 274 百万当量，在整个居住部门碳排量的排序中，德国、英国、法国和意大利分列前四位。欧盟国现有住宅数量为1.96亿个，有50%的住宅是1970年以前修建的，有三分之一的住宅是在1970—1990年间修建的，整个欧洲的住宅更新修缮的比率（拆除更新住宅量/现有居住建筑存量）为0.07%。另外，据估计大概有1000万的居住锅炉使用年限已超过20年。有实证研究表明，对于公寓式居住建筑通过改进居民能耗行为，则可以减少20%的加热能耗以及30%的电能耗。Riikka① 对赫尔辛基的一处建于20世纪60年代的住区进行了调查研究，研究结论认为这种类型的住宅经过了近40~50年的使用后，当前需要对建筑加以维护修缮，特别是在能耗方面需要对其进行整体能耗效率的改进。在这种住房类型的家庭所有能耗活动中，热能耗占到84%，其次是电能耗占到11%。

在国内已有研究中，基于家庭微观视角的能耗行为研究主要集中在暖通设备等相关专业领域，如龙惟定对上海市某小区的400户居民进行问卷调查，估算了家庭空调器的夏季耗电量并预测将来住宅空调耗电量的增长趋势。Geoffrey等对中国香港家庭能源的使用特点、住宅类型、住宅特点以及电器拥有情况对能耗的影响进行了分析，研究结论认为家庭能耗结构中电力是主要因素，而城市煤气是次要因素。由此我们可以看出，在相类似地理区域的住房建筑，如果在建设年代和建造手段方面相似的话，建筑本身的物理性能是基本一致的，在建筑维修、维护方面所需要的能耗也基本处于同一水平。在控制住房本身物理热工性能一致性的前提下，住房内部的居民采暖降温能耗行为方式对于建筑碳排放总量将起到决定性作用。

（2）家庭能耗行为与生活模式相关

家庭能耗行为研究以及调查最大的难点之一就是对于能源使用行为效率和需求响应方面的动态捕捉，虽然理论上居住主体对舒适度和生活方式的改变会减少家庭能耗，但大量研究表明了从居民生活习惯入手来实现低碳生活在具体实施中是非常困难的。在国外最近的研究动态中，社会学家采用行为模型来表达能源消耗和日常行为的关系，并希望以此来实现将能耗需求、人们的生活行为有效整合到相关低碳政策管理中。

① 需要说明的是，该住区建设背景是在20世纪60年代末70年代初，城市需要为近50万的芬兰人提供住所，而这种大规模住区规划建设模式与中国20世纪50年代初建设的工人新村是较为相似的。

在国内研究方面，也有研究者从个体能耗行为角度展开影响因素的实证研究。刘刚等以深圳市典型家庭能耗行为作为研究对象，研究中选取了家庭结构及收入、个体社会经济特征、用能电器设备拥有等因素作为相关变量，结论认为家庭结构、收入对能耗行为显著性是由于家庭成员的日常生活方式与能耗行为造成的。李哲选取苏州进行了住户调查，并将调查结果与中国上海、北京以及日本关东地区的能耗进行了对比，结论表明高收入群体更希望采用“全时间、全空间”的采暖模式，而中低收入阶层则更希望采用“部分时间”和“部分空间”的采暖模式；另外，夏热冬冷地区采用中央空调会改变居民开窗通风的生活习惯。陈婧对上海高能耗群体的研究结论表明，高能耗群体的生活方式具有内在锁定和外在锁定效应，特别像空调这样的家电会使居民在日常生活中形成依赖性，同时供暖和降温对于住房面积过大的住户来说是能耗的巨大浪费。

综合国内外研究结论，在住区层面，家庭采暖降温能耗行为与主体舒适度感知、生活习惯、价值观等因素密切相关。从能耗行为使用时间和需求强度来看，不同主体存在着差异性和高低性的能耗水平特征。从低碳生活角度来说，如果居民生活质量不变或是上升，而碳排放水平下降，那么必然是低碳的；如果是居民生活质量下降，而碳排放水平不变甚至是上升，那么研究认为这种能耗行为是高碳的。但目前国内家庭的能耗行为模式是在生活质量上升的同时碳排放也在增加，特别是高收入高能耗群体，在其日常生活能耗行为中，上述二者的比值明显是前者增长速度大于后者，所以低碳生活模式必须要置于具体的实证背景中加以解释。

（3）家庭能耗行为与环境因素相关

理论上，生活在不同气候环境条件下的居民在供暖、降温、照明等能耗行为以及需求程度上是不同的，由此产生的生活碳排放必定具有较大的差异性。如 Fong 分别对日本处于寒带、温带和亚热带气候带的三个城市进行分析。结果表明，属于寒带气候城市的居民生活能耗高于生活在温带和亚热带的居民，主要原因就在于寒带居民有更高的供暖需求，从而导致更多的能耗。在国内研究方面，孙娟选取了哈尔滨、北京、上海和广州住宅能耗进行多元线性回归分析，分析结论认为分属于我国不同热工区域间的城市住宅能耗总量及能源结构都有差异性；另外，建筑面积、家庭人口对户均总能耗影响较大；除此之外，还与地区采暖降温方式相关。申晓宇等在对上海居民小区建筑能耗的分析中指出，住宅的通风设备、空调维护情况、家电使用习惯、关门开窗及对温度的舒适度的感受等生活习惯都会影响居民家庭用能耗。李兆坚等分析了室内温度对空调能耗的影响，结果表明，夏季北京住宅室内，当温度从 20℃提高到 26℃会降低空调能耗的 23%。综上所述，居民采取主动性采暖与降温行为与地理环境、气候条件密切相关，但与此同时，个体对于外界环境条件的感知程度和忍耐性是具有差异性的，个体生理条件和社会经济特征等因素会对居民采暖降温行为产生综合机制作用。

6.2 曹杨新村家庭能耗模块特征描述性统计

6.2.1 居民家庭家用电器拥有特征描述性统计

从本次问卷调查的 54 个小区被访者家庭所拥有的电器设备种类以及数量的统计特征结果来看（见表 6.1）。

表 6.1　家庭家用电器设备拥有种类及数量统计特征值（N=1012）

序号	家庭拥有电器设备种类	平均值	中位数	众数	最大值	标准差	偏度	峰度
1	家庭拥有电视机的数量	1.67	2.00	1	5	0.752	0.742	1.050
2	家庭拥有电冰箱的数量	1.03	1.00	1	3	0.285	1.127	21.603
3	家庭拥有洗衣机的数量	0.97	1.00	1	2	0.291	−1.766	13.060
4	家庭拥有空调的数量	1.73	2.00	1	4	1.104	6.577	111.913
5	家庭拥有取暖器的数量	0.64	1.00	1	5	0.679	0.824	1.785
6	家庭拥有电风扇的数量	1.66	2.00	1	5	0.951	0.523	0.551
7	家庭拥有热水器的数量	0.92	1.00	1	2	0.339	−1.870	6.779
8	家庭拥有电饭煲的数量	1.06	1.00	1	3	0.414	1.249	8.625
9	家庭拥有吸尘器的数量	0.43	0.00	0	2	0.543	0.340	−0.776
10	家庭拥有电脑的数量	1.15	1.00	1	5	0.943	1.005	1.824

在调查样本中十种常用的家用电器绝大多数家庭都拥有，从各种家用电器设备的平均值来看，只有洗衣机、取暖器、热水器和吸尘器的均值小于1，而其他类型家用电器的均值都大于1。另外，在家用电器设备最大值分布中，有的家庭空调、取暖器等取暖降温设备数量达到了5台，这也在一定程度上反映出随着居民收入水平的不断提高，其对生活舒适性的需要也在逐渐增强。从峰度值来看，相对于能耗水平较低的家电设备，空调一类高能耗用电设备的尖峰特征非常大，也反映出高能耗家庭对空调平均拥有量高水平是具有突出贡献作用的。

6.2.2 居民家庭直接能耗消费支出特征

（1）家庭每月电费支出特征

从家庭夏季电费的频数分布特征来看（见图6.1），其主要集中在80元以下、81~120元、151~200元和251元以上四个区段，其各自计数所占调查总样本的百分比例为18.30%、20.47%、24.33%、15.83%。另外，在区段分布图上夏季电费具有一定的跳跃性特征，在201~250元区段出现下降性的拐点数值。在家庭冬季电费支出的频数分布中（见图6.2），各区段的电费支出特征分布差异性水平并不大，且主要集中在57元以下、58~80元、81~100元、101~150元四个区段，分别占调查总样本的16.82%、22.26%、19.09%、18.10%。

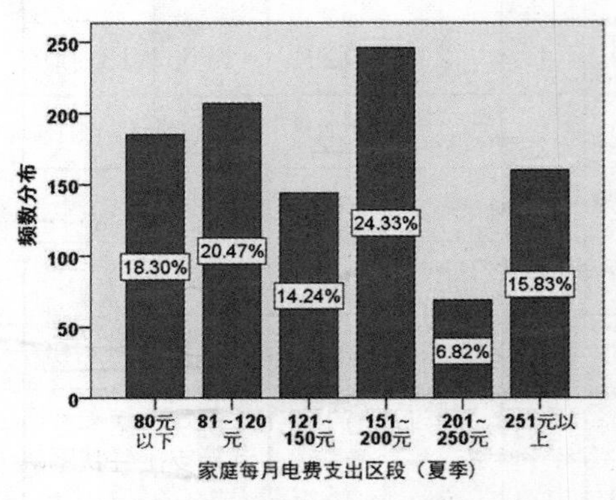

图6.1　夏季家庭每月电费支出区段柱状图

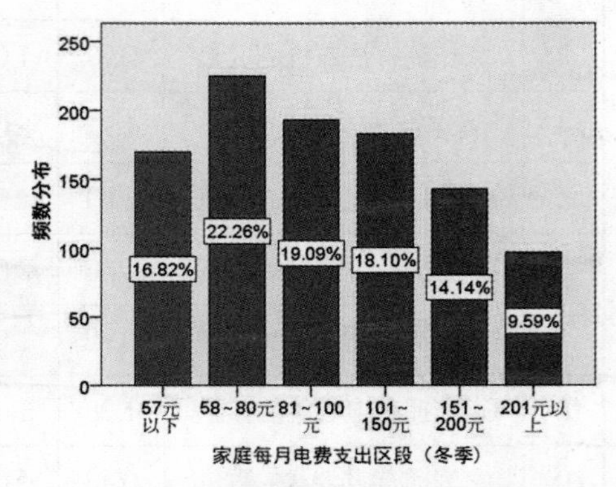

图6.2　冬季家庭每月电费支出区段柱状图

（2）家庭每月煤气费、水费支出特征

从家庭每月煤气费支出区段分布来看（见图 6.3），主要集中在 30 元以下、31~50 元、61~80 元和 81 元 ~100 元四个区段，分别占调查样本总量的 17.89%、27.47%、17.98% 和 15.51%。在家庭每月水费支出区段柱状图中（见图 6.4），其主要集中分布在 20 元以下、21~30 元两个区段，二者合计占总样本数的 41.21%，其次为 41~50 元、71 元以上两个区段，二者合计占总样本数的 32.11%。

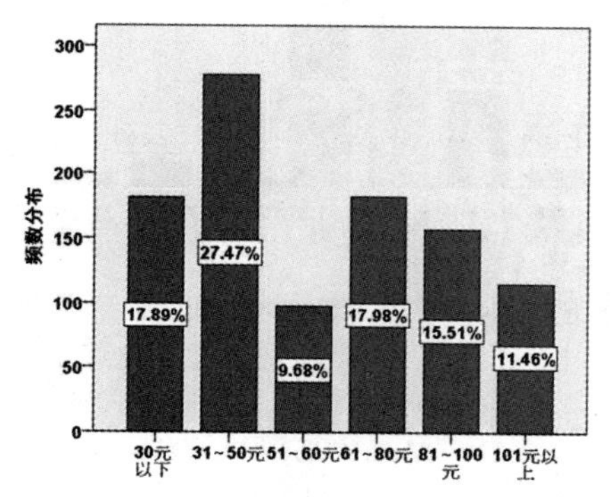

图 6.3　家庭每月煤气费支出区段柱状图

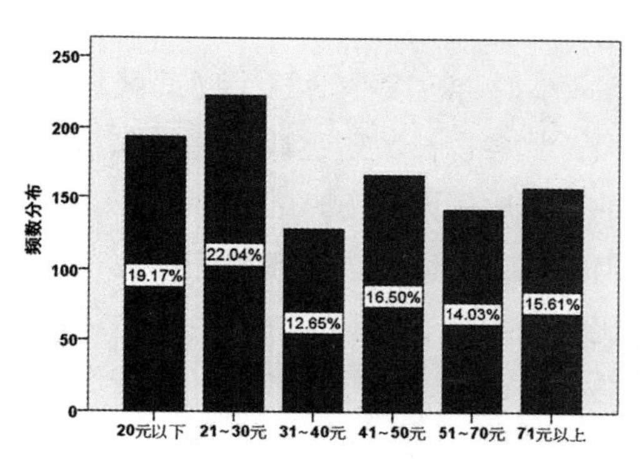

图 6.4　家庭每月水费支出区段柱状图

（3）家庭每月平均固定生活费支出特征

在家庭每月平均固定生活费支出区段中（见图 6.5），主要集中在 1001~3500 元和 3501~6000 元两个区段，其分别占样本总数的 62.85% 和 23.91%。从统计值分布特征来看，家庭每月平均固定生活费均值为 3059 元，最大值为 30000 元，众数为 3000 元，峰度 45.04，偏度 3.78，整体来看家庭每月平均固定生活费集中趋势非常明显，主要分布在 0~6000 元之间。

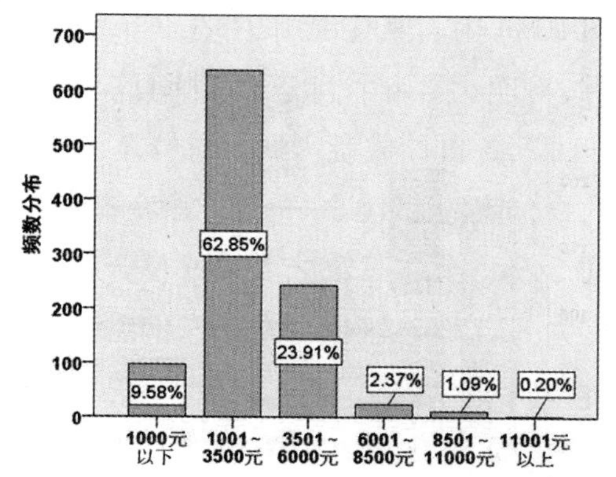

图 6.5　家庭每月平均固定生活费支出柱状图

6.2.3 曹杨新村家庭采暖降温能耗行为特征

（1）家庭采暖降温的能耗时段特征

第一，夏季每天采用电器降温的时数。

在家庭夏季每天采用电器降温时数的频次分布图（见图 6.6）中，其主要集中在 1~4 小时、5~8 小时、9~12 小时三个时间区段，其各自计数所占调查总样本的百分比例为 25.69%、42.00%、21.25%，上述三个区段累计百分比为 88.94%，区段分布呈右偏态分布。

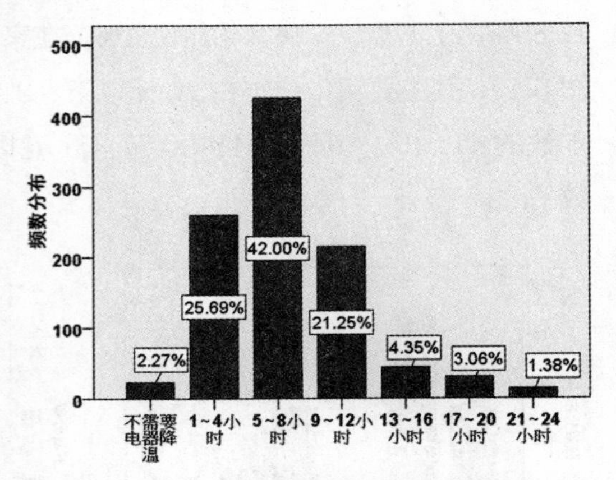

图 6.6 家庭夏季每天降温时数区段图

第二，夏季每年采用电器降温的月份数。

在家庭每年夏季采用电器降温的月份数频次分布图（见图 6.7）中，其主要集中在 2 个月、3 个月、4 个月三个时间区段，其各自计数所占调查总样本的百分比例为 16.50%、39.33%、30.34%，上述三个区段累计百分比为 86.17%，区段分布呈左偏态分布。

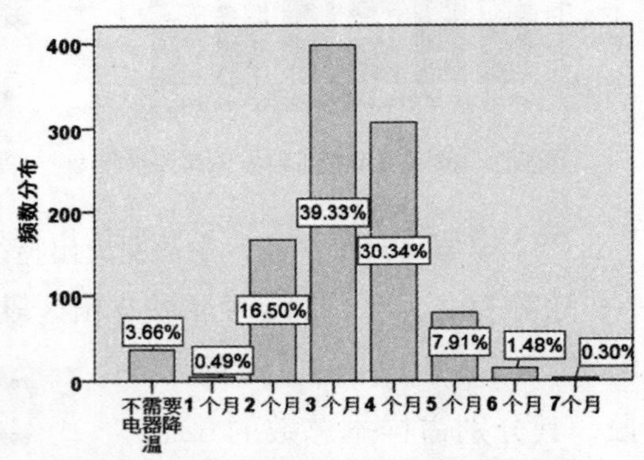

图 6.7 家庭夏季每年降温月份数区段图

第三，冬季每天采用电器采暖的时数。

在家庭冬季每天采用电器采暖时数的频次分布图中（见图

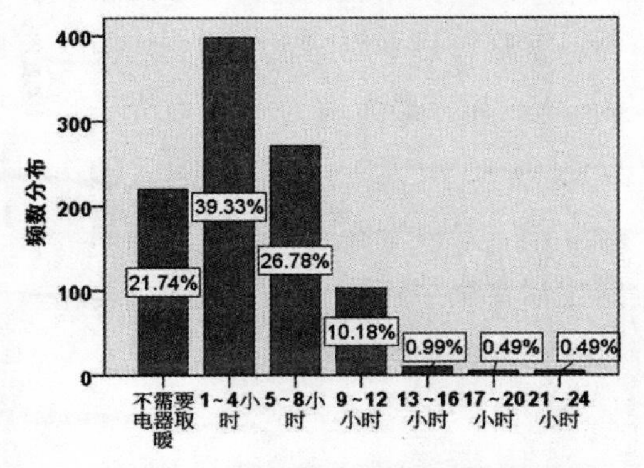

图 6.8 家庭冬季每天采暖时数区段图

6.8），其主要集中在不需要电器取暖、1~4 小时、5~8 小时三个时间区段，其各自计数所占调查总样本的百分比例为 21.74%、39.33%、26.78%，其中后两个时间区段累计百分比为 66.11%，区段分布呈左偏态分布。在家庭冬季每天采用电器采暖小时数的统计值中，均值为 4.09 个小时，最大值为 24 个小时，众数为 24 个小时，峰度为 2.856，偏度为 1.201，整体来看家庭冬季每天采用电器采暖小时数向 1~4 小时区段集中趋势较为明显。

第四，冬季每年采用电器采暖的月份数。

在家庭每年冬季采用电器采暖的月份数频次分布图中（见图 6.9），其主要集中在不需要电器取暖、2 个月、3 个月、4 个月四个时间区段，其各自计数所占调查总样本的百分比例为 16.21%、17.49%、39.82% 和 19.17%，其中后三个区段累计百分比为 76.48%，区段分布呈左偏态分布。

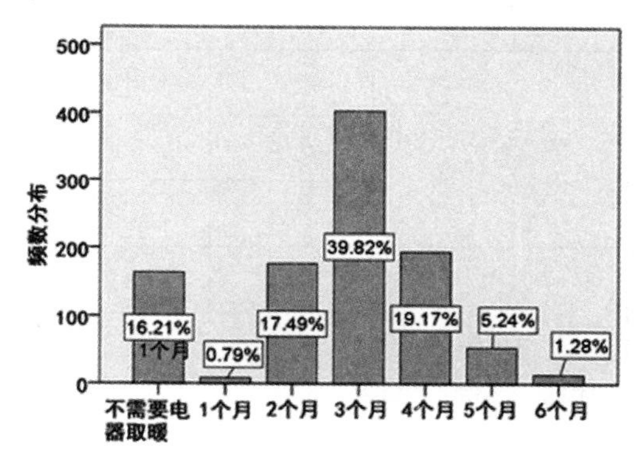

图 6.9　家庭冬季每年采暖月份数区段图

（2）家庭采暖降温采用的主要方式

研究分别对居民夏季主要降温方式和冬季采暖方式加以统计分析，结果见表 6.2。在夏季四种主要降温方式的频数分布中，居民夏季降温方式主要还是以空调和电风扇为主，而选择地冷方式的比例很低；另外，选择自然通风方式的比例为 29.1%。在冬季四种主要采暖方式的频数分布中，结果显示居民冬季采暖方式主要为空调和电暖器，选择不需要采暖的比例为 11.6%。总体来说，从居民采暖降温能耗行为方式统计可以看出，在夏季降温方式中更倾向于采用空调，其次是电风扇、自然通风；在冬季采暖方式中主要也是空调，其次是电暖器和不采暖。同时在夏季降温方式选择空调的为 91.6%，而在冬季采暖方式选择空调的为 66.3%，在季节特征上夏季居民使用空调降温的概率明显大于冬季采暖。

表 6.2　家庭夏季降温与冬季采暖能耗行为方式统计

家庭夏季主要制冷方式频数分布			家庭冬季主要采暖方式频数分布		
夏季主要降温方式	选择与否	百分比 /%	冬季主要采暖方式	选择与否	百分比 /%
空调	未选	8.4	空调	未选	33.7
	选中	91.6		选中	66.3
	总计	100		总计	100.0
地冷	未选	98.9	地暖	未选	99.3
	选中	1.1		选中	0.7
	总计	100		总计	100.0
电风扇	未选	38.2	电暖器	未选	66.5
	选中	61.8		选中	33.5
	总计	100		总计	100.0
自然通风	未选	70.9	不需要采暖	未选	88.4
	选中	29.1		选中	11.6
	总计	100		总计	100.0

（3）家庭采暖降温方式与环境因素相关性

其一，冬季采暖主要方式与室内温度条件。

本研究选取冬季采暖主要方式与室内温度区段进行 Spearman's 相关性分析，从分析结果来看（见表 6.3），室内温度条件对于使用空调和不需要采暖显著性作用较为明显，其次是电暖器，且相关水平在 0.000 以上。另外，在研究中还发现，当室内温度在 0℃以下时，居民采用空调采暖与其呈负相关性，这主要是由于在上海地区室外温度低于 0℃以下的气候情况很少见，因此会出现上述分析结果。当室内温度在 0~3℃时，绝大多数家庭是会采用电器进行采暖的，且在这一温度条件下会增加使用空调采暖的概率。

表 6.3　家庭冬季采暖方式与室内温度条件相关性分析（N=1012）

家庭冬季采暖行为主要方式		显著性数值	室内温度条件					
			0℃以下	0~3℃	4~7℃	8~11℃	12~15℃	16℃ 以上
冬季	空调	Spearman's 相关系数	−0.486**	0.182**	0.171**	0.101**	0.034	0.032
		显著性 (Sig.)	0.000	0.000	0.000	0.001	0.277	0.315
	地暖	Spearman's 相关系数	0.024	−0.051	0.047	0.021	−0.009	−0.004
		显著性 (Sig.)	0.449	0.104	0.136	0.513	0.781	0.906
	电暖器	Spearman's 相关系数	−0.230**	0.056	0.106**	0.077*	0.047	0.016
		显著性 (Sig.)	0.000	0.076	0.001	0.014	0.137	0.621
	不需要取暖	Spearman's 相关系数	0.626**	−0.263**	−0.175**	−0.104**	−0.038	−0.016
		显著性 (Sig.)	0.000	0.000	0.000	0.001	0.228	0.609
显著系数相关说明		***$P \leqslant 0.001$，**$P \leqslant 0.01$，*$P \leqslant 0.05$						

其二，夏季降温主要方式与室内温度条件。

本研究继续选取夏季降温主要方式与室内温度区段进行 Spearman's 相关性分析，从分析结果来看（见表 6.4），室内温度条件对于使用空调和自然通风显著性作用较为明显，且相关水平在 0.000 以上，而对电风扇使用却不具有影响性。另外，当室内温度在 37℃以上时，居民采用空调降温的显著系数明显增加，在室内温度 24℃以下时自然通风将作为室内降温的主要手段。

表 6.4　家庭夏季降温方式与室内温度条件相关性分析（N=1012）

家庭夏季降温行为主要方式		显著性数值	室内温度条件				
			24℃以下	25~28℃	29~32℃	33~36℃	37~40℃
夏季	空调	Spearman's 相关系数	—	0.010	0.013	0.087**	0.185**
		显著性 (Sig.)	0.000	0.762	0.669	0.006	0.000
	地冷	Spearman's 相关系数	−0.014	−0.003	0.046	−0.019	0.015
		显著性 (Sig.)	0.663	0.917	0.145	0.538	0.645
	电风扇	Spearman's 相关系数	0.024	0.025	0.017	0.008	−0.031
		显著性 (Sig.)	0.450	0.432	0.586	0.792	0.321
	自然通风	Spearman's 相关系数	0.103**	0.049	−0.005	−0.006	−0.035
		显著性 (Sig.)	0.001	0.118	0.865	0.848	0.266
显著系数相关说明		$***P \leqslant 0.001$，$**P \leqslant 0.01$，$*P \leqslant 0.05$					

研究结论：从曹杨新村调查样本来看，大多数居民家庭的冬季采暖和夏季降温方式仍然是以使用空调为主，而采用像地热地冷能获得同样的舒适感采暖降温方式的比例非常低，这也说明采暖降温方式的节能环保技术在本区应用普及性并不高。另外，由于本区居民整体收入水平处于中等收入阶层，在室内温度舒适性和经济性之间是具有效用理性的，因此可以判断其在冬季和夏季整体能耗水平并不高。而必须要承认的现实情况是，居民对舒适度忍耐性是有临界条件的，在调查样本中，当冬季室内温度低于 0℃和夏季室内温度高于 37℃时，绝大多数居民会采用电器进行采暖和降温。因此，当我们倡导低碳生活方式的时候，还要考虑到经济理性和生活习惯是彼此相互作用和替代平衡的。

6.3 家庭能耗模块的相关性分析

6.3.1 家庭直接能耗消费的相关影响因素

（1）家庭直接能耗消费与家庭特征相关性分析

第一，家庭人数因素。

本研究采用单因素方差分析，从 ANOVA 分析结果来看（见表 6.5），以家庭人数作为因子变量，其对家庭每月夏季电费、每月冬季电费、每月水费、每月煤气费以及每月平均固定生活费支出都达到了 0.000 的显著性水平，因此可以得出家庭人数对于各类家庭能耗支出均有显著性差异作用。另外，从 *F* 值来看，家庭人数对于每月煤气费（10.087）和水费（13.670）影响更大一些。

表 6.5　家庭能耗消费 ANOVA 单因素方差齐性检验（因子变量 = 家庭人数）

家庭能耗消费种类		平方和	df	均方值	*F* 值	显著性 Sig.
家庭每月电费支出（夏季）	组间	9.210E+05	7.000E+00	1.316E+05	6.583	0.000***
	组内	2.005E+07	1.003E+03	1.999E+04		
	总计	2.097E+07	1.010E+03			
家庭每月电费支出（冬季）	组间	4.558E+05	7.000E+00	6.511E+04	8.872	0.000***
	组内	7.361E+06	1.003E+03	7.339E+03		
	总计	7.817E+06	1.010E+03			
家庭每月水费支出	组间	8.055E+04	7.000E+00	1.151E+04	13.670	0.000***
	组内	8.452E+05	1.004E+03	8.418E+02		
	总计	9.257E+05	1.011E+03			
家庭每月煤气费支出	组间	1.549E+05	7.000E+00	2.213E+04	10.087	0.000***
	组内	2.203E+06	1.004E+03	2.194E+03		
	总计	2.358E+06	1.011E+03			
家庭每月平均固定生活费总支出	组间	1.805E+08	7.000E+00	2.579E+07	7.740	0.000***
	组内	3.345E+09	1.004E+03	3.332E+06		
	总计	3.525E+09	1.011E+03			

研究结论：家庭人口规模结构对于直接能耗消费结构和数值具有显著性影响作用，在调查样本中四口之家是家庭电费增长的临界区段，且该类型家庭结构在曹杨新村家庭能耗消费模式上具有较强的模式代表性。若接受两口之家、三口之家是曹杨新村未来家庭人口规模演变的可能性结果，那么由家庭人口规模变化所带来的家庭能耗消费支出也必然会产生相应的能耗趋势调整。

第二，家庭收入因素。

本研究采用单因素方差分析，从 ANOVA 分析结果来看（见表 6.6），以家庭人数作为因子变量，其对家庭每月夏季电费、每月冬季电费、每月水费、每月煤气费以及每月平均固定生活费支出都达到了 0.000 的显著性水平，因此可以得出家庭人数对于各类家庭能耗支出均有显著性差异作用。另外，从 *F* 值来看，家庭年收入对于每月冬季电费（20.576）和每月平均固定生活费（16.058）影响更大一些。

表 6.6　家庭能耗消费 ANOVA 单因素方差齐性检验（因子变量 = 家庭年收入）

家庭能耗消费种类		平方和	df	均方值	*F* 值	显著性 Sig.
家庭每月电费支出（夏季）	组间	9.140E+05	6.000E+00	1.523E+05	7.627	0.000***
	组内	2.005E+07	1.004E+03	1.997E+04		
	总计	2.097E+07	1.010E+03			
家庭每月电费支出（冬季）	组间	8.559E+05	6.000E+00	1.427E+05	20.576	0.000***
	组内	6.961E+06	1.004E+03	6.993E+03		
	总计	7.817E+06	1.010E+03			
家庭每月水费支出	组间	6.750E+04	6.000E+00	1.125E+04	4.963	0.000***
	组内	2.291E+06	1.005E+03	2.279E+03		
	总计	2.358E+06	1.011E+03			
家庭每月煤气费支出	组间	5.295E+04	6.000E+00	8.825E+03	10.163	0.000***
	组内	8.728E+05	1.005E+03	8.864E+02		
	总计	9..237E+05	1.011E+03			

续表

家庭能耗消费种类		平方和	df	均方值	*F* 值	显著性 Sig.
家庭每月平均固定生活费总支出	组间	3.084E+08	6.000E+00	5.140E+07	16.058	0.000***
	组内	3.217E+09	1.005E+03	3.201E+06		
	总计	3.525E+09	1.011E+03			

研究结论：家庭年收入水平对于能耗消费结构具有显著性影响作用，分析结果表明，25 万元家庭年收入是家庭冬季电费、煤气费和水费线性增长的临界值，大于该数值以后各项能耗费用开始明显减少。另外，研究对家庭人均年收入和各项能耗费用也进行了均值比较，在结果中发现与上述分布规律略有区别，能耗消费均值曲线是先减少后增长的分布态势。其本质在于，当我们以家庭作为基本单位进行直接能耗费用比较时，主要考虑到的是家庭综合经济水平和总人数对能耗消费的影响作用，但若用人均收入水平进行考察时，家庭人口规模效应将会对能耗消费起到决定性作用。

（2）家庭直接能耗消费与住房特征显著性相关

其一，住房建筑面积因素。

本研究采用单因素方差分析，从 ANOVA 分析结果来看（见表 6.7），以住房建筑面积作为因子变量，则对夏季每月电费、冬季每月电费、每月煤气费、每月水费、每月平均固定生活费支出都达到了 0.000 的显著性水平，因此可以得出住房建筑面积对于各类家庭能耗支出均有显著性作用。从 *F* 值来看，住房建筑面积对于家庭每月冬季电费（29.419）和煤气费（19.247）能耗支出影响作用更大一些。

表6.7　家庭直接能耗消费ANOVA单因素方差齐性检验（因子变量=住房建筑面积）

家庭能耗消费种类		平方和	df	均方值	*F* 值	显著性 Sig.
家庭每月电费支出（夏季）	组间	1.12E+06	6.00E+00	1.86E+05	9.419	0.000***
	组内	1.98E+07	1.00E+03	1.98E+04		
	总计	2.10E+07	1.01E+03			

续表

家庭能耗消费种类		平方和	df	均方值	F 值	显著性 Sig.
家庭每月电费支出（冬季）	组间	1.17E+06	6.00E+00	1.95E+05	29.419	0.000***
	组内	6.65E+06	1.00E+03	6.62E+03		
	总计	7.82E+06	1.01E+03			
家庭每月水费支出	组间	9.65E+04	6.00E+00	1.61E+04	7.144	0.000***
	组内	2.26E+04	1.01E+03	2.25E+04		
	总计	2.36E+06	1.01E+03			
家庭每月煤气费支出	组间	9.54E+04	6.00E+00	1.59E+04	19.247	0.000***
	组内	8.30E+05	1.01E+03	8.26E+02		
	总计	9.26E+05	1.01E+03			
家庭每月平均固定生活费总支出	组间	1.54E+08	6.00E+00	2.57E+07		0.000***
	组内	3.37E+09	1.01E+03	3.35E+06		
	总计	3.53E+09	1.01E+03			

研究结论：从曹杨新村家庭各类能耗消费均值与住房建筑面积区段的比较分析中可以得出，住房面积与能耗消费是存在显著性正相关性关系的，但线性增长趋势具有临界值拐点，在调查样本中冬季电费以及煤气费拐点值所对应的住房面积临界点为 144 平方米。另外，本研究还对人均居住面积与各类能耗费用均值也进行了相关性研究，其均值曲线分布与上述分布规律具有一致性，且当人均住房面积大于 45 平方米时家庭直接能耗消费也开始出现衰减。因此，住房面积对能耗消费具有边界锁定性，二者之间并不是简单的正向线性对应关系，且在能源消费结构方面，住房面积对于能耗消费影响还受到季节气候等外在因素作用。

其二，住房建设年代因素。

本研究采用单因素方差分析，从 ANOVA 分析结果来看（见表 6.8），以住房建设年代作为因子变量，则对每月夏季电费、每月冬季电费、每月煤气费、每月水费、每月平均固定生活费支出都达到了 0.000 的显著性水平，因此可以得出住房建设年代对于各类家庭能耗支出均有显著性作用。从 F 值来看，住房建设年代对于家庭每月冬季电费（19.130）和煤气费（18.211）能耗消费影响作用更大一些。

表 6.8　家庭能耗消费 ANOVA 单因素方差齐性检验（因子变量 = 住房建设年代）

家庭能耗消费种类		平方和	df	均方值	F 值	显著性 Sig.
家庭每月电费支出（夏季）	组间	9.74E+05	6.00E+00	1.62E+05	8.151	0.000***
	组内	2.00E+07	1.00E+03	1.99E+04		
	总计	2.10E+07	1.01E+03			
家庭每月电费支出（冬季）	组间	8.02E+05	6.00E+00	1.34E+05	19.130	0.000***
	组内	7.01E+06	1.00E+03	6.99E+03		
	总计	7.82E+06	1.01E+03			
家庭每月水费支出	组间	1.16E+05	6.00E+00	1.94E+04	8.683	0.000***
	组内	2.24E+06	1.01E+03	2.23E+03		
	总计	2.36E+06	1.01E+03			
家庭每月煤气费支出	组间	9.08E+04	6.00E+00	1.51E+07	18.211	0.000***
	组内	8.35E+05	1.01E+03	8.31E+02		
	总计	9.26E+05	1.01E+03			
家庭每月平均固定生活费总支出	组间	1.10E+08	6.00E+00	1.83E+07	5.386	0.000***
	组内	3.42E+09	1.01E+03	3.40E+06		
	总计	3.53E+09	1.01E+03			

研究结论：以建设年代作为因素方差分析变量，则家庭各项能耗消费支出均值都与其呈正相关的线性关系，即建设年代愈往后其各项家庭能耗支出越高。根据相关研究结论，上海 2000 年以后新建的住区，收入水平、家庭人口、建筑面积是影响能耗的主要原因，而住宅朝向、围护结构和遮阳方式与总能耗影响的相关程度不大。在本研究中我们也同样发现了该规律，即在 2000—2010 年之间建设的住房各类能耗消费明显高于其他建设年代区段均值，各项能耗支出在住房建设时间维度方面的线性变化特征，是不同建设时

期住房所容纳的家庭规模、生活水平差异性的综合体现。

其三，住房产权类型因素。

本研究采用单因素方差分析，从 ANOVA 分析结果来看（见表 6.9），以住房建设年代作为因子变量，则对每月夏季电费、每月冬季电费、每月煤气费、每月水费、每月平均固定生活费支出都达到了 0.000 的显著性水平，因此可以得出住房建设年代对于各类家庭能耗支出均有显著性作用。从 ***F*** 值来看，住房产权类型对于家庭每月煤气费（9.959）能耗支出影响作用更大一些。

表 6.9 家庭能耗消费 ANOVA 单因素方差齐性检验（因子变量 = 住房产权类型）

家庭能耗消费种类		平方和	df	均方值	*F* 值	显著性 Sig.
家庭每月电费支出（夏季）	组间	5.06E+05	6.00E+00	8.44E+04	4.139	0.000***
	组内	2.05E+07	1.00E+03	2.04E+04		
	总计	2.10E+07	1.01E+03			
家庭每月电费支出（冬季）	组间	4.08E+05	6.00E+00	6.79E+04	9.204	0.000***
	组内	7.41E+06	1.00E+03	7.38E+03		
	总计	7.82E+06	1.01E+03			
家庭每月水费支出	组间	77.61E+04	6.00E+00	1.27E+04	5.587	0.000***
	组内	2.28E+06	1.01E+03	2.27E+03		
	总计	2.36E+06	1.01E+03			
家庭每月煤气费支出	组间	5.20E+04	6.00E+00	8.66E+03	9.959	0.000***
	组内	8.74E+05	1.01E+03	8.69E+02		
	总计	9.26E+05	1.01E+03			
家庭每月平均固定生活费总支出	组间	8.69E+07	6.00E+00	1045E+07	4.231	0.000***
	组内	3.44E+09	1.01E+03	3.42E+06		
	总计	3.53E+09	1.01E+03			

研究结论：以住房产权类型作为因素方差分析变量，则家庭各项能耗消费支出均值都与其呈线性的负相关性关系，即随着产权占有独立性越高、商品化程度越高，则各种家庭直接能耗支出越高。但需要指出的是，住房产权

因素对于能耗消费结构以及数值影响的作用并不是直接的，虽然二者之间有一定的逻辑因果关系，但从能耗消费水平来看，住房商品化程度直接决定着居民的能耗消费。虽然住房产权所对应的物质化条件对于能耗消费产生了直接性影响作用，但更重要的是，个体和家庭本身的社会地位、经济收入等因素对于能耗行为方式具有锁定效应，而生活方式一旦形成就难以再向低碳化的生活方式转变了。

6.3.2 家庭采暖降温行为的相关影响因素

（1）采暖降温行为方式、时段与家庭特征相关性

第一，家庭人数因素。

本研究选取家庭人数和采暖降温时间进行单因素方差齐性检验，以家庭人数作为因子变量。从 ANOVA 分析结果来看（见表 6.10），家庭人口规模对每年以及每天的采暖降温时间均具有显著性影响作用，其中在 0.01 水平上对家庭每天采暖降温的小时数具有影响作用，在 0.05 水平上对家庭每年采暖降温的月份数具有显著性作用。

表 6.10　家庭采暖降温能耗时段的 ANOVA 单因素方差齐性检验

（因子变量 = 家庭人数）

家庭采暖降温能耗的时段特征		平方和	df	均方值	*F* 值	显著性 Sig.
家庭冬季每年采暖月份数	组间	27.104	7	3.872	1.885	0.016*
	组内	2062.600	1004	2.054		
	总计	2089.704	1011	——		
家庭冬季每天采暖小时数	组间	312.005	7	44.572	2.740	0.001**
	组内	16331.291	1004	16.266		
	总计	16643.295	1011	——		
家庭每年夏季降温月份数	组间	23.233	7	3.319	2.662	0.006**
	组内	1251.732	1004	1.247		
	总计	1274.964	1011	——		

续表

家庭采暖降温能耗的时段特征		平方和	df	均方值	*F* 值	显著性 Sig.
家庭夏季每天降温小时数	组间	231.732	7	33.105	1.640	0.027^{*}
	组内	20266.310	1004	20.186		
	总计	20498.042	1011	—		
显著系数相关说明	$***P \leqslant 0.001$，$**P \leqslant 0.01$，$*P \leqslant 0.05$					

研究结论：以家庭人口规模作为控制因子，则其对家庭采暖降温天时段及年时段均具有显著性影响作用。从二者之间的逻辑对应关系来看，每天采暖降温时间与家庭人数呈现出明显的抛物线曲线分布特征，即家庭人口规模效应对采暖降温的能耗时段是具有边界锁定作用的。而在每年采暖降温时间方面，由于时间累积效应，其与家庭人口规模的二次方曲线对应关系减弱。总之，从家庭全生命周期角度来看，家庭人口数量的变化会导致用电能耗碳排放水平先增加后减少，在本调查样本中，四口之家是临界拐点。

第二，家庭收入因素。

本研究选取家庭年收入水平和采暖降温时间进行单因素方差齐性检验，以家庭年收入水平作为因子变量。从 ANOVA 分析结果来看（见表 6.11），家庭年收入除了对夏季降温月份数不具有显著性水平之外，其他能耗时间特征家庭年收入均对其具有显著性作用。

表 6.11　家庭采暖降温能耗时段的 ANOVA 单因素方差齐性检验

（因子变量 = 家庭年收入）

家庭采暖降温能耗的时段特征		平方和	df	均方值	*F* 值	显著性 Sig.
家庭冬季每年采暖月份数	组间	45.236	6	7.539	3.706	0.001^{**}
	组内	2044.467	1005	2.034	—	
	总计	2089.704	1011	—	—	

续表

家庭采暖降温能耗的时段特征		平方和	df	均方值	F 值	显著性 Sig.
家庭冬季每天采暖小时数	组间	521.938	6	86.990	5.423	0.000***
	组内	16121.357	1005	16.041		
	总计	16643.295	1011	—	—	
家庭每年夏季降温月份数	组间	8.561	6	1.427	1.132	0.341
	组内	1266.404	1005	1.260	—	
	总计	1274.964	1011	—	—	
家庭夏季每天降温小时数	组间	643.283	6	107.214	5.427	0.000***
	组内	19854.760	1005	19.756		
	总计	20498.042	1011	—	—	
显著系数相关说明	***$P \leqslant 0.001$，**$P \leqslant 0.01$，*$P \leqslant 0.05$					

研究结论：在曹杨新村，以家庭收入作为控制因子，则其对家庭采暖降温时段是具有显著性影响作用的。另外，我们将家庭收入水平分化比值（5倍）与能耗行为时间比值（1.2倍）加以比较，可以发现低收入家庭能耗水平的时耗反弹水平是明显高于中高收入阶层的。上述分析说明，一旦低收入家庭有能力改善其居住水平，那么住区整体能耗碳排放水平会呈指数倍增长。因此研究认为，随着居民家庭经济收入和生活水平的不断提高，未来家庭采暖降温能耗行为将会成为家庭生活能耗结构中最主要的碳排放来源。

（2）采暖降温行为方式、时段与住房特征相关性

其一，住房建筑面积因素。

选取建筑面积和采暖降温时间进行单因素方差齐性检验，从ANOVA分析结果来看（见表6.12），以建筑面积作为因子变量，在冬季采暖能耗行为时段中，对冬季采暖月份数以及采暖小时数具有显著性作用，而在夏季降温能耗行为时段中，只对家庭降温小时数具有显著性作用，但对于家庭降温月份数却不显著。

表 6.12　家庭采暖降温能耗时段的 ANOVA 单因素方差齐性检验
（因子变量 = 住房建筑面积）

家庭采暖降温能耗的时段特征		平方和	df	均方值	*F* 值	显著性 Sig.
家庭冬季每年采暖月份数	组间	45.587	6	7.598	3.736	0.001***
	组内	2044.117	1005	2.034	—	
	总计	2089.704	1011	—	—	
家庭冬季每天采暖小时数	组间	731.593	6	121.932	7.701	0.000***
	组内	15911.702	1005	15.833	—	
	总计	16643.295	1011	—	—	
家庭夏季每年降温月份数	组间	8.392	6	1.399	1.110	0.354
	组内	1266.573	1005	1.260	—	
	总计	1274.964	1011	—	—	
家庭夏季每天降温小时数	组间	537.563	6	89.594	4.511	0.000***
	组内	19960.479	1005	19.861	—	
	总计	20498.042	1011	—	—	
显著系数相关说明	*** $P \leqslant 0.001$，** $P \leqslant 0.01$，* $P \leqslant 0.05$					

研究结论：在曹杨新村以建筑面积作为控制因子，则其对居民每年冬季采暖能耗时段是具有显著性影响作用的，但对于夏季降温能耗时段显著性作用不大。而在冬季采暖时段方面，却深刻反映出冬季能耗行为的“乘数效应”，这意味着居住在面积更大的住房里的能耗行为主体，由于其自身对生活舒适性的追求，在能耗持续性上要强于居住面积更小的居民，面积越大所需要的能耗水平会越高，能耗时间越长则用电强度会越高，上述两者的累积效应进一步放大了住房面积作为主导因素的碳排放贡献作用。

其二，住房建设年代因素。

选取住房建设年代和采暖降温时间进行单因素方差齐性检验，以住房建设年代作为因子变量，从 ANOVA 分析结果来看（见表 6.13），在冬季采暖能耗行为时段中，住房建设年代对冬季采暖月份数以及小时数具有显著性作用，而在夏季降温能耗行为时段中，住房建设年代只对家庭降温小时数具有显著性作用，但对于降温月份数时段却不显著。从 F 值来看，住房建设年代对采暖小时数作用最大。

表 6.13　家庭采暖降温能耗时段的 ANOVA 单因素方差齐性检验

（因子变量 = 住房建设年代）

家庭采暖降温能耗的时段特征		平方和	df	均方值	F 值	显著性 Sig.
家庭冬季每年采暖月份数	组间	58.687	6	9.781	4.840	0.000***
	组内	2031.017	1005	2.021	—	
	总计	2089.704	1011	—	—	
家庭冬季每天采暖小时数	组间	790.420	6	131.737	8.352	0.000***
	组内	15852.875	1005	15.774	—	
	总计	16643.295	1011	—	—	
家庭夏季每年降温月份数	组间	20.139	6	3.356	2.688	0.014*
	组内	1254.826	1005	1.249	—	
	总计	1274.964	1011	—	—	
家庭夏季每天降温小时数	组间	371.266	6	61.878	3.090	0.005**
	组内	20126.776	1005	20.027		
	总计	20498.042	1011	—	—	
显著系数相关说明	***$P \leqslant 0.001$，**$P \leqslant 0.01$，*$P \leqslant 0.05$					

研究结论：以住房建设年代作为控制因子，则其对居民每年冬季采暖能耗时段以及夏季每天降温能耗时段是具有显著性影响作用的，但对于家庭每年降温能耗月份数显著性作用相对要小。在冬季每天采暖能耗时段方面，住房建设年代在 2000—2010 年的能耗时均值是最高的；在夏季每天降温能耗时段方面，住房建设年代在 1990—2010 年的能耗时均值是最高

的。这说明不同建设年代住房反映出的能耗时段差异与能耗主体生活方式和习惯相关。

另外，在曹杨新村有很多 20 世纪 50—70 年代建设改造的老公房，这种类型住房的围护结构和热工性能是明显要比 90 年代以后建设的商品房差很多的，但在本次研究中却并没有发现该类型住房比其他建设年代的住房有明显的差异性分布。因此，虽然住房本身物理热工性能改善是减少住区空间碳排放的重要技术手段，但相对于节能技术推广应用，主体能耗行为方式与生活习惯对减少能耗碳排放的作用是至关重要的。

其三，住房产权类型因素。

本研究继续选取住房产权类型和采暖降温时间进行单因素方差齐性检验，以住房产权类型作为因子变量。从 ANOVA 分析结果来看（见表 6.14），在冬季采暖能耗行为时段中，住房建设年代对冬季采暖月份数以及小时数具有显著性作用，而在夏季降温能耗行为时段中，住房建设年代只对家庭降温小时数具有显著性作用，但对于降温月份数时段却不显著。从 F 值来看，住房产权类型对家庭夏季每天降温小时数作用会更大一些。

表 6.14 家庭采暖降温能耗时段的 ANOVA 单因素方差齐性检验（因子变量 = 住房产权类型）

家庭采暖降温能耗的时段特征		平方和	df	均方值	F 值	显著性 Sig.
家庭冬季每年采暖月份数	组间	35.229	6	5.872	2.872	0.009**
	组内	2054.474	1005	2.044	——	
	总计	2089.704	1011	——	——	
家庭冬季每天采暖小时数	组间	536.175	6	89.362	5.576	0.000***
	组内	16107.120	1005	16.027	——	
	总计	16643.295	1011	——	——	
家庭夏季每年降温月份数	组间	5.905	6	0.984	0.779	0.586
	组内	1269.059	1005	1.263	——	
	总计	1274.964	1011	——	——	

续表

家庭采暖降温能耗的时段特征		平方和	df	均方值	F 值	显著性 Sig.
家庭夏季每天降温小时数	组间	322.773	6	53.796	2.680	0.014*
	组内	20175.269	1005	20.075	——	
	总计	20498.042	1011	——	——	

研究结论：在曹杨新村调查样本中，以住房产权类型作为控制因子，则其与住房建设年代作用的均值曲线分布规律较为相似。但在时均值图和年均值图中，商品房和公房的能耗主体夏季降温、冬季采暖的月均值变化差异并不大，但租房能耗主体的能耗时段却表现出很大的差异性，夏季能耗时段比冬季能耗时段会多出 3 倍左右。同时，不同住房产权类型下的能耗主体行为的时间差异性也与住区社会阶层和家庭经济收入密切相关，住房产权商品化程度越高，私有性越强，则行为主体的能耗时间就会越长。同时，在调查样本中还可以发现，商品房的居民家庭在采暖降温能耗行为模式上具有相对固化性，这与其消费能力和生活习惯是有一定相互关联性的。

6.4 家庭直接能耗消费的多元线性回归评价模型

6.4.1 多元线性回归方程与检验条件

（1）回归方程的设定

假设能耗行为影响因素为 X_i（i=1，…，p），因变量各类能耗消费为 Y，且假设 Y 与 X_i 是线性相关的，则基于能耗行为特征的模型公式为：

$$Y=b_0+b_1x_1+b_2x_2+\cdots+b_px_p+\beta \quad \text{（式 6.1）}$$

其中，Y 代表因变量，也是被解释的变量；X_i（i=1，…，p）是自变量，也是解释变量；b_0 是常数项，b_i（i=1，…，p）是偏回归系数，分别表示当其他的自变量保持不变时，当 X_i 每变化一个单位的时候所对应的 Y 的变化量；β 是残差，它表示这个模型中除了所有自变量对 Y 的影响之外，其余因

素对 Y 的影响大小。另外，多元线性回归方程有三个假设前提：首先是自变量彼此之间不相关，样本的个数必须要大于解释变量的个数；其次是自变量之间不存在多重共线性，随机误差项具有同方差和零均值的条件；最后是数据结构服从正态分布。上述检验假设前提在已有章节中的相关性检验中被证明。

（2）应用条件的假设检验

回归系数显著性检验采用 t 值检验，拟合度检验采用 R^2 加以判断，其中复相关系数 R 代表的是 Y（因变量）和 X_i（自变量）之间线性的相关程度，这个值是 0 到 1 之间，越趋近于 0 的话，表明有着越差的线性相关性，越趋近于 1 的话，表明有着越强线性的关系。采用 F 检验判断因变量 y 与自变量 $x_1, x_2, \cdots, x_p$ 之间是否存在线性关系。当回归方程经调整后的判定系数很高，同时自变量与因变量之间相关系数很低时，可以诊断多重共线性问题的统计量有如下几个：一是容许度，容许度一般介于 0 到 1 之间，越接近于 0，表明自变量与其他自变量的共线性越强；二是方差膨胀因子，方差膨胀因子是容许度的倒数，因此当方差膨胀因子越大的时候，自变量之间共线性的可能性越大；三是条件指数，条件指数的值越大的时候，自变量之间的共线性越大，一般情况下，条件指数大于 15 时，可能就存在共线性的问题，当条件指数大于等于 30 的时候，就存在着严重的共线性问题。

由于本研究涉及多个能耗消费的影响因素，因此在拟合模型时优先选用多元回归模型对能耗消费结构的影响因子加以回归评价和系数检验。在回归检验过程中一般先采取初步检验判断构造的模型是否具有显著性意义，在此基础上再采用逐步回归的分析方法对不显著性因子加以剔除，最终将调整修正的相关系数带入上述所设定的多元线性回归方程。

（3）基于多元线性回归的家庭能耗消费检验模型

在本次研究模型中（见图 6.10），家庭能耗以不同种类的直接能耗消费作为因变量，主要包括电费、水费和煤气费三种能耗消费结构形式。自变量分成影响家庭直接能耗消费的社会影响变量和行为影响变量两大类型。其中，社会影响变量主要包括住房条件特征和家庭特征两大因素，行为影响变量则包括与居民用电能耗消费相关的能耗行为方式，如居民采暖降温方式、室外温度条件等影响因素。在已有研究结论中都证实了家庭特征、住房特征以及个体能耗行为与住区碳排放是密切相关的，但在以下几方面尚需要深入研究：在自变量选取上除了考虑家庭经济特征和住房特征变量之外，还应引入家庭能耗行为因素；在研究尺度上应从关注城市宏观与中观层面扩展到住区层面的样本实证研究；在研究方法上应不仅强调统计数据回归与模型建构，还需要对空间密度形态与家庭碳排放之间的相关性加以学理解释，并建立碳排放量强度与住区密度指标之间的空间逻辑对应关系。

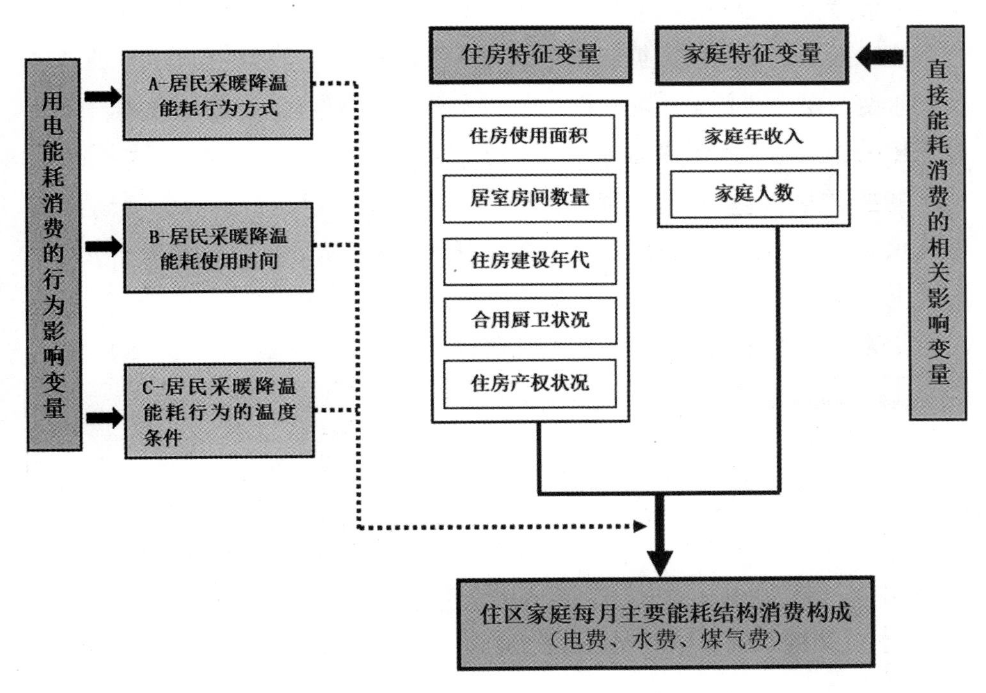

图 6.10　基于家庭能耗消费特征的多元回归模型建构

6.4.2 家庭直接能耗费用特征变量的初步检验

研究模型采用最小二乘法（OLS）回归分析方法，将家庭能耗费用对数值[①]与住房特征、家庭特征进行初步回归检验。为了简化各特征变量的表达方

①由于从问卷获得的原始家庭能耗消费数据与自变量之间有可能存在着非线性关系，需要在进行数据回归前对家庭每月电费（夏季和冬季）、每月水费、每月煤气费取自然对数值再进行多元线性回归。

式，下文以字母编号来简化各变量名称。在住房特征变量选取方面，主要包括 ZFMJ（住房建筑使用面积）、ZFSL（住房房间数量）、ZFND（住房建造年代）、ZFCW（居室厨卫合用状况）、ZFCQ（住房所有权状况）五个自变量。在家庭特征变量方面，则选取了 JTRS（家庭人数）与 JTNSR（家庭年收入）两个自变量纳入回归模型。

对回归结果（见表 6.15）进行 vif 事后检验，判断多重共线标准为最大的 vif 大于 10，平均的 vif 大于 5。从分析结果来看，vif=1.33（远小于 5），故可以排除变量之间的共线性。从结果来看，可决定系数在 0.2~0.3 之间，拟合优度一般。但从问卷数据回归结果中却可以发现，家庭冬季电费、夏季电费、水费、煤气费各类能耗费用与家庭人数、家庭年收入及住房面积呈显著性正相关。从相关系数来看，家庭特征变量对各类能耗消费的影响作用要比住房特征更为显著，在住房特征变量中只有住房建筑面积与能耗消费呈显著性正相关，而住房房间数量与各类能耗费用相关性并不显著，这一研究结论与国内一些相关文献的研究结果并不一致。

表 6.15　家庭直接能耗消费特征模型的初步回归检验（Pr=0.05）

模型回归的自变量		ln 每月电费（冬季）			ln 每月电费（夏季）		
		回归系数	t 值	$P>t$	回归系数	t 值	$P>t$
1	JTRS	0.110	6.860	0.000	0.133	8.090	0.000
2	JTNSR	0.116	6.290	0.000	0.091	4.820	0.000
3	ZFMJ	0.136	5.630	0.000	0.109	4.420	0.000
4	ZFSL	−0.010	−0.610	0.543	−0.025	−1.550	0.122
5	ZFND	0.034	2.340	0.019	0.031	2.070	0.039
6	ZFCW	0.028	1.760	0.079	0.016	0.990	0.322
7	ZFCQ	−0.021	−0.990	0.322	−0.019	−0.900	0.367
回归结果拟合检验		R^2=0.223 Prob > F=0.000 _cons=3.719 vif=1.33			R^2=0.277 Prob > F=0.000 _cons=4.195 vif=1.33		

续表

模型回归的自变量		ln 每月水费			ln 每月煤气费		
		回归系数	t 值	$P > t$	回归系数	t 值	$P > t$
1	JTRS	0.125	7.480	0.000	0.103	6.610	0.000
2	JTNSR	0.077	4.010	0.000	0.060	3.350	0.001
3	ZFMJ	0.087	3.510	0.000	0.067	2.860	0.004
4	ZFSL	−0.019	−1.160	0.245	−0.021	−1.370	0.171
5	ZFND	0.058	3.850	0.000	0.040	2.860	0.004
6	ZFCW	0.013	0.770	0.442	0.029	1.860	0.063
7	ZFCQ	−0.053	−2.440	0.015	−0.038	−1.860	0.043
回归结果拟合检验		R^2=0.291 Prob > F=0.000 _cons=2.915 vif=1.33			R^2=0.250 Prob > F=0.000 _cons=3.475 vif=1.33		

6.4.3 基于逐步分析方法的多元回归模型

基于初步检验结果，本研究采用逐步回归分析对不显著性变量加以剔除，回归结果见表 6.16。

表 6.16　家庭直接能耗消费特征模型的逐步回归检验（Pr=0.05）

模型回归的自变量		ln 每月冬季电费			ln 每月夏季电费		
		回归系数	t 值	P 值	回归系数	t 值	P 值
1	JTRS	0.105	6.570	0.000	0.131	7.990	0.000
2	JTNSR	0.107	5.820	0.000	0.085	4.520	0.000
3	ZFMJ	0.006	9.160	0.000	0.004	5.420	0.000
4	ZFSL	—	—	—	—	—	—
5	ZFND	—	—	—	0.030	2.190	0.029
6	ZFCW	0.039	2.590	0.000	—	—	—
7	ZFCQ	—	—	—	—	—	—

续表

模型回归的自变量		ln 每月冬季电费			ln 每月夏季电费		
		回归系数	t 值	P 值	回归系数	t 值	P 值
回归结果拟合检验		R^2=0.565 Prob > F=0.000 _cons=3.752 vif=1.15			R^2=0.484 Prob > F=0.000 _cons=4.135 vif=1.37		
模型回归的自变量		ln 每月水费			ln 每月煤气费		
		回归系数	t 值	P 值	回归系数	t 值	P 值
1	JTRS	0.124	7.430	0.000	0.103	6.580	0.000
2	JTNSR	0.073	3.810	0.000	0.057	3.130	0.002
3	ZFMJ	0.003	3.970	0.000	0.002	3.200	0.001
4	ZFSL	—	—	—	—	—	—
5	ZFND	0.055	3.670	0.000	0.045	3.290	0.001
6	ZFCW	—	—	—	0.035	2.300	0.022
7	ZFCQ	−0.053	−2.490	0.013	—	—	—
回归结果拟合检验		R^2=0.592 Prob > F=0.000 _cons=2.917 vif=1.42			R^2=0.545 Prob > F=0.000 _cons=3.318 vif=1.38		

从结果来看，在剔除非显著性相关变量后，回归方程的可决定性系数 R^2 值明显提高，四种家庭能耗费用的模型可分别表达为：

① ln 每月冬季电费 =0.105 × JTRS+0.107 × JTNSR +0.006 × ZFMJ+ 0.039 × ZFCW +3.752

② ln 每月夏季电费 =0.131 × JTRS+0.085 × JTNSR +0.005 × ZFMJ + 0.030 × ZFND +4.135

③ ln 每月水费 =0.124 × JTRS+0.073 × JTNSR+0.003 × ZFMJ+0.055 × ZFND−0.053 × ZFCQ+ 2.917

④ ln 每月煤气费 =0.103 × JTRS+0.057 × JTNSR+0.002 × ZFMJ+0.045 ×

ZFND +0.035 × ZFCW + 3.493

从相关系数来看，家庭成员人数每增加 1 人则会分别增加每月的冬季电费、夏季电费、水费、煤气费的 10.5%、13.1%、12.4% 和 10.3%；家庭年收入每增加 5 万元则会分别增加每月的冬季电费、夏季电费、水费、煤气费的 10.7%、8.5%、7.3% 和 5.7%；同时若住房建筑使用面积每增加 1 平方米则会增加每月的冬季电费、夏季电费、水费、煤气费的 0.6%、0.5%、0.3% 和 0.2%。

在回归结果中还可以发现，在曹杨新村调查样本中水费、煤气费与住房建设年代显著性正相关，说明住房建设年代愈往后则其上述两种能耗费用会愈多；水费与住房产权状况显著性负相关，说明产权私有化程度越强则家庭的水费、煤气费会愈多。对于调查样本需要说明的是，曹杨新村在 20 世纪 50 年代建设之初（如曹杨一村）采用的是合户居住模式，即厨房和卫生间为多户共用且这种模式一直持续至今，在本分析中合用厨卫的住户占到样本总量的 7.84%，因此会出现冬季电费和煤气费与厨卫独立使用状况呈显著性正相关。

6.4.4 家庭直接能耗费用的影响变量评价

（1）直接能耗费用与虚拟变量的回归检验

根据回归模型的显著性相关回归结论，研究继续将家庭人数、家庭年收入、住房面积、建设年代等分类变量进行虚拟变量处理，肯定类型取值为 1，比较类型为 0，通过引入虚拟变量来分析各分类变量与家庭能耗消费之间的相互关系。从分析结果可以看出（见表 6.17）：

①在家庭结构分类与家庭能耗相关性比较中，两口之家以上对各种能源结构消费相关性更为显著，且四口之家的家庭能耗费用是相关系数变化的临界值，这说明家庭结构对于能耗消费是具有规模边际效益的，当家庭人数多于 4 人时对各项家庭能耗费用的影响会减弱。

②在家庭年收入分类与家庭能耗相关性比较中，电费、煤气费与收入区段均呈负相关性，且当家庭年收入大于 15 万元时与家庭电费之间的显著性降低，这也说明当家庭年收入低于该临界值时，居民对能耗消费花销相对是比较固定的，而一旦超过该收入水平，家庭收入变量对于能耗消费的影响程度将明显减弱。

③在住房面积分类与家庭能耗相关性比较中，当住房面积小于 36 平方米时电费与建筑面积呈负相关，大于 72 平方米时开始与之正相关，且当住房面积为 108~144 平方米时与每月夏季电费相关的显著性最强，当住房面积为 144~180 平米时与每月冬季电费以及煤气费相关的显著性最强。上述结果说明，在控制住房面积的条件下，家庭能耗主要因素首先是电费和煤气费，其次才是水费。当在 72~108 平方米时，住户每月冬季电费和夏季电费会分别多出 26.2% 和 27.3%，而在 144~180 平方米时费用将会分别多出 53.4% 和 35.8%。

④在住房产权分类与家庭能耗相关性比较中，租住类型与水费显著性相关，公房承租与合同承租与煤气费显著性相关，这说明住房产权对于家庭用电能耗影响性是比较小的。而在用水和用气方面，租房家庭明显在主观上对这两类能耗花费更为节约。

总体来看，住房面积和家庭人数与各项家庭直接能耗消费具有区段锁定效应，且从区段分布特征来看，回归系数最大的区段位于中部。基于以上发现，本研究认为，在满足居住质量和功能需求的基础上，应对家庭住房建筑使用面积加以适度控制，并通过调整居住面积区段来适应不同人口规模和收入水平的住房需求。

表 6.17　家庭各项直接能耗消费与社会影响变量的回归检验（Pr=0.05）

家庭每月冬季电费与虚拟变量的回归检验					家庭每月煤气费与虚拟变量的回归检验				
自变量说明		家庭每月冬季电费			自变量说明		家庭每月煤气费		
变量编号	分类特征	回归系数	*t* 值	*P* 值	变量编号	分类特征	回归系数	*t* 值	*P* 值
JTRS	两口之家	0.391	5.09	0.000	JTRS	两口之家	0.469	6.51	0.000
	三口之家	0.550	7.32	0.000		三口之家	0.607	8.71	0.000
	四口之家	0.633	7.40	0.000		四口之家	0.723	8.98	0.000
	五人以上	0.595	6.72	0.000		五人以上	0.672	8.1	0.000
JTNSR	0~5 万元	−0.415	−2.76	0.006	JTNSR	5~10 万元	0.227	3.97	0.000
	5~10 万元	−0.307	−5.43	0.000		10 万～15 万元	0.215	2.86	0.004
	10~15 万元	−0.208	−3.91	0.000	ZFMJ	72.1~108.0 平方米	0.384	2.57	0.000

续表

家庭每月冬季电费与虚拟变量的回归检验					家庭每月煤气费与虚拟变量的回归检验				
自变量说明		家庭每月冬季电费			自变量说明		家庭每月煤气费		
变量编号	分类特征	回归系数	*t* 值	*P* 值	变量编号	分类特征	回归系数	*t* 值	*P* 值
ZFMJ	36.0 平方米以下	−0.161	−4.18	0.000	ZFND	1950~1959 年	−0.222	−4.05	0.000
	72.1~108.0 平方米	0.262	4.24	0.000		1960~1969 年	−0.147	−2.88	0.004
	108.1~144.0 平方米	0.534	6.53	0.000		2000~2010 年	−0.275	−3.11	0.002
	144.1~180.0 平方米	0.561	3.53	0.000	ZFCQ	借住	0.469	6.51	0.000
回归结果拟合检验		R^2=0.433 Prob > *F*=0.000 _cons=4.358 vif=2.19			回归结果拟合检验		R^2=0.415 Prob > *F*=0.000 _cons=3.572 vif=2.02		
家庭每月夏季电费与虚拟变量的回归检验					家庭每月水费与虚拟变量的回归检验				
自变量说明		家庭每月夏季电费			自变量说明		家庭每月水费		
变量编号	分类特征	回归系数	*t* 值	*P* 值	变量编号	分类特征	回归系数	*t* 值	*P* 值
JTRS	两口之家	0.380	4.870	0.000	JTRS	两口之家	0.332	4.19	0.000
	三口之家	0.589	7.710	0.000		三口之家	0.515	6.63	0.000
	四口之家	0.711	8.160	0.000		四口之家	0.692	7.78	0.000
	五人以上	0.683	7.590	0.000		五人以上	0.667	7.29	0.000
JTNSR	0~5 万元	−0.499	−3.240	0.000	ZFMJ	36.1~72.0 平方米	−0.226	−4.07	0.000
	5~10 万元	−0.259	−4.520	0.000		72.1~108.0 平方米	−0.138	−2.61	0.004
	10~15 万元	−0.141	−2.620	0.009		144.1~180.0 平方米	0.189	3.12	0.000

续表

家庭每月夏季电费与虚拟变量的回归检验					家庭每月水费与虚拟变量的回归检验				
自变量说明		家庭每月夏季电费			自变量说明		家庭每月水费		
变量编号	分类特征	回归系数	t 值	P 值	变量编号	分类特征	回归系数	t 值	P 值
ZFMJ	36.0 平方米以下	−0.139	−3.540	0.000	ZFND	1950~1959 年	−0.377	−7.61	0.000
	72.1~108.0 平方米	0.273	4.340	0.000	ZFCQ	公房承租	−0.292	−3.15	0.004
	108.1~144.0 平方米	0.358	4.300	0.000		合同承租	0.260	3.63	0.002
回归方程拟合检验		R^2=0.411 Prob > F=0.000 _cons=4.567 vif=2.16			回归结果拟合检验		R^2=0.485 Prob > F=0.000 _cons=3.378 vif=2.11		

（2）家庭用电费用与行为影响变量的回归检验

在控制家庭特征和住房特征的条件下，以家用电器拥有特征、能耗行为时段和方式、室外温度条件作为自变量，将每月夏季电费和每月冬季电费为因变量进行回归检验。其中家用电器则选取了与降温、采暖相关的特征变量，如夏季采用电风扇、空调等电器降温，冬季采用电暖器、空调等电器采暖。

从回归结果来看（见表 6.18），家庭在夏季降温和冬季采暖的主要方式仍然是采用空调，每月夏季电费以及冬季电费均与家用电器数量显著性正相关。从相关系数来看，空调数量对于夏季电费影响性较强，即家庭每增加一台空调则夏季电费增加 14.0%；电暖器数量对于冬季电费影响性较强，家庭每增加一台电暖器会增加冬季电费 16.2%。

在能耗行为方面与降温时间长短相关性分析结果中，夏季每增加 1 小时电器降温时间则家庭每月电费会增加 3.8%，冬季每增加 1 小时电器取暖时间则家庭每月电费会增加 3.6%。另外，室外温度条件与每月电费显著性相关，夏季室外温度每增加 1℃将会增加电费 1%，冬季室外温度每降低 1℃将会增加家庭整体电费 1.5%。

从上述分析结果来看，家庭用电能耗行为与用电时间和室外温度条件相关性是较为显著的，住户如果为了追求过度舒适性感受而不在主观上对其能耗消费行为时间以及电器数量加以控制，则由于采暖或降温行为所产生的家庭能耗碳排放会与上述变量因素呈线性快速增长。

表 6.18　家庭电费与行为变量的回归检验（Pr=0.05）

夏季电费与电器数量、能耗行为、室外温度的相关性				冬季电费与电器数量、能耗行为、室外温度的相关性			
模型回归的自变量	ln 每月夏季电费			模型回归的自变量	ln 每月冬季电费		
	回归系数	t值	P值		回归系数	t值	P值
家庭拥有电风扇数量	0.052	2.68	0.008	家庭拥有电暖器数量	0.162	10.16	0.000
家庭拥有空调数量	0.145	8.79	0.000	家庭拥有空调数量	0.057	1.97	0.050
夏季每天降温时间	0.038	9.83	0.000	冬季每天采暖时间	0.036	7.27	0.000
降温方式为空调	0.474	7.66	0.000	采暖方式为空调	0.140	3.19	0.000
降温方式为电风扇	−0.106	−2.75	0.006	采暖方式为地暖	−0.057	−0.28	0.780
降温方式为自然通风	0.073	1.77	0.077	采暖方式为电暖器	0.075	1.80	0.072
不需要降温	−0.284	−1.27	0.205	不需要采暖	−0.002	−0.03	0.979
采用电器降温的室外温度	−0.044	−2.21	0.027	采用电器采暖的室外温度	0.058	3.21	0.001
回归方程拟合性显著性检验	R-squared=0.571 Prob > F=0.000 _cons=4.181 vif=1.11			回归方程拟合性显著性检验	R-squared=0.504 Prob > F=0.000 _cons=3.872 vif=1.42		

第七章　住区模式与行为碳排放特征评价

7.1 曹杨新村住区模式特征评价总结

根据本研究之前采用建筑类型学谱系分类法，以“形态类型参数”作为主导分类要素，将曹杨新村的住区划分为八种典型的模式，同时将社会经济、家庭结构、住房使用的模式类型归纳到八类住区空间模式中（见表7.1）。

表 7.1　曹杨新村 54 个小区的住区模式划分列表

模式类型	空间布局模式类型	空间形态模式类型	社会经济模式特征	家庭结构模式特征	住房使用模式特征
模式一		低层行列式	社会模式一	家庭模式一	住房模式一
模式二		多层行列式	社会模式一	家庭模式二	住房模式二
模式三		多层混合式	社会模式一	家庭模式二	住房模式二
模式四		多层围合式	社会模式二	家庭模式三	住房模式三

续表

模式类型	空间布局模式类型	空间形态模式类型	社会经济模式特征	家庭结构模式特征	住房使用模式特征
模式五		小高层行列式	社会模式三	家庭模式三	住房模式四
模式六		小高层围合式	社会模式四	家庭模式三	住房模式四
模式七		高层点式	社会模式一	家庭模式四	住房模式四
模式八		高层独栋式	社会模式二	家庭模式四	住房模式三

7.1.1 八种住区模式特征的分类评价

根据上表不同空间模式类型下所体现的社会空间结构特征，本研究对八种住区模式类型特征加以综合比较和整体特征评价，具体如下：

（1）住区模式一：低层行列式

该模式类型主要体现了社会模式一、家庭模式一、住房模式一的组合构成特征。在居民社会阶层构成方面，年龄、教育和职业类型分别以 51~65 岁年龄区段、初中和高中教育程度、办事人员和商业服务人员为主。在家庭结构方面，家庭规模主要以两口之家、三口之家为主，家庭年收入水平主要集中在 5 万元以下，其次是 5 万 ~10 万元。在住房使用方面，住房建筑使用面积主要集中在 36 平方米以下，其次是 36.1~72 平方米，人均住房面积水平较低，住房建设年代以 20 世纪 50 年代和 80 年代为构成主体，产权类型则以房改房和公房承租为主，且公房承租比例较高，购房来源主要以单位分房为主。

（2）住区模式二：多层行列式

该模式类型主要体现了社会模式一、家庭模式二、住房模式二的组合构成特征。在居民社会阶层构成方面与模式一较为相似。在家庭结构方面，家庭规模三口之家的比例超过40%，家庭年收入水平主要集中在5万~10万元。在住房使用方面，住房建筑使用面积主要集中在36.1~72平方米，其次是36平方米以下，人均住房面积明显高于模式一，住房建设年代以20世纪80年代为主，其次是20世纪90年代，产权类型则以产权房改房和商品房为主，且房改房所占比例较高，购房来源以售后公房和单位分房为主。

（3）住区模式三：多层混合式

该模式类型虽然与住区模式二在社会构成、家庭结构和住房使用特征方面较为相似，但在某些方面也略有不同。如在居民职业构成方面，模式三的商业服务人员比例比模式二略高；在家庭年收入方面，家庭年收入水平在5万~10万的比例要高于模式二；在住房建设年代分布上，20世纪90年代以后的住房分布比例要略高于模式二。

（4）住区模式四：多层围合式

该模式主要体现了社会模式二、家庭模式三、住房模式三的组合构成特征。在居民社会阶层构成方面，年龄、教育和职业类型分别以36~50岁和51~65岁年龄两个区段、高中和本科教育程度、专业技术人员和商业服务人员为主。在家庭结构方面，家庭规模三口之家的比例超过50%，家庭年收入水平主要集中在5万~10万元和10万~15万元两个收入区段。在住房使用方面，住房建筑使用面积主要集中在36.1~72平方米，其次是72~108平方米，人均住房面积明显高于低层行列式、多层行列式，住房建设年代以20世纪80年代为主，比例超过50%，产权类型则以产权房改房和商品房为主且商品房所占比例较高，购房来源则主要以自购二手商品房和单位分房两种方式为主。

（5）住区模式五：小高层行列式

该模式类型主要体现了社会模式三、家庭模式三、住房模式四的组合构成特征。在居民社会阶层构成方面，年龄、教育和职业类型分别以51~65岁、高中和大专教育程度、专业技术人员和办事人员为主。另外，模式五在年龄构成上与模式一、二、三较为相似，职业类型构成又兼有模式四的特点，但居民整体教育程度较模式一、二、三略高，较模式四又略低。在家庭结构方面，与模式四构成较为相似。在住房使用方面虽然也与模式四相似，但在人均住房面积 18~27 平方米区段明显要高于多层围合式，住房建设年代以 20 世纪 90 年代为主，产权类型虽然以商品房为主，购房来源则主要以自购一手房和单位分房两种方式为主。

（6）住区模式六：小高层围合式

该模式类型主要体现了社会模式四、家庭模式三、住房模式四的组合构成特征。模式六与模式五在社会阶层构成最大的区别是居民职业类型构成，模式六中居民职业构成主要由国家机关、企业事业负责人和商业服务人员组成，且在所有模式类型中，其国家机关、企业事业负责人的分布比例也是最高的。在住房使用方面，该模式虽然也以商品房为主，但购房来源则主要来自于市场供给，这也说明了模式六的住房商品化程度要高于模式五。

（7）住区模式七：高层点式

该模式类型主要体现了社会模式一、家庭模式四、住房模式四的组合构成特征。在居民社会阶层构成方面与低层行列式、多层行列式、多层混合式较为相似。在家庭收入方面，主要集中在 5 万—10 万元区段，且比例超过 60%，但收入水平分异性较大。在住房使用方面，住房建设年代以 20 世纪 80 年代和 90 年代为主，且主要以商品房为主要产权类型。

（8）住区模式八：高层独栋式

该模式类型主要体现了社会模式二、家庭模式四、住房模式三的组合构成特征。在居民社会阶层构成方面与模式四较为相似。在家庭结构方面，两口之家比例要高于三口之家比例，家庭收入区段集中在 5 万—10 万元区段更为明显。在住房使用方面，住房建设年代以 20 世纪 80 年为主，且主要以独立产权房改房和公房承租为主要产权类型，售后公房比例超过 50%。

7.1.2 八种住区模式特征的概括总结

通过对八种住区模式类型的社会空间特征进行综合比较可以看出，随着住房形态从低层、多层向高层的转变，社会模式中的教育程度和职业类型分化差异性逐渐加大，而家庭模式中的家庭收入水平则体现了空间消费区隔化的区段特征，住房模式中的住房使用面积则与建设年代、产权类型密切关联。同时，各种住区模式的社会空间结构还具有类型叠加后的差异性特征，如住区模式一与模式二、模式三、模式七虽然在社会阶层构成上较为一致，但在家庭模式和住房模式上则出现区段分化和空间分异；而住区模式五、模式六、模式七虽然在住房特征方面较为相似，但在社会模式和家庭模式方面却具有很大的差异性。因此，住区空间模式类型既是个体、家庭和住房因素的多样化组合表现，同时也是社会结构要素重组后对住区模式类型的空间能耗行为影响的机制所在。

在曹杨新村调查样本中，住区空间模式不但延续了城市原有的空间肌理和密度类型，同时还物化区隔了城市住区中居民的社会模式特征。通过对这种空间形态背后的社会经济结构的构成模式分析，将有助于对城市住区模式特征下的居民能耗行为加以研究。在结合前文回归模型分析结论的基础上，将住区能耗碳排放的影响因子与住区模式特征加以空间关联，并由此进一步探讨住区模式与交通出行、家庭直接能耗碳排放之间的相关性。

7.2 住区模式下的交通出行碳排放特征评价

7.2.1 住区交通出行能耗的碳排放估算

目前，测算居民出行碳排放的方法主要有模型法与系数法。系数法在相关研究中的运用较为成熟。使用系数法测度出行碳排放包括燃油类型法和出行方式法。燃油类型法主要根据不同交通方式所消耗的燃料消费量及 IPCC 指南手册的燃料碳排放系数测算出行碳排放，其计算结果相对准确，但不同交通方式的燃料数据难以获取，且计算结果仅能反映交通直接碳排放，忽略了燃料生产过程中的间接碳排放。

出行方式法利用居民不同交通方式的出行距离和碳排放系数来计算居民出行碳排放。不同交通方式的碳排放系数主要来源于国际权威研究机构使用模型计算得到。出行方式法的可操作性强，计算相对简便，在出行碳排放的相关研究中也得到了实证检验。每种交通方式所使用的燃料类型及其数量在实际操作中难以准确获取，因此本研究采用系数法中的出行方式法测算居民通勤出行碳排放量。居民单天通勤出行行为碳排放量的计算公式为：

$$Tn = \sum Di \times Ki$$

式中：Tn 为居民单天通勤出行碳排放总量（千克）；i 为某种交通出行方式；Di 为使用交通方式 i 出行的总距离（km）；Ki 为交通出行方式 i 单位距离的碳排放强度（g/ 人・千米）。

7.2.2 曹杨新村住区交通出行碳排放估算

（1）曹杨新村交通出行能耗碳排放估算方法

从住区层面对居民交通出行进行碳排放估算，必须要将出行作为基本单元来看待，并分别针对不同小区居民的通勤交通出行和日常休闲活动出行加以分别统计。在计算公式方面，本书的第二章的式 2.4、式 2.5 及式 2.6 对于交通出行碳排放估算已给出具体方法，同时本研究还认为估算的意义就在于通勤出行和日常休闲出行所产生的碳排放差异性是不同的，就工作出行活动而言其具有相对稳定性和规律性，但休闲交通出行活动则往往会由于居民个体之间的社会经济差异特征而产生多样性的变化。

从交通出行碳排放边界来看，由于居民在住区内部的日常活动多以步行和自行车为主，产生碳排放的出行行为主要在住区外部即城市结构层面，这也为住区尺度上的碳排放操作边界的锁定带来了困扰。从国内已有研究成果来看，大部分有关交通出行碳排放的测算都是从宏观层面进行整体估算，并与土地利用混合度、人口密度、就业密度等因素进行相关性研究的。另外，由于选取研究对象的空间尺度差异，所需要选取的交通出行碳排放的影响因素是完全不同的。因此，基于模式区段条件下的交通出行碳排放估算边界划定，本质上是为了检验模式指标与碳排放水平之间的分布规律和作用关系，进而将居民交通出行行为产生的碳排放与住区模式的区隔化社会特征建立逻辑解释关系。

基于调查样本数量以及数据精确度，在交通出行碳排放估算方面分成通勤交通出行碳排放和休闲交通出行碳排放两大类。其中，通勤出行碳排放估算方法根据通勤交通出行方式的选择以及出行频次（按每周 5 次计）乘以出行距离，并根据不同交通方式的碳排放因子转化成住区通勤交通出行的总碳排放量；休闲交通出行则根据去商业购物休闲、大型超市、美术馆、博物馆以及体育活动场馆选择的交通出行方式以及年出行频次、出行时间来转化成休闲交通出行的总碳排放量。再将上述两类不同的交通出行目的碳排放总量加以求和，由此得出交通出行的总碳排放量、人均碳排放量。另外，与家庭能耗碳排放不同的是，交通出行碳排放的边界是在住区之外的，如果将其碳排放总量直接与模式区段加以相关性研究，会造成外部碳排效应内在化的问题，因此对于交通出行碳排放的相关性研究选取人均碳排放量作为评价因子会更加科学合理。

（2）曹杨新村交通出行能耗碳排放计算

根据选定的测算方法和调查问卷，可以测算出 54 个住区交通出行人均碳排放量和总的碳排放量的数据，详见附录 B、C。

本文研究的交通出行包括通勤交通出行和休闲交通出行两类，样本总平均交通出行人均碳排放量为 1216.4 千克 / 人，其中样本总平均通勤交通出行人均碳排放量为 1020.28 千克 / 人，样本总平均休闲交通出行人均碳排放量为 196.14 千克 / 人，可见曹杨新村住区居民的通勤交通出行人均碳排放量大于休闲交通出行人均碳排放量，其是交通出行人均碳排放量的主要来源。

由图 7.1 住区交通出行人均碳排放量的分布图可知，虽然曹杨新村 54 个小区的交通出行人均碳排放量在社区尺度上存在较大的分异，但从总体上而言，54 个住区的交通出行人均碳排量比较集中。以总平均交通出行人均碳排放量增减 20% 为分界线，划分为三个交通出行人均碳排放量区段，可以发现，曹杨新村的 54 个住区交通出行碳排量较为集中，其中 56% 的住区的交通出行人均碳排放量位于中间区段（1216.4-20% 千克 / 人，1216.4+20% 千

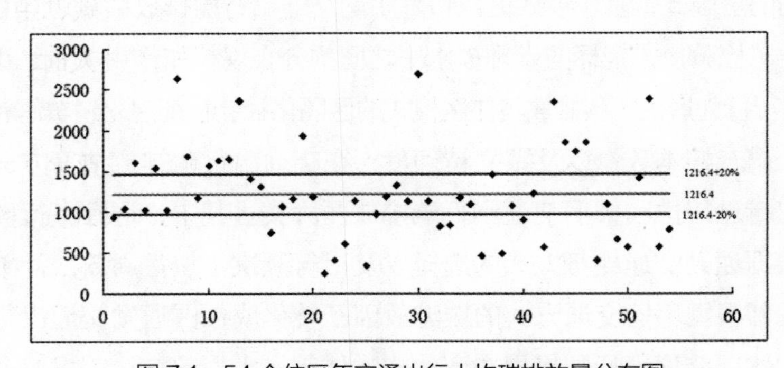

图 7.1　54 个住区年交通出行人均碳排放量分布图

克 / 人），27.8% 的住区的交通出行人均碳排放量分布于上部区段（>1216.4+20% 千克 / 人），而 16.7% 的住区的交通出行人均碳排量位于下部区段（<1216.4-20% 千克 / 人）。

由交通出行人均碳排放值柱状图可知（见图 7.2）：比较 54 个住区中通勤交通出行人均碳排放量，可以看出兰岭园—北、梅岭园、芙蓉园住区的居民通勤交通出行具有高碳出行的特点，碳排放量较高，有些小区甚至超过了 2000 千克 / 人；而桂巷新村、中关村公寓、北枫桥苑等住区则反之。

由休闲交通出行人均碳排放量的分析可知，桐柏园、兰花园、杏园西住区的居民休闲交通出行具有高碳出行的特点，碳排放量较高，甚至超过了 400千克/人;而东元大楼、君悦苑、常高公寓、香山苑、桂花园住区则反之。

由交通出行人均碳排放量的分析可知，曹杨新村交通出行产生的人均碳排放均值差异性较大。相比较之下，桐柏园、芙蓉园、兰花园、梅岭苑、兰岭园—北等住区的居民具有高碳出行的特点，交通出行碳排放量较高，甚至超过了 2300 克 / 人；而北岭园—西、北岭园—南、北杨园、沙溪园等处于中碳特征水平（1500~2000 千克 / 人）；而君悦苑、梅岭园、梅花园、北枫桥苑、中关村公寓、桂巷新村等社区居民具有低碳出行的特点，交通出行碳排放量甚至低于 500 千克 / 人。其他住区的碳排放量相对较低，属于低碳特征水平。

综上所述，从调查样本的 54 个住区的年通勤交通出行、年休闲交通出行和年总交通出行的人均碳排放差异性变化来看，通勤交通出行碳排放曲线的变化程度要小于休闲交通出行碳排放曲线变化。但当上述二者叠加之后，总交通出行碳排放的高低柱状图变化能够较为清楚地反映出高碳、中碳和低碳的区段化分布规律。特别是当人均碳排放量大于 2000 千克 / 人时，其既有以通勤交通出行碳排放为主导的工人新村住区，如兰岭园—北、芙蓉园，也有以休闲交通出行碳排放为主导的商品化住区，如桐柏园、兰花园。当总交通出行的人均总碳排放量小于 1000 千克 / 人时，与住区空间模式分类分布图加以比较可以发现，其主要与轨道交通站点密切相关，如君悦苑、中关村公寓等，其反而与住房建设年代、产权状况等因素相关性不强。

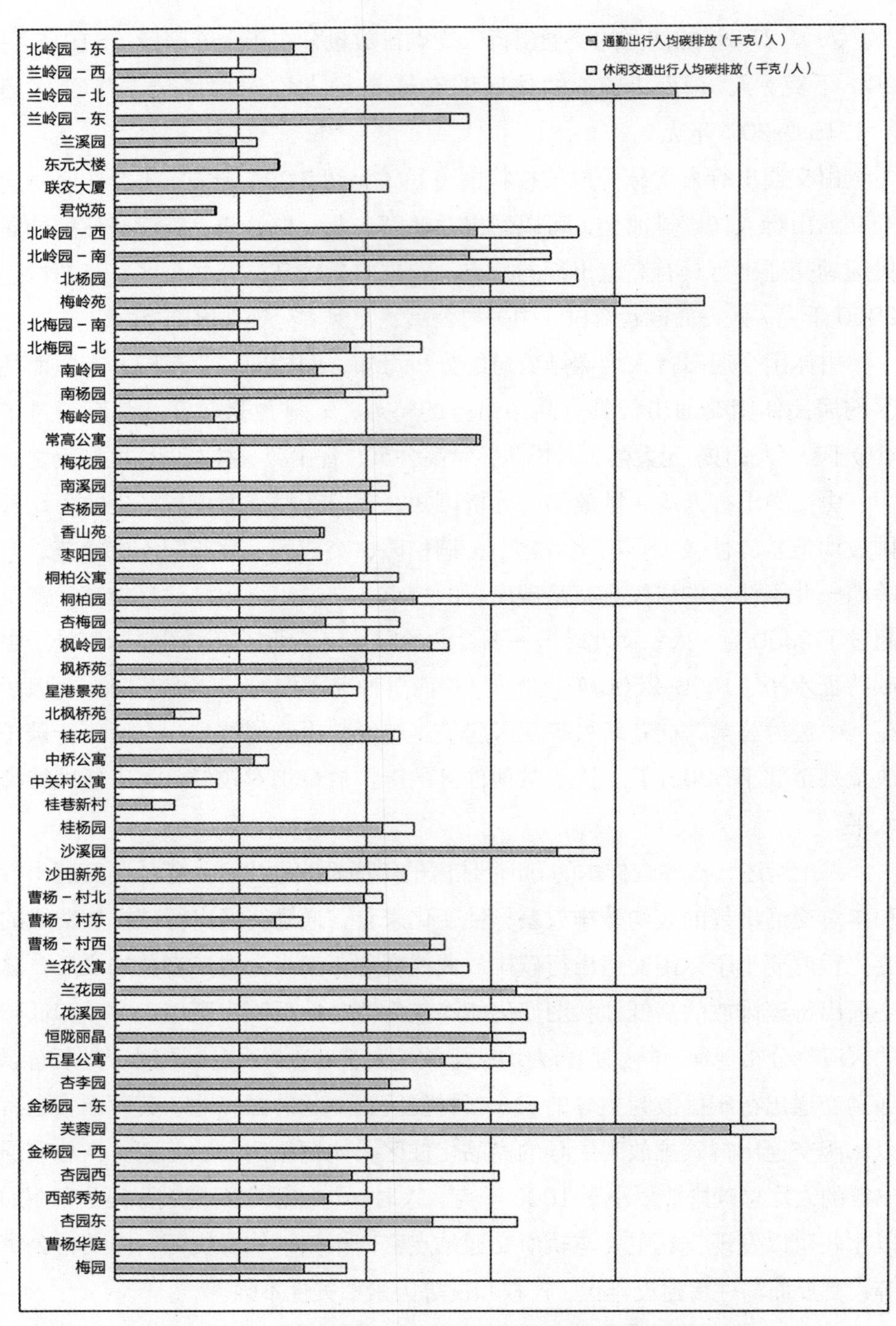

图 7.2　54 个住区交通出行人均碳排放量和总碳排放量分布图

7.2.3 住区模式与交通出行碳排放强度

（1）住区模式的交通出行碳排放特征

不同的住区模式，涵盖着居住其间的人们的属性特点、不同生活活动结构乃至不同的生活方式。将 54 个住区的交通出行碳排放特征归入八类住区模式进行均值分布、分级分布和洛伦兹曲线分析，其结论分别如下：

第一，总交通出行人均碳排放均值分布特征。

将 54 个住区归入八个住区模式，计算出八个住区模式的交通出行人均碳排放量和交通出行总碳排放量的均值，见表 7.2。

表 7.2　曹杨新村八个住区模式的交通出行碳排放量统计

类型	空间模式	年通勤出行人均碳排放量（千克 / 人）	年休闲出行人均碳排放量（千克 / 人）	年交通出行人均碳排放量（千克 / 人）	住区交通出行总碳排放量（吨）
模式一	低层行列式	959.66	113.02	1,072.68	1175.28
模式二	多层行列式	1110.37	122.06	1232.43	1340.74
模式三	多层混合式	1090.48	171.66	1262.14	1448.19
模式四	多层围合式	1248.31	346.78	1495.09	1338.63
模式五	小高层行列式	979.05	223.66	1202.71	1046.85
模式六	小高层围合式	961.54	212.92	1174.46	1006.70
模式七	高层点式	1221.94	223.32	1345.26	2102.13
模式八	高层独栋式	914.71	290.65	1205.36	1183.48

从曹杨新村八个住区模式的交通出行人均碳排放量的柱状图可知（见图 7.3），住区模式四的交通出行人均碳排放量（包括通勤出行人均碳排放量和休闲交通出行人均碳排放量）为首，该种住区模式的居民具有高碳出行的特点；住区模式二、模式三、模式七的交通出行人均碳排放量比较一致，此三种住区模式的居民具有中碳出行的特点，而住区模式一、模式五、模式六和模式八的交通出行人均碳排放量最低，此住区模式下的居民属于低碳出行。另外需要指出，从整体来看，曹杨新村不同住区模式类型下的交通出行中碳

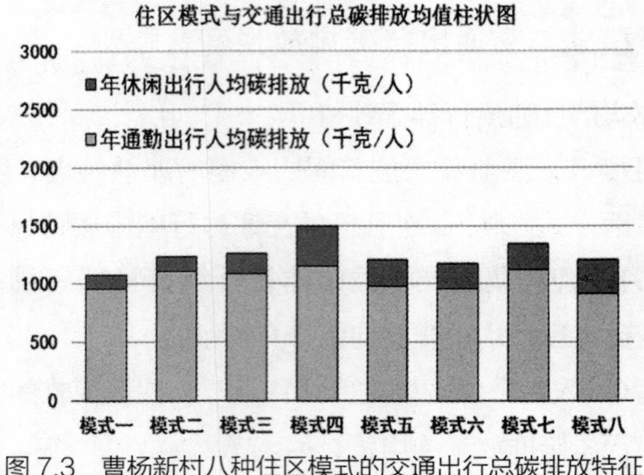

图 7.3　曹杨新村八种住区模式的交通出行总碳排放特征

和低碳差异性并不大，且具有同质性分布规律。

第二，通勤出行人均碳排放量均值分布特征。

从曹杨新村八个住区模式通勤交通出行的人均碳排放均值柱状图分析可知（见图 7.4），从整体来看，八种住区模式的均值柱状图差异性并不大。相比较来看，住区模式四和模式七通勤出行人均碳排放均值具有高碳出行特点；模式二和模式三的通勤出行人均碳排放均值比较一致，这两种住区模式居民的通勤出行具有中碳出行的特点；而住区模式一、模式五、模式六以及模式八的通勤出行人均碳排放均值相对较低，可见此四种住区模式下的居民通勤出行具有低碳出行特征。

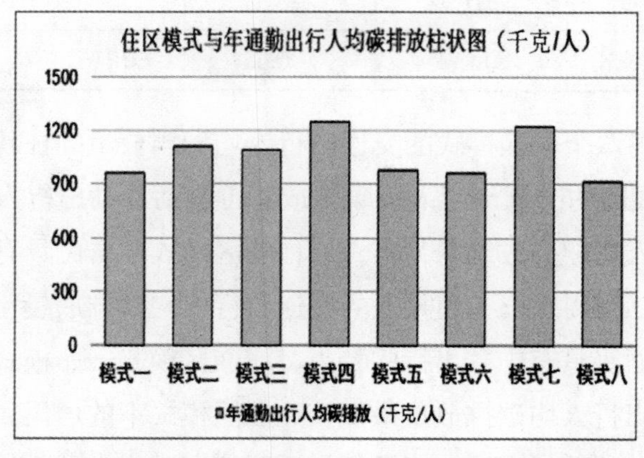

图 7.4　曹杨新村八种住区模式的通勤出行碳排放均值分布图

结合前文对通勤交通出行方式的非集计模型回归分析结果，交通出行时间以及距离对通勤交通方式选择具有显著性作用，这说明在曹杨新村，通勤出行人均碳排放均与其交通区位条件和城市空间结构条件密切相关。在外部参数检验回归中，出行主体主要是以公共交通、自行车和步行为主，这说明曹杨新村本身空间区位以及土地利用混合性对于减少通勤出行距离是具有显著性作用的。另外，从调查样本的个体社会经济特征来看，居民的年龄、教育、职业等特征变量对日常通勤工作出行交通方式选择的影响作用并不突出。虽然个人月收入增加对于通勤出行机动化概率具有影响作用，但经济收入对于私家车出行概率增加是具有边界条件约束的（月收入水平大于12000 元）。

因此，八种住区模式的通勤出行人均碳排放高低分布主要与不同模式下居民的通勤交通出行结构相关。以模式类型与通勤出行距离和个人月收入状况相关性均值为例（见图 7.5、图 7.6），从八种住区模式所对应变量的均值来看，模式四无论是通勤出行距离还是个人月收入状况都是最高的，同时上述两个变量均值曲线分布规律与通勤出行人均碳排放柱状图的变化趋势也是较为相似的。由此不难得出，职住平衡对于通勤交通碳排放的显著性影响作用，而对于模式类型的碳排放特征则应置于城市空间结构语境下加以讨论，但值得深思的是，工人新村以及传统单位化的住区模式对于职住接近和功能平衡是具有低碳化发展借鉴意义的。

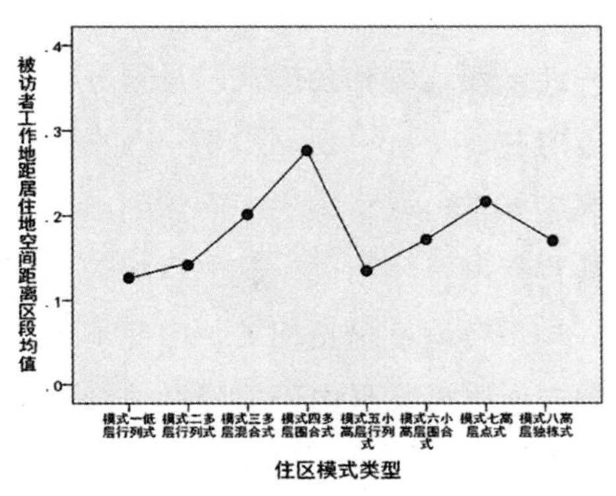

图 7.5　曹杨新村八种住区模式通勤出行距离均值图

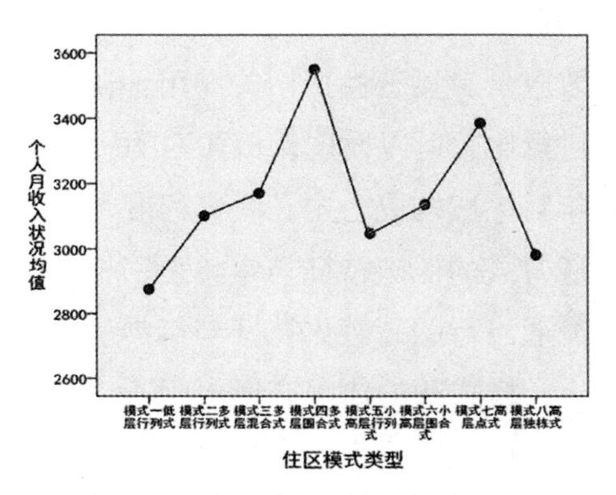

图 7.6　曹杨新村八种住区模式个人月收入均值图

第三，休闲出行人均碳排放量均值分布特征。

从曹杨新村八个住区模式的休闲出行人均碳排放量均值柱状图分析可知（见图 7.7），住区模式四和模式八休闲出行人均碳排放量均值最大，这两种住区模式居民的休闲出行具有高碳出行的特点；模式五、模式六和模式七的休闲出行人均碳排放量的均值比较一致，此三种住区模式居民的休闲出行具有中碳出行的特点；而住区模式一、模式二和模式三的休闲出行人均碳排放量均值最低，可见此三种住区模式下的居民休闲出行属于低碳出行。

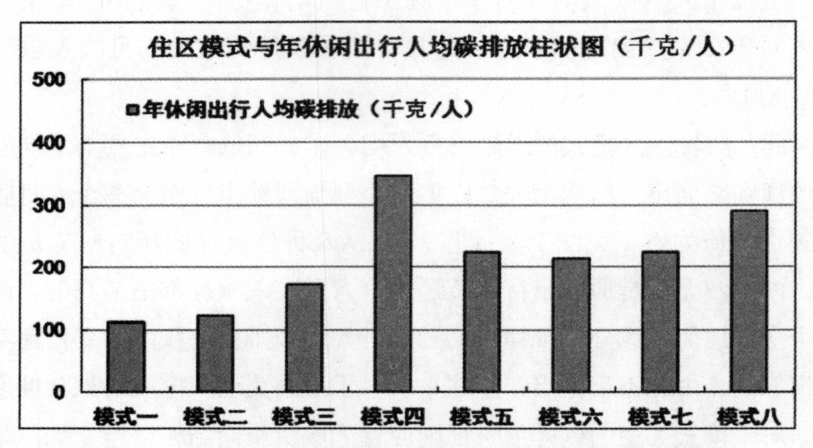

图 7.7　曹杨新村八种住区模式的休闲出行碳排放均值分布图

根据前文有关影响休闲交通出行的 SEM 结构方程模型分析结果可知，居民个体的受教育程度、年龄特征以及就业状况对休闲交通出行方式的低碳效应具有显著性正相关作用。通过对八种住区模式的社会模式以及家庭模式进行比较可以发现，模式四的居民年龄结构主要以 36~50 岁和 51~65 岁两个年龄区段构成为主，教育程度则主要以高中和本科教育为主。而休闲出行交通方式的低碳特征与年龄呈正相关，与教育程度呈负相关，这也意味着休闲交通出行的高碳化特征与年龄呈负相关，与教育程度呈正相关。由此不难得出，模式四的休闲交通出行人均碳排放值之所以最高是由于居民社会经济结构特征造成的。模式八中的家庭模式变量中，家庭年收入在 5 万 ~10 万区段的家庭构成比例是最高的，而家庭收入水平与休闲出行交通方式的低碳特征呈显著性负相关，即意味着与高碳化呈正相关，因此该模式的休闲交通出行人均碳排放均值仅次于模式四。

综上所述，住区模式的休闲交通出行碳排放特征与模式类型下的居民个体社会经济特征或家庭结构特征密切相关，模式类型所表现出来的休闲交通出行碳排放高低差异性，正是由于其模式内部的社会区隔化结构以及主体构成比例多少造成的，尤其是多层围合式以及高层独栋式兼有商品住房和政策住房的双重性质，使得该住区模式中的住房阶层分层机制尤为复杂，而由此产生对于日常休闲交通出行的影响作用也比其他模式会更具有显著性，并使得上述两种模式的居民交通出行碳排放整体显示出“高碳”特征。

（2）住区模式的人均碳排放量分级分布特征

其一，通勤出行的人均碳排放量分级特征。

结合曹杨新村通勤出行人均碳排放量柱状图分布，将通勤出行人均碳排放量分等定级为:高碳排放（$C > 6000$ 克）、中碳排放（3000 克 $< C \leqslant 6000$ 克）、低碳排放（$0 < C \leqslant 3000$ 克）。曹杨新村八个住区模式的通勤出行人均碳排放量分级分布图如下（见图 7.8）。

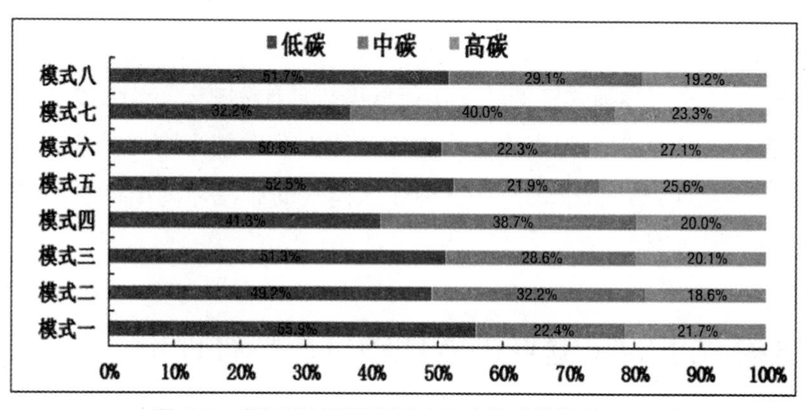

图 7.8　曹杨新村居民通勤出行人均碳排放量分级分布

比较曹杨新村八个住区模式的通勤出行人均碳排放量分级分布结构，可以发现：模式四和模式七的通勤出行高碳和中碳排放比例较高，高碳与中碳累计总和分别为 58.7% 和 63.3%，而通勤出行低碳排放比例较低，分别为 32.2% 和 41.3%，通勤出行总体呈现高碳排放趋势。

模式二和模式三的通勤出行中碳排放比例较高，分别为 32.3% 和 28.6%，特别是模式三，通勤出行低碳排放比例达到 51.3%，该两种住区模式的居民通勤出行总体呈现中碳排放趋势。

而模式一、模式五、模式六和模式八的通勤出行的低碳比例均超过了 50%，分别为 55.9%、52.5%、50.6% 和 51.7%，特别是模式一，通勤出行低碳排放比例达到 55.9%，这四种住区模式类型的通勤出行总体呈现低碳排的趋势。

其二，休闲出行的人均碳排放量分级特征。

根据均值和标准差，参考曹杨新村休闲出行人均碳排放量柱状图的密度，将休闲出行人均碳排放量分等定级为：高碳排放（$C > 800$ 克）、中碳排放（400 克 $< C \leqslant 800$ 克）、低碳排放（$0 < C \leqslant 400$ 克）。曹杨新村八个住区模式的休闲出行人均碳排放量分级如下：

模式四和模式八的休闲出行高碳排放比例较低，分别为 24.6% 和 22.4%，可见，该两种住区模式的居民休闲出行总体呈现高碳排放趋势。

而模式五、模式六和模式七的休闲出行中碳排放比例适中，分别为 23.1%、24.0%、22.6%，属于八种模式的平均水平，休闲出行总体呈现中碳排放趋势。

模式一、模式二和模式三的休闲出行低碳排放比例较高，分别为 71.1%、65.7%、67.5%，而休闲出行高碳和中碳排放比例分布较为均匀，累计百分比分别为 28.9%、34.3%、32.5%，这三种住区模式的居民休闲出行总体呈现低碳排放趋势。

7.3 住区模式下的家庭直接能耗碳排放特征评价

7.3.1 住区家庭直接能耗的碳排放估算

家庭能耗调查法是指通过搜集千份以上家庭能源消耗、物质消耗以及交通出行方面的数据，利用碳排放系数定量评估家庭碳排放特征和影响因素。由于能耗是家庭碳排放的主体，所以更多研究集中在家庭能耗碳排放特征方面。在本次研究中我们将问卷的电费（夏季和冬季）、水费、煤气费作为家庭能耗碳排放估算的原始数据，上述不同类型的能耗消费代表着家庭日常生活中照明、取暖、降温、炊事等相关活动所需要的能耗结构类型。在住区碳排放估算方面，结合国内相关文献对家庭直接能耗类型的碳排放系数转换数据（见表 7.3）和上海水、电、煤气费的标准价格，根据样本特征对住区整体层面的家庭每月能耗费用加以碳排放估算。

表 7.3　家庭主要生活能耗类型的碳排放转换系数

计算项	能耗单位	碳排放系数	引用来源	碳排放单位
用电	度 / 每月	0.96	中国科技部	$KgCO_2$ / 度
用水	吨 / 每月	0.3	中国科技部	$KgCO_2$ / 吨
用煤气	立方米 / 每月	2.16	中国能源管理网	$KgCO_2$ / 立方米

资料来源：杨选梅，葛幼松，曾红鹰 . 基于个体消费行为的家庭碳排放研究 [J] . 中国人口 · 资源与环境，2010，20（5）：35-40.

同时，家庭能耗、住区物质模式形态以及碳排放特征三者之间相关性研究需要明确以下三个研究重点：首先，考察住区碳排放特征需要锁定空间研究边界，住区内部家庭直接能耗碳排放的影响因素以及模型的选择应当能够解释因果途径和交互作用关系；其次，统计单元所对应的密度指标会随着空间尺度不断变小而趋向离散化特征，与此同时，家庭能耗所产生的碳排放空间分布也会随之产生多样性变化；最后，对于家庭能耗碳排放与密度形态的相关性研究步骤，应先通过统计数据建立基于家庭直接能耗消费特征的回归方程，并对其显著性效果加以因果机制解释，并提取出对家庭能耗碳排放影响作用较强的权重因子。

7.3.2 曹杨新村住区家庭直接能耗碳排放特征

（1）曹杨新村家庭直接能耗碳排放估算方法

通过上述家庭直接能耗的碳排放估算方法，最终生成了基于家庭直接能耗行为特征下的住区碳排放量（附录 C）。为了便于进一步观察物质模式与人均能耗碳排放之间的空间对应关系，还需要明确人均碳排放、碳排放总量以及碳排放强度三个概念。住区碳排放计算本身并不涉及“强度”这一概念，但从评价角度来看则必须探讨由于住区发展模式不同所产生的 CO_2 排放差异性以及由此对环境影响程度的高低。“碳排放强度”这一概念最早源于低碳经济研究领域，其定义是指“单位国内生产总值碳排放总量”。本研究认为，既然强度是基于标准单位下的描述性指标，那么可以从空间、时间、人口规模等诸多维度对碳排放加以测度。因此，本研究采用了碳排放量/人作为住区居民能耗行为的碳排放测度指标，具体方法是将54个住区调查样本中的每个家庭直接能耗消费折算成碳排放总量，然后以小区为单位比上被调查家庭人口累计求和数，由此得出54个住区能耗的碳排放强度值（人均碳排放值，千克/人）。

（2）曹杨新村家庭直接能耗碳排放计算

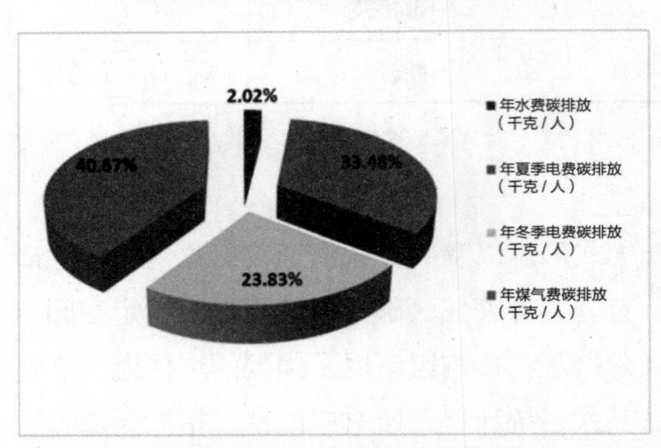

图7.9　住区家庭直接能耗碳排放量构成比例

根据选定的测算方法和调查问卷，可以测算出54个住区以水、电、煤气为能源的家庭能耗人均碳排放量，从家庭直接能耗碳排放总量构成比例饼状图来看（见图7.9），百分比例排序分别是家庭年煤气碳排放（40.67%）>夏季电费碳排放（33.48%）>冬季电费碳排放（23.83%）>年水费碳排放（2.02%）。整体来看，家庭电费产生的碳排放量水平是最高的，因此对于上海曹杨新村居民而言，电和煤气能耗使用是家庭能耗碳排放量的主要来源之一。

从调查样本中各种家庭直接能耗费用的分布特征来看，样本中总平均家庭能耗人均碳排放量为1509.83千克/人，样本中总平均用水、用电、用煤气的能耗碳排放量分别为：30.50千克/人、865.34千克/人、613.99千克/人。进一步比较54个住区不同能耗的人均碳排放量（见图7.10），可以发现，用电能耗碳排放量最高的是沙田新苑，其次为花溪园、曹杨一村东、北岭园西、恒陇丽晶；用煤气能耗碳排放量最高的是梅花园。从54个住区家庭能耗人均碳排放值柱状图来看，曹杨新村家庭能耗产生的人均碳排放均值差异性不大。相比较之下，曹阳一村东、沙田新苑、花溪园、恒陇丽晶、北岭园西、沙溪园等住区的居民具有家庭能耗高碳的特点；而兰岭园东、兰岭园北、

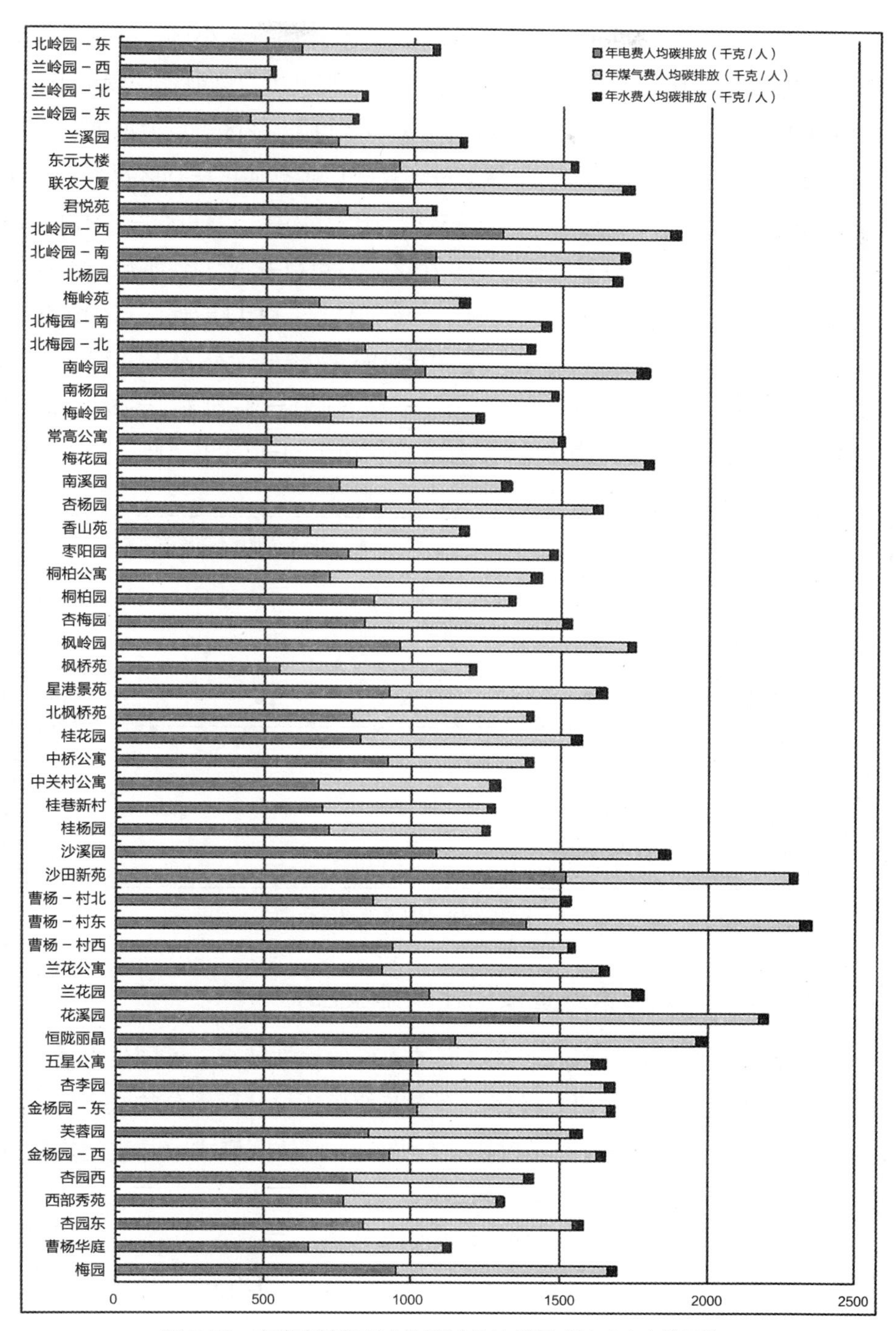

图 7.10　家庭直接能耗人均碳排放柱状图（N=54 个住区）

兰岭园西等住区的居民具有家庭能耗低碳的特点；而剩余小区，特别是常高公寓、南杨园、枣阳园、曹阳一村西、杏梅园等则处于家庭能耗中碳水平。

从家庭能耗人均碳排放分布图来看（见图 7.11），住区平均家庭能耗人均碳排放量为 1509.83 千克／人，虽然家庭能耗人均碳排放量在社区尺度上有较大的分异，但总体上，住区的家庭能耗碳排量比较集中。以住区平均家庭能耗人均碳排量的 ±20% 为分界线划分为三个区段，可以发现，曹杨新村的 54 个住区交通出行碳排量较为集中，其中 77.8% 的住区的家庭能耗人均碳排量位于中间区段（1509.83-20% 千克／人，1509.83+20% 千克／人），11.1% 的住区的家庭能耗人均碳排放量分布于上部区段（>1509.83+20% 千克／人），而 11.1% 的住区的家庭能耗人均碳排量位于下部区段（<1509.83-20% 千克／人）。

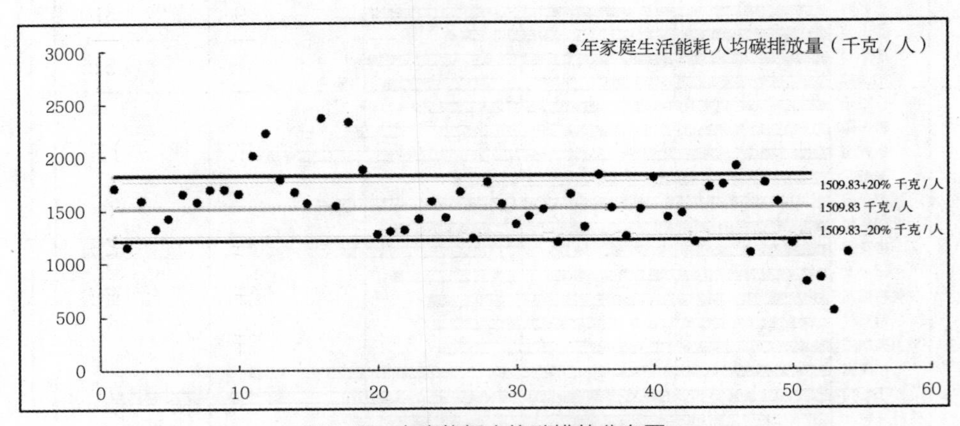

图 7.11　家庭能耗人均碳排放分布图

7.3.3 住区模式与家庭直接能耗碳排放强度

不同的住区模式，涵盖着居住其间的人们的属性特点、不同生活活动结构乃至不同生活方式。本研究按照前面章节曹杨新村住区划分的八个典型的模式，将 54 个住区的家庭能耗碳排放量归入八类住区模式中并进行均值分布、分级特征分析，具体分析结论如下：

（1）家庭能耗人均碳排放量均值分布

将 54 个住区归入八个住区模式，可以得出八个住区模式的家庭能耗人均碳排放量和家庭能耗碳排放总量，见表 7.4。

表 7.4　曹杨新村八个住区模式下的家庭能耗碳排放均值

类型	空间模式	年水费人均碳排放（千克 / 人）	年电费人均碳排放（千克 / 人）	年煤气费人均碳排放（千克 / 人）	年家庭能耗人均碳排放（千克 / 人）	家庭能耗碳排放总量（吨）
模式一	低层行列式	31.94	500.82	311.51	812.33	626.49
模式二	多层行列式	33.97	602.12	442.35	1,044.47	687.77
模式三	多层混合式	30.19	450.85	338.47	789.32	612.39
模式四	多层围合式	29.83	449.53	318.51	768.04	612.28
模式五	小高层行列式	29.40	488.29	308.97	797.26	742.76
模式六	小高层围合式	31.72	506.72	396.77	903.50	561.90
模式七	高层点式	29.10	584.85	364.97	949.82	510.19
模式八	高层独栋式	28.80	413.99	341.87	784.66	549.87

从曹杨新村八个住区模式的家庭能耗人均碳排放量的柱状图分析可知（见图 7.12），住区模式二的家庭能耗人均碳排放量（包括水费、电费、燃气费人均碳排放量）为首（大于 1000 千克 / 人），该住区模式的居民家庭具有高碳能耗中碳能耗的特点；住区模式六、模式七的家庭能耗人均碳排放量大于 800 千克 / 人，该两种住区模式的居民家庭具有中碳能耗的特点；而住区模式一、模式三、模式四、模式五以及模式八的家庭能耗人均碳排放量低于 800 千克 / 人，此五种住区模式下的居民家庭直接能耗体现出低碳特征，且人均家庭能耗碳排放值具有较强的同质性。

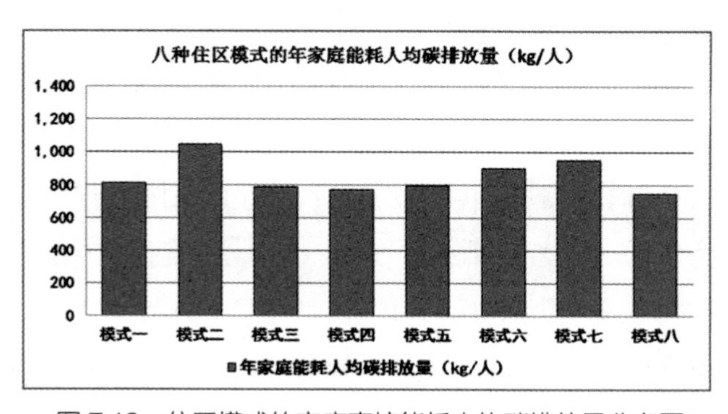

图 7.12　住区模式的家庭直接能耗人均碳排放量分布图

从八种住区模式的家庭能耗年碳排放量的柱状分析图来看（见图 7.13），模式五的家庭直接能耗碳排放总量是最高的，而模式一、模式二、模式三、模式四的家庭直接能耗碳排放则呈现中碳特征，模式六、模式七和模式八的家庭能耗碳排放总量低于 600 吨 / 年，这三种住区模式体现出低碳特征。从不同住区模式的家庭能耗碳排放总量来看，除模式二、模式六、模式七的中高碳排特征较为明显外，其他住区模式的碳排放总量是比较均质化的。

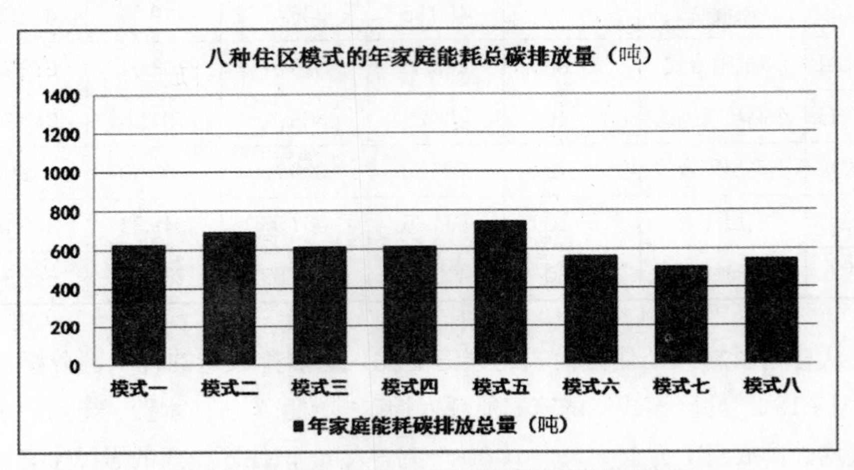

图 7.13　住区模式的家庭直接能耗年排放总量分布图

根据前文对家庭能耗消费的多元线性回归分析结果，在家庭组织特征和住房使用特征变量中，家庭人数、住房建筑使用面积和家庭年收入三个因子对生活能耗消费影响作用较为显著且均呈正相关性，从回归系数大小来看，影响作用强弱排序依次为：家庭人数 > 住房建筑使用面积 > 家庭年收入。

为了较为清楚地观察不同家庭、住房变量对于住区模式家庭人均碳排放的影响作用以及正负相关系，本研究选取具有高碳特征的模式二和具有低碳特征的模式八进行家庭、住房特征的横向比较。首先，住区模式二中家庭规模三口之家的比例为 42.1%，而模式八却只有 31.0%，同时三口之家以上的家庭比例模式二为 22%，而模式八只有 12%，由此不难得出住区模式二的家庭直接能耗人均碳排放高与其家庭人口规模是密切相关的。其次，我们将住房使用面积进一步加以比较，住房模式二和模式八的住房建筑使用面积区段虽然都集中在 36 平方米以下和 36~72 平方米两个面积区段，但模式二在 36 平方米以下建筑使用面积区段的百分比为 38.5% 并远远小于模式八的 53.3%，且当建筑使用面积大于 72 平方米时模式二的累计百分比为 13.6%，但模式八却几乎为零。最后，对家庭年收入水平进行比较可以发现，模式二的家庭经济收入水平（家庭年收入均值 26602 元）比模式八（家庭年收入均值 28032 万）略低，但模式二与模式八家庭年收入水平在 10 万元以上的比例却相差无几。综合以上三个不同家庭能耗消费影响因子的比较可以得出，住区模式中家庭能耗碳排放的高碳特征本质上是由于家庭规模、家庭收入水平等影响因子数值结构造成的，不同影响因子对于住区家庭能耗碳排放的影响作用既是叠加的也是具有权重性的，其较为复杂的交互性作用造成了家庭能耗碳排放的差异性特征。

（2）家庭能耗人均碳排放量分级分布特征

根据均值和标准差，参考曹杨新村家庭能耗人均碳排放量柱状图的密度，将家庭能耗人均碳排放量分等定级为：高碳排放（C > 6000 克）、中碳排放（3000 克 < C ≤ 6000 克）、低碳排放（0 < C ≤ 3000 克）。曹杨新村八个住区模式的家庭能耗人均碳排放量分级分布图如下（见图 7.14）：

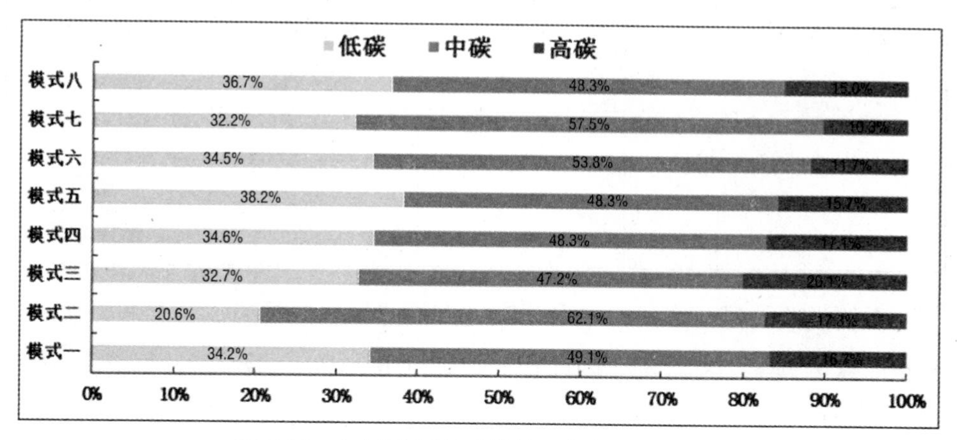

图 7.14　家庭能耗人均碳排放量模式分级分布图

比较曹杨新村八个住区模式的家庭能耗人均碳排放量分级分布结构，可以发现：模式二的家庭能耗中碳及高碳排放比例较高，分别为 62.1% 和 17.3%，而家庭能耗低碳排放比例较低，仅为 20.6%，家庭能耗总体呈现高碳排放趋势；模式六和模式七的家庭能耗中碳排放比例较高且较为一致，分别为 53.8% 和 57.5%，该两种住区模式的居民家庭能耗总体呈现中碳排放趋势；而模式一、模式三、模式四、模式五的家庭能耗低碳排放比例适中，分别为 34.2%、32.7%、34.6%、38.2%，该比例分布基本位于模式的平均水平，且家庭能耗总体呈现低碳排放趋势。

（3）家庭能耗人均碳排放量分级特征总结

从家庭能耗人均碳排放分级特征来看（见表 7.5），住区模式二相比较于其他住区模式具有高碳特征，该模式中家庭规模在三口之家以上的比例较高，家庭年收入主要在 5 万 ~10 万区段，且住房面积主要集中在 36.1~72.0 平方米区段，住房产权以独立产权商品房和房改房为主。住区模式六和模式七家庭直接能耗人均碳排放具有中碳特征，这两种模式虽然在家庭模式中的家庭人口规模和年收入水平方面略有区别，但在住房使用特征方面具有一致性，即住房使用面积主要集中在 36.1~72.0 平米和 72.1~108.0 平方米两个面积区段。模式一、模式三、模式四和模式五在家庭模式或住房模式特征方面具有一定的相似性和类型叠加，家庭人均能耗碳排放具有低碳特征。

表 7.5　曹杨新村八个住区模式的家庭直接能耗人均碳排放分级特征

住区人均碳排放分级特征	高碳特征	中碳特征	低碳特征
家庭直接能耗人均碳排放	模式二	模式六	模式一
	——	模式七	模式三
	——	——	模式四
	——	——	模式五

需要说明的是，本研究中对于家庭直接能耗碳排放的主要影响因素的分析是以家庭为单位展开的，因此在回归分析中选取了家庭结构特征和住房使用特征进行显著性检验。但实际上，不同模式类型住区的居民家庭直接能耗碳排放的差异性特征，不仅是上述两个特征因素作用的，它同时也是住区内部居民社会经济条件与阶层分异的反映。但是如果将个体社会经济条件引入模式类型的家庭直接能耗碳排放分析研究中，就很有可能将上述两个主变量与能耗碳排放之间的作用关系变得更为复杂化。但这并非说明个体年龄特征、职业类型、教育程度、收入水平对家庭直接能耗碳排放不具有影响作

用。相对于个体社会经济特征而言，家庭社会情况中的家庭人口数量、收入水平和住房面积是对家庭直接能耗碳排放贡献的主要部分，同时从上述三个因子可以调控程度来看，住房面积调节是目前城市规划和城市建设中减少家庭直接能耗碳排放最为有效的手段。

7.4 住区模式指标与碳排放特征相关性评价

7.4.1 密度指标与家庭直接能耗碳排放

（1）密度指标与家庭直接能耗人均碳排放相关性

从密度指标数值与家庭直接能耗人均碳排放总量之间的散点矩阵图可以看出二者之间存在着一定的相关性（见图 7.15）。在物质密度与人均碳排放LOESS 曲线变化中，当容积率在 2.5 以下时人均碳排放下降趋势明显，而当建筑平均层数大于 12 层、人均居住面积大于 30 平方米时，碳排放曲线变化则较为平缓。在人口密度与人均碳排放 LOESS 曲线变化中，总人口密度、户数密度和外来人口密度与人均碳排放则呈区段化波动性特征。

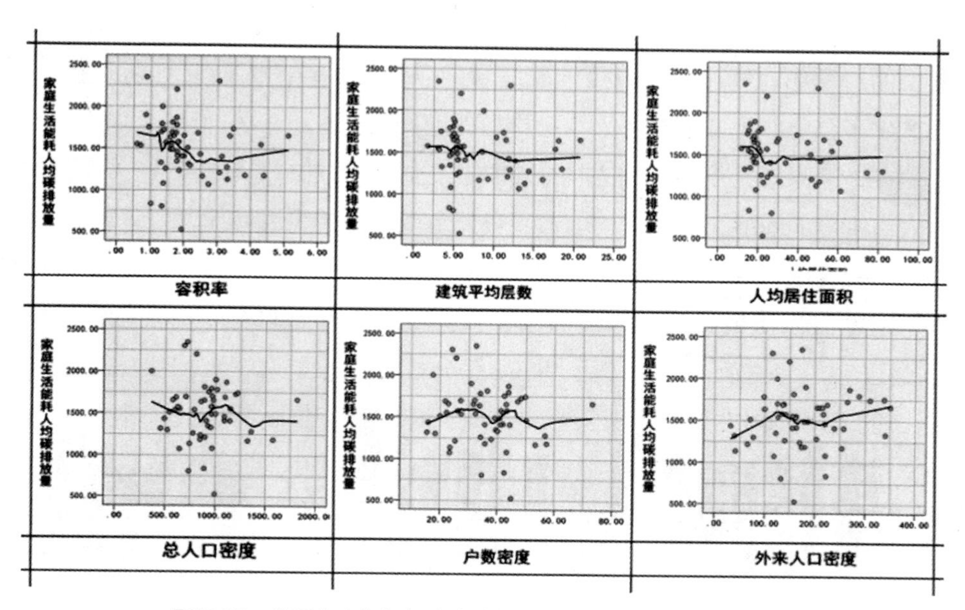

图 7.15　住区密度指标与家庭直接能耗人均碳排放散点矩阵图

（2）密度区段与家庭能耗人均碳排放对应逻辑

为了清楚地观察密度指标与家庭直接能耗碳排放之间的逻辑关系，研究对密度指标进行分箱化处理并绘制了二者之间的相关性柱状图（见图 7.16）。

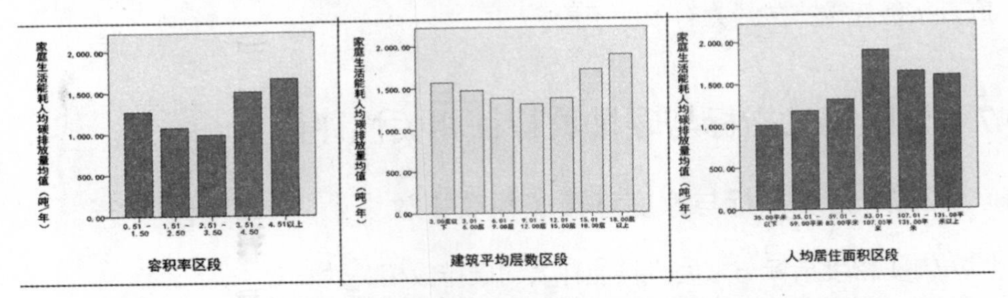

图 7.16　住区家庭能耗人均碳排放值与物质密度间的对应关系

从图中来看，容积率、建筑层数与家庭能耗的人均碳排放均值呈正 U 型对应关系，且当容积率在 1.01~2.00 区段，建筑平均层数在 9~12 层时产生的人均碳排放最低；人均居住面积则与人均碳排放均值呈倒 U 型对应关系，当人均居住面积在 42~54 平方米时，人均碳排放值最大，之后开始逐渐降低。因此可以推断，当物质密度达到一定临界值后，每公顷居住用地由于家庭能耗产生的人均碳排放开始呈现增加或减少的变化趋势，在住区开发强度不断增长的过程中，物化现象背后的家庭结构以及住房条件因素会对家庭能耗行为产生多合力作用并改变了人均碳排放的空间变化速率。

在住区人口密度指标与人均碳排放相关性柱状图中（见图 7.17），随着住区人口密度的增加，碳排放均值曲线整体上呈现先减少后增加的变化趋势，当总人口密度在 1280~1540 人 / 公顷、户数密度数值大于 50~60 户 / 公顷、外来人口密度在 210~270 人 / 公顷时，人均碳排放值出现最低值。整体来看，曹杨

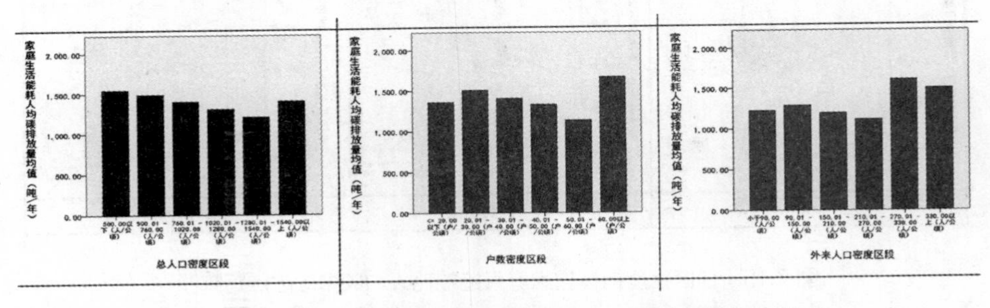

图 7.17　住区家庭能耗人均碳排放值与人口密度间的逻辑关系

新村常住人口平均密度为660人/公顷，与上海主城区平均人口密度363人/公顷相比较是较为紧凑的，但在住区内部由于水平差异性的人口密度分布却导致了住区空间本身相对的“高碳”与“低碳”波段性变化特征。研究还认为，在住区空间规划中，在一定人口密度区段，通过增加人口密度来降低家庭直接能耗的人均碳排放是具有引导控制作用的，但当住区人口密度达到某一临界值后，由于人口集聚所形成的低碳空间效应将开始逐渐减弱。

住区密度区段与碳排放强度的逻辑对应关系深刻反映出：密度指标会随着空间尺度不断变小而趋向离散化特征，与此同时，家庭直接能耗所产生的碳排放空间分布也会随之产生多样性变化。区别于当下以“高层高密度”与“低层高密度”为特征的简单住区模式，曹杨新村多种住区模式类型叠合特征催生了空间密度与社会结构之间的复杂耦合关系，并使得人均家庭能耗碳排放数值在空间分布中呈现非线性分布规律。对于导致密度区段条件下的碳排放差异性特征解释，需要进一步对住区密度与家庭直接能耗的影响因子相互关系进行比较。从物质形态表征来看，曹杨新村住区模式演化的时间累积性与空间拼贴性与家庭能耗碳排放密切相关，但从社会组织结构看，不同密度区段条件下的居民家庭能耗碳排放非线性现象本质上却是由于家庭结构、住房条件等内在潜变量叠加作用造成的。

（3）密度区段与家庭、住房特征的相关性解析

第一，容积率区段与家庭、住房特征。

根据家庭直接能耗消费的多元线性回归模型检验结论，本研究进一步将家庭人数、家庭年收入、住房面积、建设年代与容积率进行均值比较。从图7.18中可以看出，容积率与家庭人数均值柱状图呈现出U型曲线变化特征。当容积率在3.51以上时，家庭年收入高于8万元；当容积率在2.5以上时，住房建筑面积均值高于40平方米；当容积率在1.51~2.50和4.51以上两个区段时，住房建设年代主要向20世纪90年代以后时段趋近。将上述空间逻辑关系与前文的人均碳排放图加以比较，可以发现不同容积率区段下的家庭人数均值图与对应的碳排放柱状图空间分布特征较为相似，这也说明了家庭人数作为家庭能耗影响因子，对于容积率区段上的碳排放变化是起着主导作用的。虽然各特征变量与容积率区段之间呈现出不同的曲线特征，但变量叠合

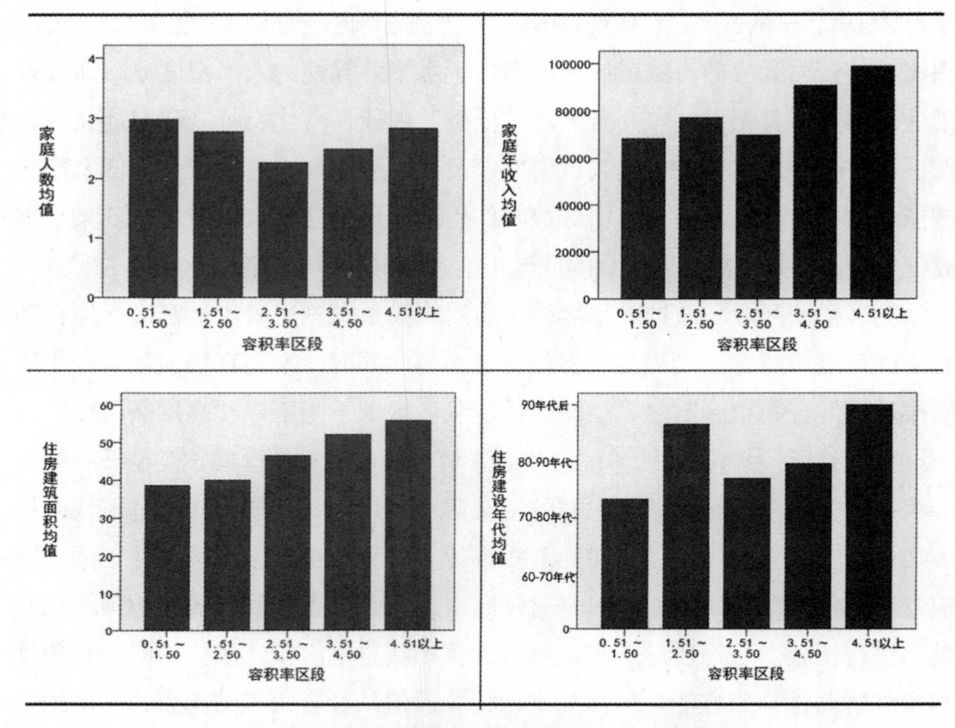

图 7.18　住区容积率与家庭、住房特征变量相关性

之后却导致了物质密度与空间碳排放之间的 U 型曲线分布规律，这也说明了住区空间碳排放不能简单地理解为是物理密度现象，而是具有住区模式特征下的社会形态结构意义的。

第二，人口密度区段与家庭、住房特征。

从总人口密度区段与家庭人数均值曲线相关性特征来看（见图 7.19），不同密度区段下的家庭人数均值差异性并不大，并反映出两口之家、三口之家是目前曹杨新村家庭人口规模的主要类型。在总人口密度与家庭年收入、住房建筑面积及建设年代三个变量之间的相关性均值柱状图中，当密度区段在 1280~1540 人 / 公顷时，出现了各特征变量均值最小化现象。本研究对这一区段与住区模式类型加以比较得出，该密度区段主要以 20 世纪 50—70 年代建设的低层工人新村住区和 80 年代末期改拆建、新建的高层住区两种住区模式为主，并对应于家庭人数较多、人均居住面积较低、中低收入阶层的组织结构类型，因此密度区段是具有空间与社会双关性特征的。另外，在总人口

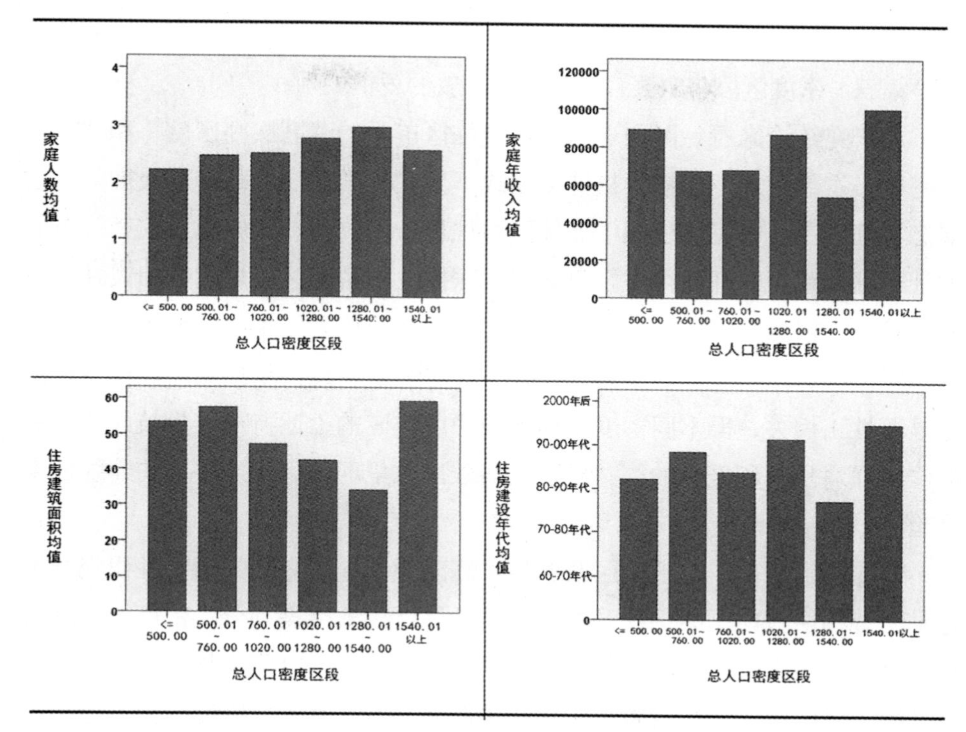

图 7.19　住区总人口密度与家庭、住房特征变量相关性

密度区段与家庭、住房特征变量的逻辑关系中，人口密度高低还反映出不同住区模式特征下的家庭经济消费能力区隔化现象，如低人口密度和高人口密度区段的住区中，居民家庭住房面积、家庭收入是最高的，而在中高人口密度区段中，对应的则是随着密度的增加则家庭经济水平反而出现下降的社会空间分布规律。

整体来说，当以人口密度区段作为人均碳排放均值的空间参照要素时，家庭经济收入和住房面积对家庭能耗碳排放的合力影响作用要强于家庭人口规模因素，这也是导致了在 1280~1540 人 / 公顷区段会出现人均碳排放最低值的主要原因。这说明在住区人口密度不断增长的过程中，家庭特征、住房特征以及能耗行为等多种因素会对其产生反向作用并使家庭直接能耗的人均碳排放增速收敛，一旦住区人口密度达到某一临界点，家庭特征要素对于家庭直接能耗的碳排放水平将起到主导作用。因此，人口密度指标与人均碳排放之间的表象对应关系本质上是社会居民构成、家庭结构、住房使用综合叠加作用后的空间投影。

第三，密度区段与家庭直接能耗碳排放的逻辑关系。

从研究结论来看，区别于当前新建住区单一的“高层高密度”和“低层低密度”发展模式，曹杨新村住区模式不但具有类型混合和密度叠加的物质形态特征，在更新发展过程中还伴随着住房条件改善、家庭组织演替等方面的社会结构重组，并使得住区家庭能耗碳排放与密度区段之间的相关性变得较为复杂。根据家庭能耗碳排放的多元回归检验模型结果，在曹杨新村调查样本中，家庭人口规模、家庭年收入、住房面积和建设年代均与碳排放之间呈显著性正相关，但不同密度指标区段中所对应的上述特征变量彼此交互影响作用强弱是有所区别的，并导致人均碳排放呈现出区段条件下的非线性变化趋势。

需要指出的是，对于住区密度与家庭能耗碳排放之间的相关性研究结论是基于曹杨新村典型案例展开的，但关于住区模式类型划分、密度与家庭直接能耗碳排放之间的相关性研究思路及分析方法对于空间规划是具有启示性意义的。住区模式特征与碳排放之间关联性的本质在于，密度指标不但具有空间开发的强度特征同时还具有家庭组织结构的社会内涵，而密度区段条件下的住区家庭能耗碳排放差异性恰恰是居民阶层分异、家庭结构规模、能耗消费结构等相关社会因素叠合作用造成的。

7.4.2 可达性指标与交通出行碳排放

（1）住区设施空间可达性分布特征

其一，设施可达性计算方法应用。

设施可达性的空间指标参数计算是基于 GIS 平台来实现的，在基于潜能模型的可达性指数计算中，研究首先对各种服务设施规模和等级结合小区人口规模进行了服务能力的评价，然后选用步行作为居民到各类服务设施的出行方式，对交通路网采用网格加密后利用 ArcGIS 软件中 Network 分析模块及二次开发脚本程序，计算出各个小区点至七类服务设施的最短通达时间。

一般来说，空间可达性测度主要采用两步移动搜寻法和潜能模型两种方法（见表 7.6），在本研究中，主要采用潜能模型（基于空间相互作用的方法）

对医疗、文化、教育、体育、商业、医疗以及公共交通站点七大类服务设施进行可达性空间分析与指标统计。在潜能模型中，本研究选取 2 作为出行摩擦系数 β 的取值。通过 GIS 计算所得出的可达性数值为经过标准化后的参数数值，数值的大小可以直接反映各类服务设施在空间上的供给水平和服务范围强度。

表 7.6 潜能模型与两步搜寻模型的可达性度量研究方法差异性比较

研究方法	方法描述	方法应用优缺点
基于两步移动搜寻法	在设定的出行极限距离内，从某点出发能够获得的公共服务资源的数量	综合考虑了服务设施、需求者、供需双方的空间阻隔等因素，但忽略了距离衰减作用，同时，阈值的取值对结果影响较大
基于潜能模型	从空间相互作用的角度评价获取服务资源的难易程度	综合考虑了服务设施、需求者、供需双方的空间阻隔、距离衰减等因素，但不考虑极限出行距离 / 时间，出行摩擦系数不易确定

其二，设施可达性指标参数统计。

研究在设施可达性指标参数计算上对住区不同等级规模的设施进行了初步遴选并最终确定了七个设施可达性指标参数（见表 7.7）。其中对医疗设施和文化设施，本研究选取了居住区级和小区级别作为可达性计算的研究对象，因为从地区级别的设施角度来看其所覆盖的范围已经不仅局限于曹杨新村；对教育服务设施可达性研究，由于不同类型教育设施的服务半径范围是不一样的，因此将其分成了中小学和托幼中心两个亚分类指标；而对商业设施则主要选取了与居民日常生活密切相关的农贸市场作为可达性指标计算的研究对象；对公共交通设施则将其分成了公共汽车交通

表 7.7 设施可达性指标参数一览表

指标代码	服务设施可达性指标参数名称
AC1	AC1 医疗服务设施可达性指标参数
AC2	AC2 文化服务设施可达性指标参数
AC3	AC3-1 中小学校设施可达性指标参数
	AC3-2 托幼中心设施可达性指标参数
AC4	AC4 体育休闲设施可达性指标参数
AC5	AC5 农贸市场设施可达性指标参数
AC6	AC6 养老服务设施可达性指标参数
AC7	AC7-1 公共汽车站点可达性指标参数
	AC7-2 轨道交通站点可达性指标参数

站点和轨道交通站点两个亚分类指标；对养老服务、体育健身设施则将居住区和小区级的服务设施全部列入可达性指标计算的范畴之内。

从各项设施可达性指标参数的平均值排序来看（见表 7.8），AC7-1 公共汽车站点（0.297）> AC6 养老服务设施（0.180）> AC2 文化服务设施（0.134）> AC3-2 托幼中心设施（0.124）> AC3-1 中小学校设施（0.114）> AC4 体育休闲设施（0.092）> AC5 农贸市场设施（0.062）> AC1 医疗服务设施（0.056）> AC7-2 轨道交通站点服务设施（0.038）。从上述排序顺序来看，公共汽车站点设施的空间可达性是最高的，而轨道交通站点设施的空间可达性则是最低的，而教育、文化以及养老服务设施可达性平均值高于 0.1 水平，其要明显高于体育休闲、农贸市场和医疗服务设施。另外，在各类服务设施的最大值和最小值分布特征中，中小学教育设施的可达性参数最大值已接近空间可达性的理想值，而轨道交通站点可达性参数最低值只有 0.008。

表 7.8　设施可达性指标参数统计特征表

小区设施的空间可达性指标参数标准值（基于潜能模型 *N*=54 个小区）							
住区设施可达性指标参数	最小值	最大值	平均数	中位数	标准差	峰度值	偏度值
AC1 医疗服务设施可达性指标参数	0.012	0.434	0.056	0.029	0.084	13.311	3.593
AC2 文化服务设施可达性指标参数	0.026	0.457	0.134	0.098	0.104	1.545	1.378
AC3-1 中小学校设施可达性指标参数	0.020	0.937	0.114	0.073	0.147	18.928	4.033
AC3-2 托幼中心设施可达性指标参数	0.024	0.596	0.124	0.087	0.123	6.539	2.431
AC4 体育休闲设施可达性指标参数	0.022	0.739	0.092	0.072	0.108	25.845	4.692
AC5 农贸市场设施可达性指标参数	0.010	0.375	0.062	0.041	0.08	9.603	2.683
AC6 养老服务设施可达性指标参数	0.029	0.831	0.180	0.105	0.192	4.589	2.245

续表

小区设施的空间可达性指标参数标准值（基于潜能模型 *N*=54 个小区）							
住区设施可达性指标参数	最小值	最大值	平均数	中位数	标准差	峰度值	偏度值
AC7-1 公共汽车站点可达性指标参数	0.129	0.673	0.297	0.268	0.113	1.341	1.112
AC7-2 轨道交通站点可达性指标参数	0.008	0.310	0.038	0.024	0.047	21.692	4.245

整体来说，曹杨新村的设施可达性指标参数数值结构特征，体现出由于设施空间分布差异性所导致的服务范围以及供给水平的梯度变化规律，各项设施数值的差异性并不是很大。一方面，在曹杨新村，住区教育、文化以及养老服务设施可达性平均值较高，并明显优于体育休闲、农贸市场和医疗服务设施；另一方面，虽然曹杨新村内部配套的公共服务设施建设标准较高且种类丰富，并在一定程度上减少了居民对外部设施使用的行为需求，但同时也存在着环滨空间被割裂、门禁设置等消极性空间因素的影响，住区内部某种功能类型的服务设施可达性水平的不均衡性也很有可能会增加其选择外部休闲功能的交通出行概率。

（2）设施可达性与交通出行人均碳排放相关性

众多研究表明，城市轨道交通站点可达性以及步行环境的安全性与土地使用之间存在着影响与制约关系，其中最具代表性的发展模式就是由 Cervero 和 Kockeleman 于 1997 年提出的“3D”原则，即“密度（Density）”“多样性（Diversity）”“设计（Design）”。本研究认为，密度不仅是住区开发的强度指标，同时也是居民就业、服务设施在步行可达性范围内的保证；多样性不仅能够形成土地功能使用混合，同时还可以提高服务设施集中程度；而住区内部到公共交通站点的距离则决定了其步行可达性以及到目的地的便捷程度，这对于以低碳目标为导向的住区模式研究更具有针对性和可行性。住区模式类型不仅仅是空间物质表现，同时还反映出居民日常行为活动内容和功能需求，并由此决定了住区模式类型与交通碳排放之间的相关性逻辑。

第一，密度指标与交通出行人均碳排放相关。

从不同住区模式的容积率与交通出行人均碳排放均值曲线比较可以看出（见图 7.20），低层行列式以及多层行列、混合与围合模式之间的曲线斜率较为平缓，与此对应的则是人均交通碳排放呈波动性变化，但二者之间是呈现正相关性关系的。在当点式高层向独栋高层住区模式转变过程中，容积率均值变化不大，而住区人均交通能耗均值却突然出现下降拐点。

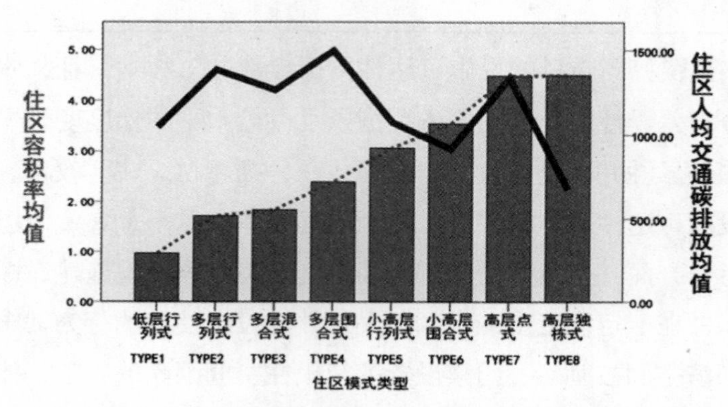

图 7.20　容积率与居民交通出行人均碳排放

上述变化特征说明，住区开发强度在某种程度上会影响居民的交通出行模式，但对于高容积率住区来说，其人均交通碳排之所以会略低于中低容积率住区并显示出模式特征差异性分布，主要是由人口密度造成的。这在人口密度与休闲出行的人均交通碳排放均值曲线比较中可以得到进一步验证（见图 7.21），二者之间的变化规律十分相似。

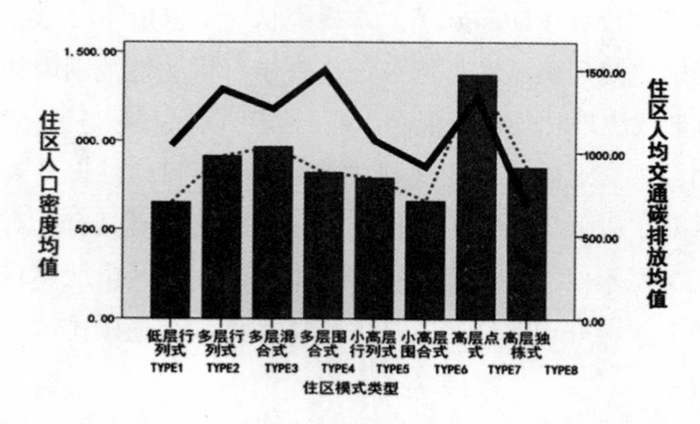

图 7.21　人口密度与居民交通出行人均碳排放

第二，设施丰富度与交通出行人均碳排放相关。

研究结合 GIS 数据对不同类型住区模式的服务设施分布密度进行百分比统计，之后将医疗、文化、教育、商业等服务设施的多样性百分比进行累计求和得出设施丰富度指数。从不同住区模式的设施丰富度指数与人均交通碳排放均值曲线比较可以看出（见图 7.22），多层住区以及小高层行列式住区的设施丰富度指数较为均质化且较好，但低层和高层点式住区模式则相对较差。同时，设施丰富度与休闲交通出行的人均碳排放基本呈负相关性关系，即说明住区周边的设施种类越丰富，其住区休闲交通出行的人均碳排放就会越低。

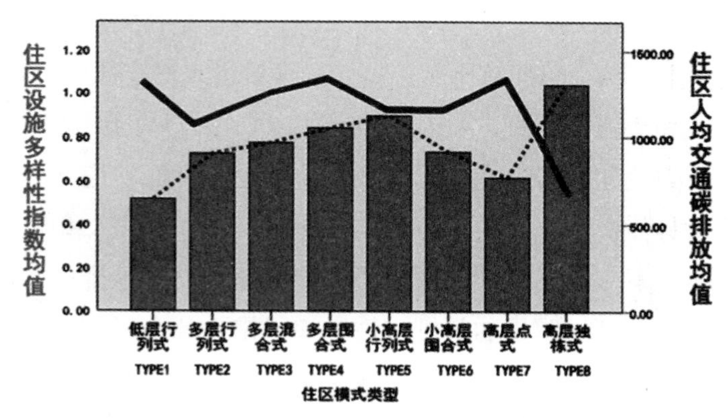

图 7.22 设施丰富度指数与居民交通出行人均碳排放

第三，设施可达性与交通出行人均碳排放相关性解析。

综合比较不同模式类型住区公共站点可达性指数与交通碳排放均值曲线（见图 7.23），可以发现公共汽车交通站点可达性与人均交通碳排放呈显

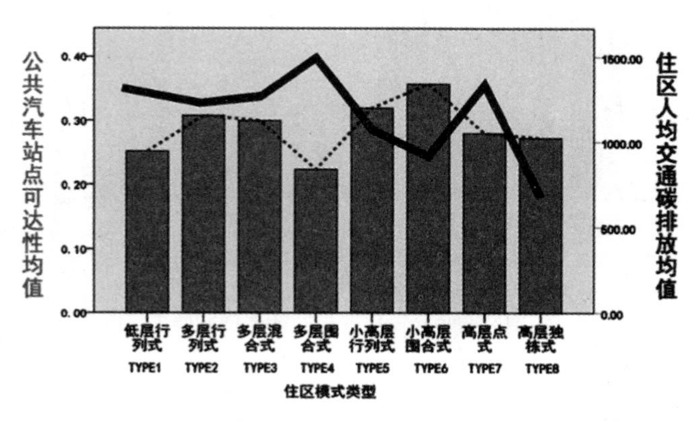

图 7.23 公共汽车站点可达性与居民人均交通出行碳排放

著性正相关关系，说明住区到公共汽车站点的距离会对居民是否采用公共汽车产生直接影响作用，由此可以得出提高公共交通站点可达性水平会有效减少私家车使用频率，并通过提高居民公共交通出行比例来减少交通碳排放。

在轨道交通站点可达性与交通出行人均碳排放之间的对应关系中（见图7.24），多层行列式、混合式、围合式及小高层行列式与碳排放呈正相关性，这与公共交通站点可达性分布特征有所差异。需要加以解释的是，在曹杨新村，城市轨道交通站点位于住区东南面，因此会使部分多层以及高层住区类型的站点空间可达性降低。从社会结构来看，多层混合式居民构成主要以外来务工人员为主且私家车拥有比例较高，这导致了人均交通出行碳排放增加；而多层围合式和小高层行列式住区多属于2000年以后的更新项目且商品化程度较高，该类型住区居民构成以高收入阶层为主，而轨道交通站点可达性会导致其采用其他机动化交通出行方式。综上，在空间因素和社会经济结构因素的共同作用下，上述三种住区模式类型的休闲交通碳排放并没有与轨道交通站点可达性之间呈明显的负相关性。如果排除社会经济因素对交通出行方式选择的影响，那么住区与公共交通站点设施距离以及可达性水平是符合人均交通碳排放负相关分布规律的。

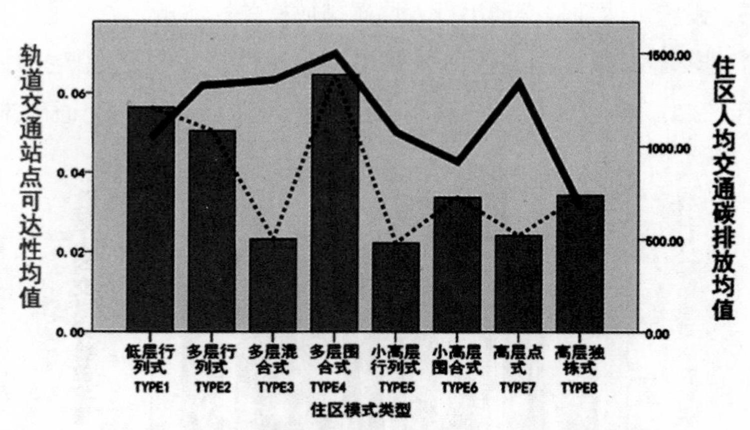

图7.24 轨道交通站点可达性与居民人均交通出行碳排放

综上，从不同住区模式与人均交通出行碳排放进行相关性分析结果来看，住区开发强度以及人口密度与休闲交通出行碳排放呈正相关性，与公共服务设施多样性分布及交通设施可达程度呈负相关性。住区模式类型与碳排放之间关联性的本质在于，密度指标具有开发强度和社会结构双重空间意义，同时还与设施布局、规模供给和交通设施可达性相关，交通出行的人均碳排放差异性是空间社会经济因素以及出行需求多样性叠合作用造成的。

第八章　研究结论与展望

8.1 主要结论

本研究的主要结论如下：

（1）建设低碳城市的理念已深入人心，但对于低碳城市的研究需要探求适合中国国情的城市化发展模式。而中国特色城市化的模式“C”对于我国当前的城市规划理论和研究方法是具有发展模式价值观指导意义的。目前，国内城市规划专业设计主体（规划师、建筑师）对于低碳城市的规范性研究内容较为丰富，对于规划所关注的核心内容——“空间”，其与碳排放之间是如何发生关联作用的，还需要从研究内容上进一步加以拓展。另外，在快速城镇化和住区“高层高密度”现象盛行的背景下，中国已成为世界上最大的建筑市场，低碳发展目标下的城市规划建设遇到了现实困境，因此需要对住区模式发展演进特征加以系统梳理，并加强实证研究和定量研究。

（2）从西方住区规划理论演变的梳理中，本研究认为“密度”高低不仅与城市功能混合、活动密集、紧凑发展等低碳主题相关，同时也体现了住区环境与居民生活质量之间的可持续发展关系。反思我国学术界所倡导的“高密度”概念，研究认为应将其置于具体的社会经济环境背景下加以理解，资源条件约束下的密度模式研究应是基于低碳发展目标对于社会、经济和环境的平衡性考虑，片面地强调某一方面只会导致住区发展模式的单一化和低效率。

（3）从亚历山大“模式语言”出发，本研究认为对住区模式探讨本质是源于对人地之间作用关系的思考，并通过住区空间形态的“共时性”和“历时性”演进逻辑，将空间形态的物质要素组合方式以及表象背后的社会经济组织联系在一起。而基于行为碳排放特征的住区模式研究，则需要通过物质空间模式入手来建立其与社会结构组织、能耗行为特征之间的逻辑关联关系。在对住区模式类型定性分析的基础上，从定量分析角度将住区空间模式要素分解为密度指标、可达性指标和多样性指标。其中，住区密度指标参数具有显性的空间开发强度和隐形的行为活动密集双重指向意义；可达性指标反映了住区资源配置的可获得性与可支付性；多样性指数则反映出了住区住房使用和社会阶层的空间混合性与区隔化特征。

（4）以上海曹杨新村为实证对象，通过对其三个历史时期的住区模式演进特征加以归纳总结，采用形态学谱系研究方法将其分成八种典型的住区模式类型。

从住区空间模式指标分析来看，曹杨新村是一个高密度与中低密度多样性混合的住区，各类公共服务设施布局可达性较高，公共设施网络结构在原有沿街布局的基础上向住区内部延伸，并形成“大集中，小分散”的混合式布局结构模式。住区多样性指标反映出曹杨新村住区的社会空间结构由原来以单位为中心的均质化集聚转变为异质化拼贴，阶层分化最终在空间上形成了居住模式分化。

（5）在曹杨新村住区模式类型与密度指标相关性分析中，本研究发现并不能简单地将高容积率理解为高密度。一方面，在住区开发强度增加的同时人均居住面积也随之提高，伴随的则是住宅单位密度和人口密度不增反降，并形成空间绅士化特征。另一方面，开发强度与人口密度之间的增长趋势也并不是简单的线性对应关系，由于居民社会阶层混合、住房使用需求与可负担的多元性，住区模式中的空间密度与人口密度之间的逻辑关联关系也变得愈加复杂。

（6）在住区模式类型与社会指标相关性分析中，本研究发现二者之间是具有逻辑对应关系的。从传统的单位化住区向现代的市场化住区转变的过程中，曹杨新村居民构成、住房产权等模式构成因素变化对其模式类型重构起到了重要作用。而住区模式的经济分层、社会分层使其具有了空间“筛选器”的作用——虽然不同阶层的人生活在同一住区空间范围内，但实际上却由于获得社会资源的差异性导致了不同模式的社会身份化象征，其也是社会经济结构嵌入空间模式的具体体现。

（7）基于个体、家庭、住房特征变量在住区模式的百分比比例中会呈现出相同或相似的区段性分布情况，本研究对住区空间模式类型按照上述三个特征变量重新加以类型组合，并分别对应于四种社会模式、家庭模式和住房模式，由此可以看出，住区模式类型是社会经济组织关系在空间上的投影，居住空间的区段化体现了社会结构维持和组织关系重构机制，制度变迁和阶层分化对住区模式的区隔化形成起到了深刻的影响作用。

（8）通过构建居民日常休闲交通出行低碳效应的 SEM 结构方程模型，本研究发现，在曹杨新村，居民日常休闲交通出行方式选择更多倾向于采用步行、自行车、摩托电动车方式，而在出租车和私家车方面并没有反映出更高的使用水平，且在交通出行时间花费方面，居民在住区以外的购物休闲活动方面比体育文化活动要更多一些。在回归分析结果中，本研究进一步证实了家庭有小汽车会增加住区外部的出行概率，而公共交通方式选择对住区外部休闲出行显著性作用较弱。在住区内部设施与外部设施使用的效用平衡方面，住区内部设施使用活动和住区外部设施使用活动的影响系数为 -1.60，两种活动之间具有交替消长关系，这充分说明，住区内部设施使用活动强度增加将会有效降低居民外部出行，并由此实现了设施使用行为的低碳效应传递路径。因此，从住区模式混合角度来说，多种住区模式类型组合对于增加本地就业机会、提供多层次多种类的服务设施、减少交通出行能耗是一种有效的空间组织形式，同时它也能够将计划和市场两种不同的空间资源配置方式有效加以平衡。

（9）在家庭直接能耗消费与家庭、住房特征相关性研究中，本研究发现，在曹杨新村，以住房建筑使用面积作为检验因子时，当人均住房面积大于 45 平方米时，家庭各项直接能耗消费也开始出现衰减，这说明住房面积对能耗消费具有边界锁定性。另外，虽然住房建设年代体现了不同时期住宅的建筑朝向、围护结构和遮阳方式差异性，但相对于建筑面积、收入水平、家庭人口等影响因素来说，在调查样本中并没有显示出住房物理性能对于能耗消费显著性的影响作用。

（10）在家庭采暖降温行为与家庭、住房特征相关性研究中，本研究证实了在曹杨新村家庭人口规模效应对采暖降温的能耗时段是具有边界约束性的，建筑面积对居民每年冬季采暖能耗时段是具有显著性影响作用的，但对于夏季制冷能耗时段显著性作用不大。从生活模式来看，居住在面积更大的住房里的能耗行为主体，由于其自身对生活舒适性追求，因此在能耗时间持续性上要强于居住面积更小的能耗行为主体，并具有家庭能耗行为的“乘数效应”。

（11）通过构建家庭直接能耗消费的多元线性模型，并进行回归分析，结果显示，家庭特征变量对各类能耗消费影响作用比住房特征要更为显著，在住房特征变量中只有住房建筑面积与能耗消费呈显著性正相关，而住房房间数量与各类能耗费用相关性并不显著。家庭结构对于家庭直接能耗消费是具有规模边际效益的，当家庭人数多于 4 人时对各项家庭能耗费影响会有所减弱。从总体趋势来看，随着居住面积及人均能耗的增加，当居住面积大于 108 平方米时，人均能耗增速会加快。

（12）从住区模式与行为碳排放特征相关性研究结果来看，主要体现在通勤交通出行人均碳排放、休闲交通出行人均碳排放、家庭直接能耗碳排放三方面：

第一，通过对不同住区模式的通勤交通出行结构的比较，本研究发现，通勤出行作为满足生存的基本活动，其住区模式下的人均通勤交通碳排放高低与公共交通站点可达性、交通出行结构（时间和距离）等因素密切相关。以住区模式作为研究对象，通勤出行碳足迹更多会与城市空间结构发生作用关系。值得提出的是，曹杨新村本身空间区位以及土地利用混合性对于减少通勤出行距离是具有显著性作用的，且工人新村以及传统单位化的住区模式具有职住接近、功能平衡等模式演进特征，这对于住区模式低碳化的发展目标是具有借鉴意义的。

第二，八种住区模式的通勤人均碳排放均值差异性较大，说明住区模式对居民通勤交通出行是具有显著性影响作用的。相比较来看，多层围合式和高层独栋式的休闲交通出行人均碳排放量具有高碳特征；小高层行列式、小高层围合式、高层点式的人均碳排放具有中碳特征；而低层行列式、多层行列式、多层混合式的人均碳排放具有低碳特征。从八种住区模式的通勤交通出行人均碳排放量分级来看，低层行列式接近“80-20”量化分布，即80%的碳是由20%的高碳排放休闲出行者所产生的。该模式的人均休闲出行碳排放不均等性相对最大，虽然大部分居民属于低碳出行，但少部分高碳出行居民的极化现象突出。

第三，从八种住区模式的家庭直接能耗人均碳排放相关性来看，多层行列式相比较于其他住区模式具有高碳特征，主要原因在于不同社会经济特征变量综合作用导致其人均碳排放最高。该模式社会空间特征主要体现在，家庭规模在三口之家以上的比例较高，家庭年收入主要在5万~10万区段，且住房面积主要集中在36.1~72.0平方米区段，住房产权以独立产权商品房和房改房为主。相比之下，高层住区模式的家庭直接能耗人均碳排放反而具有中碳特征，其主要特征体现在核心家庭规模的小型化。

另外，本研究还认为，个体年龄特征、职业类型、教育程度、收入水平等变量对家庭直接能耗碳排放也是具有影响作用的，但以家庭为单位考察其能耗碳排放差异性特征时，个体特征变量是嵌入在家庭结构中的。根据多元回归分析结果，家庭人口数量、收入水平和住房面积是对家庭直接能耗碳排放贡献的主要部分，从上述三个因子可以调控程度来看，对住房面积调节是目前城市规划和城市建设中减少家庭直接能耗碳排放最为有效的手段。

（13）从住区密度指标与家庭直接能耗人均碳排放逻辑对应关系来看，主要体现在物质密度以及人口密度区段的非线性分布规律上，具体如下：

第一，容积率、建筑层数与家庭能耗的人均碳排放均值呈正U型对应关系，当物质密度达到一定临界值后，每公顷居住用地由于家庭能耗产生的人均碳排放开始呈现增加或减少的变化趋势。在住区开发强度不断增长的过程中，物化现象背后的家庭结构以及住房条件因素会对家庭直接能耗行为产生多合力作用并改变人均碳排放的空间变化速率。

第二，在曹杨新村，在一定人口密度区段，通过增加人口密度来降低家庭直接能耗的人均碳排放是具有引导控制作用的，但当住区人口密度达到某一临界值后，由于人口集聚所形成的低碳空间效应将逐渐开始减弱。

第三，区别于当下以“高层高密度”与“低层高密度”为特征的简单住区模式特征，由于曹杨新村多种住区模式类型叠合特征催生了空间密度与社会结构之间的复杂耦合关系，并使得人均家庭能耗碳排放数值在空间分布中呈现非线性分布规律。不同密度区段条件下的家庭直接能耗人均碳排放非线性现象是由于家庭结构、住房条件等内在潜变量叠加作用造成的。

虽然上述研究结论是基于曹杨新村典型案例展开的，但关于住区模式类型划分、密度与家庭直接能耗碳排放之间的相关性研究思路及分析方法对于城市空间规划是具有启示性意义的。住区模式特征与碳排放之间关联性的本质在于，密度指标不但具有空间开发的强度特征同时还具有家庭组织结构的社会内涵，而密度区段条件下的住区家庭直接能耗碳排放差异性，恰是居民阶层分异、家庭结构规模、能耗消费结构等相关社会经济因素对能耗行为的影响作用并投影于空间。

8.2 研究不足

本研究在以下几个方面存在不足之处：

（1）样本数据分布的局限

受到调查条件和数据回收时间的限制，在本研究时限内回收的有效样本为 1012 份。对行为模型实证—实证研究而言，数据规模和数据质量都能够较好地满足要求计量研究与实证分析。但是，数据样本对象选取以及高收入阶层的相关社会经济数据在搜集上由于入户调查的难度，在数据整体回归分析结果的显著性判断上还存在不足。

（2）影响因素筛选的局限

由于本研究的研究对象——“住区模式与能耗行为碳排放特征”，在碳汇方面考虑较少，且碳源选择也主要是基于行为角度对碳排放加以估算，所涉及的碳排放系数还不够全面。关于满意度评价方面，虽然结合了相关文献的研究结论，但在选项设置方面还存在一定的主观性。

（3）数据建构整合的局限

由于本研究缺乏一个基础性数据库，在数据来源方面，研究整合了调研问卷、上海“六普”、GIS 空间信息等不同来源的数据，并通过对个体社会经济特征、住房特征、家庭特征等变量子集来检验其对家庭直接能耗行为和交通出行行为的碳排放影响作用，其数据结构之间会存在着一定的误差。

研究虽然尽量控制回归拟合时所产生的测量误差，但由于家庭直接能耗碳排放量估算边界限于在住区内部，而交通出行能耗碳排放估算边界在住区外部，其导致了对居民交通出行能耗行为相关影响因素的全面考虑可能会存在不足。同时，在后续工作中也将会尝试把各分项变量的碳排放系数纳入研究框架内。

8.3 未来展望

针对本研究中的不足之处，结合在研究过程中的一些想法，未来的研究可以在以下几个方面进一步加以展开和细化：

（1）完善调查数据。通过扩大研究对象，展开有关不同地区的住区模式调查研究；通过地域空间差异性对比研究，发掘住区模式与碳排放特征之间所具有的共性和差异性。由于研究对象位于上海，从区位条件和经济水平来说还不具备国内层面的典型代表性，后续研究需要不断完善调查数据，尤其是加强对中西部城市和三四线城市居民的调查，充实数据的代表性和覆盖面，提高研究结论和方法应用的使用范围。

（2）修正综合评价模型。由于综合评价模型受到数据本身信度和效度的条件控制，本研究发现在检验过程中有很多假设不符合统计学检验标准，但这并不意味着数据本身之间没有相关性，相反可能存在着还未被研究所发现的相关结论，因此对于综合评价模型还需要进一步加以修正。

（3）进行时间序列研究。本研究属于横截面数据研究，因此对于时间维度上碳排放水平的变化规律解释还是有所欠缺的。由于住区模式与居民能耗行为之间是一个长期的行为选择和实施过程，横向数据调查不能有效地反映居民行为及影响因素作用的动态变化。横向截面数据对于社会结构组织以及居民能耗行为动态变化往往不够稳定，而纵向的时间序列跟踪研究所获取的数据则能更加科学地反映出不同住区模式类型下的居民能耗行为碳排放特征。

（4）提出政策建议和目标选择标准。在进一步收集、整理国内外与低碳城市、低碳住区发展相关的政策措施的基础上，结合研究结论设定住区模式选择的目标区段，并根据低碳价值观判断，通过情景模拟分析住区不同模式区段下的碳排放特征以及作用机制显著性。

（5）在理论研究层面，可以进一步加强跨国家、跨城市的对比研究，在一个更大的研究框架内，揭示不同住区模式下的社会、经济、文化、政策等因素对能耗行为以及碳排放的影响，从而才有可能建立城市空间规划与能耗行为碳排放之间的一般化理论模型。

总之，只有通过进一步明确住区碳排放来源以及住区模式评价的边界条件，才能对住区模式与居民碳排放行为的影响机制有更加深入的了解。在此基础上，应不断拓展城市空间规划研究与其他学科的交叉融合，从物质空间形态转向于社会形态，并从人的行为角度来思考未来我国住区模式的低碳发展之路。

参考文献

[1]中国科学院可持续发展战略研究组. 2009小国可持续发展战略报告——探索中国特色的低碳道路[M]. 北京：科学出版社，2009.

[2]顾大治，周国艳. 低碳导向下的城市空间规划策略研究[J]. 现代城市研究，2010，11：52-56.

[3]蔡博峰，进东，刘兰翠，等. 中国交通二氧化碳排放研究[J]. 气候变化研究进展，2011，3(7)：197-203.

[4]张陶新，周跃云，芦鹏. 中国城市低碳建筑的内涵与碳排放量的估算模型[J]. 湖南工业大学学报，2011，25(1)：77-80.

[5]仇保兴. 兼顾理想与现实——中国低碳生态城市指标体系固件与实践示范初探[M]. 北京：中国建筑工业出版社，2012.

[6]沈清基，安超，刘昌寿. 低碳生态城市的内涵、特征及规划建设的基本原理探讨[J]. 城市规划学刊，2010(5)：48-57.

[7]周岚，于春. 低碳时代生态导向的城市规划变革[J]. 国际城市规划，2011，26(1)：5-11.

[8]魏一鸣. 中国能源报告2006：战略政策研究[M]. 北京：科学出版社，2006.

[9]刘畅. 低碳背景下的城市规划策略研究[D]. 天津：天津大学建筑学院. 2010.

[10]邱均平，文孝庭. 城市居住形态学[M]. 北京：科学出版社，2011：61-63.

[11]秦耀辰，张丽君，鲁丰先，闫卫阳，等. 国外低碳城市研究进展[J]. 地理科学进展，2010，29(12)：1459-1469.

[12]Martinez Z I, Bengochea M A. Pooled mean group estimation for

an environmental Kuznets curve for CO_2 [J] . Economic Letters, 2004, 82 (1): 121–126.

[13] Galeotti M, Lanza A, Pauli F. Reassessing the environmental Kuznets curve for CO_2 emission: a robustness exercise [J] . Ecological Economics, 2006, 57 (1): 152–163.

[14] He J, Richard P. Environmental Kuznets curve for CO_2 in Canada [J] . Ecological Economics, 2009, 11 (3): 1–11 .

[15] Lebel L, Garden P, Banaticla M R N, et al. Integrating carbon management into the development strategies of urbanizing regions in Asia [J]. Journal of Industrial Ecology, 2007, 11 (2): 61–81 .

[16] International Energy Agency. Energy Outlook, 2009, Paris.

[17] Strachan N, Pye S, Kannan R. The iterative contribution and relevance of modeling to UK energy policy [J] . Energy Policy, 2009, 37 (3): 850–860.

[18] McEvoy D, Gibbs D C, Longhurst J W S. Urban sustainability : problems facing the “local” approach to carbon–reduction strategies [J] . Environment and Planning C : Government and Policy, 1998, 16 (4): 423–432.

[19] Bristowa A L, Tight M, Pridmore A, et al. Developing pathways to low carbon land–based passenger transport in Great Britain by 2050 [J] . Energy Policy, 2008, 36 (9): 3427–3435.

[20] Folke C, Jansson A, Larsson J, et al. Ecosystem appropriation by cities [J] . AMBIO, 1997, 26 (3): 167–172.

[21] Churkina G. Modeling the carbon cycle of urban systems. Ecological Modeling, 2008, 216 (2): 107–113.

[22] Pataki D E, Alig R J, Fung A S, et al. Urban ecosystems and the North American carbon cycle [J] . Global Change Biology, 2006, 12 (11): 1–11 .

[23] Ramaswami A, Hillman T. A demand–centered hybrid life–

cycle methodology for city-scale greenhouse gas inventories [J]. Environmental Science & technology, 2008, 42 (17): 6455-6461.

[24] Hillman T, Ramaswami A. Greenhouse gas emission footprints and energy use benchmarks for eight U.S. cities [J]. Environmental Science & Technology, 2010, 44 (6): 1902-1910.

[25] Peters G P, Hertwich E G. CO_2 embodied in international trade with implications for global climate policy [J]. Environmental Science & Technology, 2008, 42 (5): 1401-1407.

[26] Dieleman F M, Dust M J, Spit T. Planning the compact city: the Randstad Holland experience [J]. European Planning Studies, 1999, 7 (5): 605-621.

[27] 中国能源和碳排放研究课题组. 2050中国能源和碳排放报告 [A]. 北京: 科学出版社, 2009.

[28] 黄辉. 大巴黎规划视角——低碳城市建设的启示 [J]. 城市观察, 2010 (2): 30-35.

[29] 何涛舟, 施丹锋. 低碳城市及其“领航模型”的建构 [J]. 建设经纬, 2010 (1): 55-57.

[30] 张莉侠, 孟令杰. 经济增长与环境质量: 关于环境库兹涅茨曲线的经验分析 [J]. 复旦大学学报 (社会科学版), 2004 (2): 87-94.

[31] 单晓刚. 从全球气候变化到低碳城市发展模式 [J]. 贵阳学院学报 (自然科学版), 2010, 5 (1): 6-13.

[32] 诸大建, 陈飞. 上海发展低碳城市的内涵、目标及对策 [J]. 城市观察, 2010 (2): 54-68.

[33] 刘志林. 低碳城市理念与国际经验 [J]. 城市发展研究, 2009 (6): 1-8.

[34] 倪外, 曾刚. 低碳经济视角下的城市发展新路径研究——以上海为例 [J]. 经济问题探索, 2010 (5): 38-42.

[35] 王可达. 建设低碳城市路径研究 [J]. 开放导报, 2010 (2): 33-36.

[36] 夏堃堡. 发展低碳经济, 实现城市可持续发展 [J]. 环境保护,

2008，(2A)：33-35.

[37] 王爱兰. 低碳城市建设水平综合评价指标体系构建研究 [J]. 城市管理，2011 (6)：66-69.

[38] 付允，马永欢，刘怡君，等. 低碳经济的发展模式 [J]. 中国人口·资源与环境，2008，18 (3)：14-19.

[39] 辛玲. 低碳城市评价指标体系的构建 [J]. 统计与决策，2011 (7)：78-80.

[40] 邵超峰，鞠美庭. 基于 DPSIR 模型的低碳城市指标体系研究 [J]. 生态经济，2010 (10)：95-99.

[41] 仇宝兴. 我国城市发展模式转型趋势——低碳生态城市 [J]. 城市发展研究，2009，16 (8)：1-6.

[42] 孙菲，罗杰. 低碳生态城市评价指标体系的设计与评价 [J]. 辽宁工程技术大学学报 (社会科学版)，2011，13 (3)：258-261.

[43] 赵国杰，郝文升. 低碳生态城市：三维目标综合评价方法研究 [J]. 城市发展研究，2011，18 (6)：31-36.

[44] 陈飞，诸大建. 低碳城市研究的理论方法与上海实证分析 [J]. 城市发展研究，2009，16 (10)：71-79.

[45] 刘竹，耿涌，薛冰，等. 基于“脱钩”模式的低碳城市评价 [J]. 中国人口资源与环境，2011，21 (4)：19-24.

[46] 梁江，孙晖. 模式与动因——中国城市中心区的形态演变 [M]. 北京：中国建筑工业出版社，2007.

[47] Schlüter O. Ber den Grundriss der Städte [M]. Berlin: W. H. Kühl, 1899.

[48] Conzen M R G. 城镇平面格局分析：诺森伯兰郡安尼克案例研究 [M]. 宋峰，许立言，侯安阳，译. 北京：中国建筑工业出版社，2011.

[49] Caniggia G, Maffei G L. Architectural composition and building typology: Interpreting basic building [M]. Alinea, 2001.

[50] Castex J, Depaule J C, Samuels I. Urban forms: The death and life of the urban block [M]. Taylor & Francis, 2004.

[51] Morris A E J. History of urban form before the industrial revolution [M]. 3rd ed. Longman, 1994.

[52] Giedion S. Architecture and the phenomena of transition: the three space conceptions in architecture [M]. Boston: Harvard University Press, 1971.

[53] Kostof S. The city assembled: the elements of urban form through history [M]. Thames & Hudson, 1992.

[54] Kostof S. The city shaped: urban patterns and meanings through history [M]. Thames & Hudson, 1991.

[55] Mumford L. The city in history: its origins, its transformations, and its prospects [M]. Houghton Mifflin Harcourt, 1961.

[56] Sjoberg G. The preindustrial city: past and present [M]. Free Press New York, 1960.

[57] 王伟强. 和谐城市的塑造——关于城市空间形态演变的政治经济学实证分析 [M]. 北京: 中国建筑工业出版社, 2005.

[58] Lefebvre H. The Production of Space [M]. Wiley, 1991.

[59] Harvey D. The urbanization of capital [M]. Blackwell Oxford, 1985.

[60] Lynch K. The images of the city [M]. Cambridge: The MIT Press, 1960.

[61] Gordon P, Richardson H W. A critique of New Urbanism, 1998 [C].

[62] Jenks M, Burton E, Williams K. Compact cities and sustainability: an introduction In The Compact City—A Sustainable Urban Form. E & FN Spon, London, 1996.

[63] Dieleman et al. Planning the compact city, the Randstad Holland Experience, Utrecht: Nethur. paper of the Uran Research Centre, Utrecht, 1997.

[64] Ravetz J. integrated assesment for sustainability appraisal in cities and regions [J]. Environmental impact assessment review. 2000,

20 (1).

[65] Anderson S R. A-morphous morphology. Encyclopedia of Language & Linguistics, 2006 : 198-203.

[66] Rogers P. An Introduction to Sustainable Development [M] . Boston : Harvard University Press, 2006.

[67] 杨东峰. 可持续城市形态: 物质空间规划价值的重新发现 [J] . 中国名城, 2012 : 10-17.

[68] Jabareen Y R. Sustainable urban form: their typologies,models and concept [J] . Journal of Planning Education and Research, 2006, 26 : 38-52.

[69] Lyle W, Rees W. Urban density and ecological footprints—an analysis of Canadian households [A] . In Eco-city dimensions:Healthy communities, healthy planet [C] , ed. Mark Roseland. Gabriola Island, British Columbia, Canada: New Society Publishers. 1997.

[70] Daniel J, Horan T. Intelligent transportation systems and sustainable communities findings of a national study. Paper presented at the Transportation Research Board 76th annual meeting [C] . Washington, DC, 1997, (1): 12-16.

[71] Pressman N. Forces for spatial change.In:Brotchie J, Newton P, Hall P, Nijkamp P (Eds), The Future of Urban Form:The Impact of New Technology. Routledge London. 1985 : 349-361 .

[72] Minnery J. Urban Form and Development Strategies : Equity, Environmental and economic Implications [R] . The National Housing Strategy Background, Paper7. AGPS, Canberra, 1992.

[73] Levinson D M, Kumar, A. Is residential density a transportation issue?. Urban Studies (submitted), 1993.

[74] Schimek P. Land-use, transit, and mode split in Boston and Toronto. Presented at the Association of Collegiate Schools of Planning and Association of European Schools of Planning Joint International

Congress, Toronto, Canada, 1996.

[75] Schimek P. Household motor vehicle ownership and use: how much does residential density matter? [J]. Transportation Research Record, 1996 (1552): 120-125.

[76] Kockelman K M. Travel behavior as a function of accessibility, land-use mixing, and land-use balance: evidence from the San Francisco bay area [J]. Transportation Research Record, 1997 (1607): 116-125.

[77] Ewing R, Cervero R. Trave land the built environment:A synthesis [J]. Transportation Research Record, 2001 (1780): 87-114.

[78] Ewing R, Rong F. The impact of urban form on US. residential Energy Use. Housing Policy Debate, 2008, 19 (1): 1-30.

[79] Glaeser Edward L, Matthew E Kahn. The greenness of cities: Carbon dioxide emission and Urban development [J]. Journal of Urban Economics, 2010, (67): 404-418.

[80] Brown J, Milne M. A first for New Zealand. Chartered Accountants Journal, Institute of Chartered Accountants of New Zealand, 2009.

[81] Lariviere I, Lafrance G. Modelling the electricity consumption of cities: effect of urban density [J]. Energy Economics, 1999, 21 (1): 53-66.

[82] 里德·尤因，荣芳. 城市形态对美国住宅能源使用的影响 [J]. 秦波，戚斌，译. 国际城市规划，2013 (2): 42-46.

[83] 龙惟定，白玮，梁浩，等. 低碳城市的城市形态和能源愿景 [J]. 建筑科学，2010, 26 (2): 13-19.

[84] 王建国，王兴平. 绿色城市设计与低碳城市规划 [J]. 城市规划，2011 (2): 20-21.

[85] 邱红，林姚宇. 面向低碳的城市规划与设计研究概述 [J]. 国际城市规划，2012, 2 (7): 4-9.

[86] 杨选梅，葛幼松，曾红鹰. 基于个体消费行为的家庭碳排放研究

[J]. 中国人口·资源与环境，2010，20（5）：35-40.

[87] 杨磊，李贵才，林姚宇. 影响城市居民碳排放的空间形态要素 [J]. 城市发展研究，2012，19（2）：26-31.

[88] 朝林，谭纵波，刘宛，等. 气候变化、碳排放与低碳城市规划研究 [J]. 城市规划学刊，2009（3）：38-45.

[89] 张英杰，霍燚. 城市增长对生活碳排放的理论研究 [J]. 城市观察，2010（2）：69-78.

[90] 张馨，牛叔文，赵春升，胡莉莉. 中国城市化进程中的居民家庭能源消费及碳排放研究 [J]. 中国软科学，2011（9）：65-75.

[91] Liu L C, Wu G, Wang J N, et al. China's carbon emissions from urban and rural households during 1992-2007 [J]. Journal of Cleaner Production, 2011（19）：1754-1762.

[92] 蔡博峰，赵楠，冯恺. 城市 CO_2 排放驱动力和影响因素研究 [J]. 中国人口·资源与环境，2013，23（5）：14-20.

[93] 姚胜永，潘海啸. 基于交通能耗的城市空间和交通模式宏观分析及对我国城市发展的启示 [J]. 城市规划学刊，2009（3）：46-52.

[94] 马静，柴彦威，刘志林. 基于居民出行行为的北京市交通碳排放影响机理 [J]. 地理学报，2011，66（8）：1023-1032.

[95] 范进. 城市密度对城市能源消耗影响的实证研究 [J]. 中国经济问题，2011（6）：16-22.

[96] 龙瀛，毛其智，杨东峰，等. 城市形态、交通能耗和环境影响集成的多智能体模型 [J]. 地理学报，2011，66（8）：1033-1044.

[97] Buchs M, Schnepf S V. Who emits most? Associations between socio-economic factors and UK households home energy, transport, indirect and total CO_2 emissions [J]. Ecological Economics, 2013（90）：114-123.

[98] 秦波，田卉. 社区空间形态对居民碳排放的影响 [C]. 中国城市规划年会论文集，2013.

[99] 霍燚，郑思齐，杨赞. 低碳生活的特征探索——基于 2009 年北京

市“家庭能源消耗与居住环境”调查数据的分析 [J]. 城市与区域规划研究，2010 (2)：55-72.

[100] 黄经南，陈舒怡，王国恩. 城市空间结构与家庭出行碳排放分析——以武汉市为例 [J]. 城市问题，2014 (2)：93-99.

[101] 陈飞，诸大建. 低碳城市研究的内涵——模型与目标策略确定 [J]. 城市规划学刊，2009 (4)：7-13.

[102] 秦波，戚斌. 城市形态对家庭建筑碳排放的影响——以北京为例 [J]. 国际城市规划，2011 (3).

[103] 江海燕，肖荣波，吴婕. 城市家庭碳排放的影响模式及对低碳居住社区规划设计的启示——以广州为例 [J]. 现代城市研究，2013 (2)：100-106.

[104] 潘海啸. 面向低碳的城市空间结构——城市交通与土地使用的新模式 [J]. 城市发展研究，2010，17 (1)：40-45.

[105] 张泉，叶兴平，陈国伟. 低碳城市规划——一个新的视野 [J]. 城市规划，2010，34 (2)：13-41.

[106] 叶祖达. 碳排放量评估方法在低碳城市规划之应用 [J]. 现代城市研究，2009，11：20-26.

[107] 赵宏宇，郭湘闽，褚筠. “碳足迹”视角下的低碳城市规划 [J]. 规划师，2010，5 (26)：9-14.

[108] 亚历山大 C. 建筑模式语言 [M]. 王听度，周序鸿，译. 北京：知识产权出版社，2002.

[109] 亚历山大 C. 建筑的永恒之道 [M]. 赵冰，译. 北京：知识产权出版社，2002.

[110] 王建国. 城市设计 [M]. 北京：中国建筑工业出版社，2009.

[111] 金经元. 我们如何理解“田园城市”[J]. 北京城市学院学报，2007 (4)：1-12.

[112] 迈克尔·布鲁顿，希拉·布鲁顿. 英国新城发展与建设 [J]. 于立，胡伶倩，译. 国际城市规划，2003，27 (12)：78-81.

[113] 李强. 从邻里单位到新城市主义社区——美国社区规划模式变迁

研究［J］. 世界建筑，2006（7）：92-94.

［114］吉尔·格兰特.良好社区规划——新城市主义的理论与实践［M］. 叶齐茂，倪晓晖，译. 北京：中国建筑工业出版社，2010.

［115］Downs A，Costa F. Smart growth/count：an ambitious movement and its prospects for success［J］. Association，Journal of the American Planning Assocition，2005，71（4）：367-378.

［116］梁鹤年. 精明增长［J］. 城市规划，2005（10）：65-69.

［117］诸大建，刘冬华. 管理城市成长：精明增长理论及对中国的启示［J］. 同济大学学报（社会科学版），2006（4）：22-28.

［118］洪亮平. 城市设计的历程［M］. 北京：中国建筑工业出版社，2002.

［119］Nicole M. The compact city：theory versus practice-the case of cambridge［J］. 1998，13（2）：157-179.

［120］Ewing R. Is Los Angeles—style sprawl desirable［J］. Joumal of the American Planning Association，1997，63（1）：107-126.

［121］Gordon P，Richardson H W. Are compact cities a desirable planning goal［J］. Journal of the American Planning Association，1997，63：94-106.

［122］Galster G，Hanson R，Ratcliffe M R. Wrestling sprawl to the ground：defining and measuring an elusive concept［J］. Housing Policy Debate，2001，12（4）：681-717.

［123］韩笋生，秦波. 借鉴“紧凑城市”理念，实现我国城市的可持续发展［J］. 国外城市规划，2004，19（06）：23-27.

［124］李琳. “紧凑”与“集约”的并置比较——再探中国城市土地可持续利用研究的新思路［J］. 城市规划，2006（10）：19-24.

［125］陈海燕，贾倍思. “紧凑住区”：中国未来城郊住宅可持续发展的方向［J］. 建筑师，2004（02）：4-11.

［126］海道清信. 紧凑型城市的规划与设计：欧盟·美国·日本的最新动向与事例［M］. 苏利英，译. 北京：中国建筑工业出版社，2009.

[127] 李琳. 紧凑城市中“紧凑”概念释义[J]. 城市规划学刊, 2008(3): 41-45.

[128] 金俊, 齐康, 张曼. 基于紧凑城市策略的城市空间实践评析[J]. 建筑与文化, 2013(1): 54-55.

[129] 徐小东, 徐宁. 基于可持续准则的欧洲紧凑发展的城市实践[J]. 建筑学报, 2009(z1): 79-82.

[130] 张庭伟. 实现小康后的住宅发展问题——从美国60年来住房政策的演变看中国的住房发展[J]. 城市规划, 2001, 25(4): 55-60.

[131] 邹经宇, 张晖. 适合高人口密度的城市生态住区研究——关于(中国)香港模式的思考[J]. 新建筑, 2004(8): 51-54.

[132] Alexander E R. Density measures: a review and analysis[J]. Journal of Architectural and Planning Research, 1993, 10(3): 181-202.

[133] DCLG (department for communities and local government). Consultation-Planning Policy Statement:Planning and Climate Change (Supplement to Planning Policy Statement), Wetherby, Communities and Local Government Publication, 2006.

[134] Newman P, Hogan T. A review of urban density models: toward a resolution of the conflict between populace and planner[J]. Human Ecology, 1981, 9(3): 269-303.

[135] Mitchell R E. Some social implications of high density housing[J]. American Sociological Review, 1971, 36(1): 18-29.

[136] Granovetter, Mark S. Afterword in Getting a Job (2nd edition). Chicago, IL: University of Chicago Press, 1995.

[137] Jenks M, Burton E, Willams K. 紧缩城市——一种可持续发展的城市形态[M]. 周玉鹏, 译. 北京: 中国建筑工业出版社, 2004.

[138] 邓卫. 突破居住区规划的小区单一模式[J]. 城市规划, 2001, 1(2): 30-32.

[139] 朱怿. 从“居住小区”到“居住街区”——城市内部住区规划设计模式探析[D]. 天津: 天津大学, 2006.

[140] 张薇，王一平．街道的意义——城市住区模式的演进［J］．四川建筑科学研究，2010（10）：218-220.

[141] 魏薇，秦洛峰．对中国城市封闭住区的解读［J］．建筑学报，2011（02）：5-8.

[142] 徐苗，杨震．起源与本质：空间政治经济学视角下的封闭住区［J］．城市规划学刊，2010（4）：36-41

[143] 张彧．城市住区中建筑层数与节约用地量化关系的探讨［J］．建筑与文化，2010（11）：88-89.

[144] 舒平，汪丽君，宋令涛．住区规划与大城市住宅层数发展策略研究［J］．城市规划，2010，26（3）：32-38.

[145] 刘望保，闫小培，曹小曙．转型期广州市城市居民住房产权分异研究［J］．热带地理，2006，26（4）：349-363.

[146] 袁媛，许学强，薛德升．广州市1990—2000年外来人口空间分布、演变和影响因素［J］．经济地理，2007，27（2）：250-255.

[147] 吴缚龙．中国城市社区的类型及其特质［J］．城市问题，1992（2）：24-27.

[148] 王颖．上海城市社区实证研究——社区类型、区位结构及变化趋势［J］．城市规划汇刊，2002（6）：33-41.

[149] 杜德斌，崔裴，刘小玲．论住宅需求、居住选址与居住分异［J］．经济地理，1996，16（1）：82-90.

[150] 武田，艳何芳．城市社区公共服务设施规划标准设置准则探讨［J］．城市规划，2011，35（9）：13-18.

[151] vanKampb L, et al. Urban environmental quality and human well-being Towards a conceptual framework and demarcation of concepts:a literature study［J］. Landscaps and Urban Planning, 2003（65）：5-18.

[152] 顾鸣东，尹海伟．公共设施空间可达性与公平性研究概述［J］．城市问题，2010（5）：25-29.

[153] 杨震，赵民．论市场经济下居住区公共服务设施的建设方式［J］．城市规划，2002，26（5）：14-19.

[154] Okafor S I. Expanding a network of public facilities with some fixed supply points [J]. GeoJournal, 1981, 5(4): 385-390.

[155] Farhan B, Murray A T. Siting park-and-ride facilities using a multiobjective spatial optimization model [J]. Computers & Operations Research, 2008(2): 445-456.

[156] Suárez-Vega R, Santos-Peate D R, Dorta-González P, et al. A multi-criteria GIS based procedure to solve a network competitive location problem [J]. Applied Geography, 2011(1): 282-291.

[157] 朱华华，闫浩文，李玉龙. 基于Voronoi图的公共服务设施布局优化方法 [J]. 测绘科学, 2008(2): 72-74.

[158] 闫萍，戴慎志. 集约用地背景下的市政基础设施整合规划研究 [J]. 城市规划学刊, 2010(1): 109-115.

[159] 陈振华. 城乡统筹与乡村公共服务设施规划研究 [J]. 北京规划建设, 2010(1): 43-46.

[160] Williams K, Jenks M, Burton E. How much is too much?Urban intensification,social capatity and sustainable development [J]. Open House international, 1996, 24(1): 17-26.

[161] Jenks M, Jones C. Dimensions of the sustainable city [M]. Springer-Verlag New York Inc. n, 2010.

[162] 戴颂华. 中西居住形态比较——源流、交融、演进 [M]. 上海: 同济大学出版社, 2008.

[163] 周健，肖荣波，孙翔. 住区形态变迁与居民通勤能源消费的关系 [J]. 应用生态学报, 2013, 24(7): 1977-1984.

[164] 巩玉磊. 住区形态影响因素初探 [J]. 城市建设理论研究（电子版), 2013(9): 1-5.

[165] 窦以德. 回归城市——对住区空间形态的一点思考 [J]. 建筑学报, 2004(4): 8-10.

[166] 董方春. 密度与城市形态 [J]. 建筑学报, 2012(07): 22-27.

[167] Hansen W G. How accessibility shapes land use [J]. Journal

of the American Planning Association, 1959, 25 (2): 73-76.

[168] 沈清基. 城市多样性与紧凑性：状态表征与关系辨析 [J]. 城市规划, 2009 (10): 25-59.

[169] 赵中华, 惠刚盈. 树种多样性计算方法的比较 [J]. 林业科学, 2012, 48 (11): 1-8.

[170] 李稻葵, 汪进. 中国的二氧化碳排放的经济学分析与预测 [J]. 研究报告, 2008.

[171] International Energy Agency. Transport energy and CO_2 : moving toward sustainability [M] . IEA PAIRS, 2009.

[172] Wright L, Fulton L. Climate change mitigation and transport in developing nations [J] . Transport Reviews, 2005, 5 (1-2): 7-40.

[173] 柴彦威, 张艳, 刘志林. 城市形态与低碳城市：职住分离的空间差异性及其影响因素研究 [J]. 地理学报, 2011, 66 (2): 157-166.

[174] 刘毅. 居民节能意识及节能行为调查分析 [J]. 电力需求侧管理, 2009, 11 (4): 59-62.

[175] Musti S, Kortum K, Kara M. Kockelman. Household energy use and travel: Opportunities for behavioral change. Transportation Research Part D: Transport and Environment, 2011, 16 (1): 49-56.

[176] Schwanen T, Mokhtarian P L. What if you live in the wrong neighborhood?The impact of residential neighborhood type dissonance on distance traveled [J] . Transportation Research Part D: Transport and Environment, 2005, 10 (2): 127-151.

[177] Cao X, Mokhtarian P L, Handy S L. Neighborhood design and vehicle type choice: evidence from Northern California [J] . Transportation Research Part D:Transport and Environment, 2006, 11 (2): 133-145.

[178] Maat K, Timmermans H J P. Influence of the residential and work environment on car use in dual-earner households. Transportation Research Part A: Policy and Practice, 2009, 43 (7): 654-664.

[179] 刘志林，秦波．城市形态与低碳城市：研究进展与规划策略[J]．国际城市规划，2013(02)：4-11．

[180] 张艳，秦耀辰，闫卫阳，等．我国城市居民直接能耗的碳排放类型及影响因素[J]．地理研究，2012，31(2)：345-356．

[181] 郑思齐，霍燚，曹静．中国城市居住碳排放的弹性估计与城市间差异性研究[J]．经济问题探索，2011(9)：124-130．

[182] Tukker A, Jansen B. Environmental impacts of products[J]. Journal of Industrial Ecology, 2006(10): 159-182.

[183] Pachauri S. An analysis of cross-sectional variations in total household energy requirements in India using micro survey data[J]. Energy Policy, 2004, 32(15): 1723-1735.

[184] Abrahamse W, Steg L. How do socio-demographic and psychological factors relate to households' direct and indirect energy use and savings?[J]. Journal of Economic Psychology, 2009(30): 711-720.

[185] Wei Y M, Liu L C, Fan Y, et al. The impact of lifestyle on energy use and CO_2 emission: an empirical analysis of China's residents[J]. Energy Policy, 2007(35): 247-57.

[186] 冯玲，吝涛，赵千钧．中国城镇居民家庭直接能耗和碳排放特征及其动态演进分析[J]．中国人口·资源与环境，2011，21(5)：93-100．

[187] 彭西哲，朱勤．我国人口态势与消费模式对碳排放的影响分析[J]．人口研究，2010，34(1)：45-58．

[188] 叶红，潘玲阳，陈峰，等．城市家庭能耗直接碳排放影响因素——以厦门岛区为例[J]．生态学报，2010，30(14)：3802-3811．

[189] 张艳，秦耀辰．家庭直接能耗的碳排放影响因素及进展研究[J]．经济地理，2011，31(2)：284-288．

[190] Schuler A, Weber C, Fahl U. Energy consumption for space heating of West-German households: empirical evidence,scenario projections and policy implications[J]. Energy Policy, 2000, 28(12):

877-894.

[191] Curtis F P, Housley S, S Drever. Household energy conservation [J]. Energy Policy, 1984 (12): 452-456.

[192] Black J S, Stern P C, Elworth J T. Personal and contextual influences on household energy adaptations [J]. Journal of Applied Psychology, 1985 (70): 3-21.

[193] Jongeling R, Olofsson T. A method for planning of work-flow by combined use of location-based scheduling and 4D CAD [J]. Automation in Construction, 2007, 16 (2): 189-198.

[194] 霍毅，郑思齐，杨赞. 低碳生活的特征探索——基于2009年北京市"家庭能源消耗与居住环境"调查数据分析 [J]. 城市与区域规划研究，2010, 3 (2): 55-72.

[195] Glaeser E L, Kahn M E. The greenness of cities: carbon dioxide emissions and urban development [J]. Journal of Urban Economics, 2009, 38 (1): 650-655.

[196] Dalton M, Neill B, Prskawetz A, et al. Population aging and future carbon emission in the United States [J]. Energy Economocs, 2008 (30): 642-675.

[197] 傅崇辉，王文军，曾序春. 生活能源消费的人口敏感性分析——以中国城镇家庭户为例 [J]. 资源科学，2010, 35 (10): 1933-1944.

[198] Bin S, Dowlatabadi H. Consumer lifestyle approach to US energy use and the related CO_2 emissions [J]. Energy Policy, 2005 (33): 197-200.

[199] Hanson. Trip frequency increases with household size income and car ownership [M]. 1982.

[200] Kenny T, Gray N F. A preliminary survey of household and personal carbon dioxide emissions in Ireland [J]. Environment International, 2009, 262-263.

[201] 王妍，石敏俊. 中国城镇居民生活消费引发的完全能源消耗 [J].

资源科学，2009，31（12）：2093-2100.

[202] Corraliza J A, Berenguer J. Environmental values beliefs and actions, a situational approach [J]. Environment and Behaviour, 2000, 32（6）：832-848.

[203] Gatersleben B, Steg L, Vlek C. The measurement and determinants of environmentally significant consumer behaviour [J]. Environment and Behaviour, 2002, 34（3）：335-362.

[204] 陈利顺. 城市居民能耗消费行为研究 [D]. 大连：大连理工大学，2009.

[205] 柴彦威. 行为地理学研究的方法论问题 [J]. 地域研究与开发，2005，24（2）：1-5.

[206] Golledge R G, Stimson R J. Spatial Behavior: a geographic Perspective [M]. New York: The Guilford Press, 1997.

[207] 柴彦威，塔娜. 中国行为地理学研究近期进展 [J]. 干旱区地理，2011，34（1）：1-11.

[208] 张文佳，柴彦威. 时空制约下的城市居民活动—移动系统—活动分析法的理论和模型进展 [J]. 国际城市规划，2009，24（4）：60-68.

[209] Train K E. Discrete Choice Methods with Simulation [M]. New York: Cambridge University Press, 2003.

[210] 柴彦威，张艳. 应对全球气候变化，重新审视中国城市单位社区 [J]. 国际城市规划，2010，25（1）：20-23，46-53.

[211] 张文佳，柴彦威. 居住空间对家庭购物出行决策的影响 [J]. 地理科学进展，2009，28（3）：362-368.

[212] Cai H, Xie S. Estimation of vehicular emission inventories in china from 1980 to 2005 [J]. Atmos Environ, 2007（41）：8963-8979.

[213] Gurney K R, Mendoza D L, Zhou Y, Fischer M L, Miller C C, et al. High resolution fossil fuel combustion CO_2 emission fluxes for the United States. Environ. Sci. Technol., 2009（43）：5535-5541.

[214] Yan X, Crookes R J. Progress in Energy and Combustion Science

[J]. Progress in Energy and Combustion Science, 2010(36): 651-676.

[215] Huo H, Zhang Q, He K B, Wang Q D, Yao Z L, Streets D G. High resolution vehicular emission inventory using a link-based method: a case study of lightduty vehicles in Beijing [J]. Environ. Sci.Technol., 2009(43): 2394-2399.

[216] 赵岑，冯长春. 我国城市化进程中城市人口与城市用地相互关系研究[J]. 城市发展研究，2012，17(10): 113-118.

[217] 陈明星，陆大道. 中国城市化与经济发展水平关系的国际比较[J]. 地理研究，2009(2): 464-474.

[218] 黄明华，王垚，蒋伟. 紧凑城市背景下我国城市居住用地“中层中密度”开发模式探索[J]. 现代城市研究，2015(2): 87-93.

[219] Serge Salat. 城市与形态：关于可持续化的研究[M]. 香港：国际文化出版有限公司，2013.

[220] 柴彦威，张纯. 地理学视角下的城市单位：解读中国城市转型的钥匙[J]. 国际城市规划，24(5): 2-6.

[221] Bray D. Social space and governance in urban China: the danwei system from origins to reform [M]. Stanford:Stanford University Press, 2005.

[222] 李彤. 上海住宅发展政策演进研究[D]. 上海:同济大学，2004.

[223] 崔广录，陈协堂，刘椿. 上海住宅建设志[M]. 上海：上海社会科学院出版社，1998.

[224] 胡圣磊. 上海城市福利性住宅发展和特点研究[D]. 上海：同济大学，2005.

[225] Wang J. Tale of Beijing [M]. Beijing: China Triple Press, 2003.

[226] Hang Y. From work-Unit compounds to gated communication: housing inequality and residential segregation in transitionnal Beijing [M]. London: Routledge, 2005.

[227] 陆歆弘. 城市居民居住节能行为与意识实证研究[J]. 城市问题，

2012，3：19-24.

[228] 彭坤焘. 宏观调控下的住房开发特征研究 [D]. 上海：同济大学，2008.

[229] 杨崴. 可持续性建筑存量演进模型研究——以中国建筑存量为例 [D]. 天津：天津大学建筑学院，2006.

[230] 汪定曾. 上海曹杨新村住宅区的规划设计 [J]. 建筑学报，1956 (2)：1-15.

[231] 汪定曾，徐荣春. 居住建筑规划设计中几个问题的探讨 [J]. 建筑学报，1962 (2)：6-14.

[232] 上海市普陀区地方志编纂委员会. 普陀区志 [M]. 北京：方志出版社，2006.

[233] Reeenfeld A, Arthur H, Akbari H, et al. Mitigation of urban heat islands：materials, utility programs, updates [J]. Energy and Buildings, 1995, 22 (5)：255-265.

[234] 王建平. 分化与区隔：中国城市中产阶级消费特征及其社会效应 [J]. 湖南师范大学社会科学学报，2008, (01)：69-72.

[235] 柴彦威，陈零极. 中国城市单位居民的迁居：生命历程方法的解读 [J]. 国际城市规划，2009, 24 (05)：7-14.

[236] 田丰. 中国当代家庭生命周期研究 [D]. 北京：中国社会科学院研究生院，2011.

[237] 曲英. 城市居民生活垃圾源头分类行为研究 [D]. 大连：大连理工大学，2007.

[238] 李实，古斯塔森夫. 20 世纪 80 年代末中国居民经济福利的分配 [J]. 改革，1994, 79-91.

[239] 宁光杰. 住房改革、房价上涨与居民收入差距扩大 [J]. 当代经济科学，2009, 31 (5)：52-58.

[240] 施梁. 由土地资源约束看未来我国城镇居民住房面积水平定位 [J]. 建筑学报，2002 (8)：4-5.

[241] 刘望保，闫小培，曹小曙. 转型期中国城镇居民住房类型分化及

其影响因素——基于CGSS（2005）的分析［J］. 地理学报，2010，65（8）：949-960.

［242］Brand C, Preston J M. '60-20 emission': the unequal distribution of greenhouse gas emissions from personal, non-businesstravel in the UK［J］. Transport Policy, 2010, 17（1）：9-19.

［243］Ko J, Park D, Lim H, et al. Who produces the most CO_2 emissions for trips in the Seoul metropolis area?［J］. Transportation Research Part D: Transport and Environment. 2011，16（5）：358-364.

［244］Carty J, Ahern A. Retracted: introducing a transport carbon dioxide emissions vulnerability index for the Greater DublinArea［J］. Journal of Transport Geography. 2011，19（6）：1059-1071.

［245］朱松丽. 北京、上海城市交通能耗和温室气体排放比较［J］. 城市交通，2010，8（3）：58-63.

［246］苏城元，陆键，徐萍. 城市交通碳排放分析及交通低碳发展模式——以上海为例［J］. 公路交通科技，2012，29（3）：142-148.

［247］Cervero R. Mixed land-uses and commuting：evidence from the American housing survey［J］. Transportation Research Part A, 1996, 30（5）：361-377.

［248］Sim L L, Choo Malone-Lee L, Chin K H L. Integrating land use and transport planning to reduce work-related travel：a case study of Tampines Regional Centre in Singapore［J］. Habitat International, 2001，25：399-414.

［249］Cervero R, Duncan M. Which reduces vehicle travel more: jobs-housing balance or retail-housing mixing?［J］. Journal of the American Planning Association, 2006, 72（4）：475-490.

［250］姚丽亚，关宏志，孙立山，等. 公共交通出行方式选择影响因素分析［C］. 第六届交通运输领域国际学术会议论文集. 2006：239-241.

［251］Nass P. Urban structures and travel behavior: experiences from empirical research in Norway and Denmark European［J］. Journal of

Transport Infrastrucuure, 2003, 3 (3): 155-178.

[252] 王德，许尊，朱玮. 上海市郊区居民商业设施使用特征及规划应对——以莘庄地区为例 [J]. 城市规划学刊，2011 (5): 80-85.

[253] 陈晓键. 公众诉求与城市规划决策：基于城市设施使用情况调研的分析和思考 [J]. 国际城市规划，2013, 28 (1): 21-25

[254] 王立，王兴中. 基于新人本主义理念的城市社区生活空间公正结构探讨 [J]. 人文地理，2010 (6): 30-34.

[255] Paul M G, Christina R S, Julte L S. Optimization of Community Health Center locations and service offerings with statistical need Estimation [J]. Lie Transactions. 2008, 40 (9): 880-892.

[256] Amerigo M A. Psychological approach to the study of residential satisfaction.Choice satisfaction and Behaviro. Bergin and Garvey, Westport CT, 2002 : 81-100.

[257] 陈昊. 城市居民住房质量满意度评价——以上海为例 [J]. 北方经贸，2011 (4): 54-57.

[258] 胡畔，张建召. 基本公共服务设施研究进展与理论框架初构——基于主体视角与复杂科学范式的递进审视 [J]. 城市规划，2012 (12): 84-90.

[259] Gallimore J M, Brown B B, Werner C M. Walking routes to school in new urban and suburban neighborhoods: an environmental walkability analysis of blocks and routes [J]. Journal of Environmental Psychology, 2011, 31 (2): 184-191.

[260] 黄芳铭. 结构方程模式：理论与应用 [M]. 北京：中国税务出版社，2005.

[261] Peter R, Stophew, David T, et al. SMART : simulation model for activities, resources and travel [J]. Transportation. 1996 (23): 293-312.

[262] Lee Y, Hickman M, Washington S. Household type and structure, time-use pattern, and trip-chaining behavior [J].

Transportation Research Part A. 2007（41）: 1004-1020.

[263] 陆莹莹，赵旭．家庭能源消费研究述评[J]．水电能源科学，2008，26（2）: 187-191.

[264] 焦有梅，白慧仁，蔡飞．山西城乡居民生活节能潜力与途径分析[J]．山西能源与节能，2009（2）: 72-75.

[265] 叶隽，李运江．武汉市住宅建筑能耗调查与分析[J]．四川建筑科学研究，2012，38（1）: 277-280.

[266] 陈婧．上海高能耗群体的生活方式研究[D]．上海：复旦大学，2012.

[267] Park H C, Heo E. The direct and indirect household energy requirements in the Republic of Korea from 1980 to 2000-An input-output analysis [J]. Energy Policy, 2007（35）: 283-285.

[268] Vringer K, Blok K. The direct and indirect energy requirements of households in the Netherlands [J]. Energy Policy, 1995, 23（10）: 893-910.

[269] Abrahamse W, Steg L. How do socio-demographic and psychological factors relate to households direct and indirect energy use and savings? [J]. Journal of Economic Psychology, 2009, 30（5）: 711-720.

[270] 龙惟定，钟婷．上海住宅空调的发展趋势[C]．中国家用/商用中央空调应用技术研讨会论文集，2002: 11-14.

[271] Geoffrey K F T, Kelvin K W Y. A study of domestic energy usage pattern in Hong Kong. Energy, 2003, 28（15）: 1671-1682.

[272] 刘刚，彭先见．深圳市典型家庭能耗及用能行为调研分析[C]．第六届国际绿色建筑与建筑节能大会论文集，2010: 427-433.

[273] 李哲．中国住宅中人的用能行为与能耗关系的调查与研究[D]．北京：清华大学，2012.

[274] 孙娟．中国典型城市住宅能耗调查与分析[D]．上海：同济大学，2009.

[275] 申晓宇，倪致学．上海居民小区建筑能耗调研与节能分析[J]．能源研究与利用，2009，37（3）：384-389．

[276] 李兆坚．我国城镇住宅空调生命周期能耗与资源消耗研究[D]．北京：清华大学，2007．

[277] Oseland N A. An evaluation of space in new homes[C]. Turkey: Proceedings of the IAPS Conference Ankara, 1990.

[278] Galster G. Identifying the correlater of residential satisfaction: an emprirical critique[J]. Enviroment and Behaviour, 1987(19): 539-568.

[279] 尹志超，甘犁．中国住房改革对家庭耐用品消费的影响[J]．经济学，2009，9（1）：53-71．

[280] 徐磊青．为高层住宅辩护——两个高层住宅实例的居住满意度与邻里关系分析[J]．新建筑，2002（2）：45-47．

[281] 李志刚．中国城市“新移民”聚居区满意度研究——以北京、上海、广州为例[J]．城市规划，2011（12）：75-82．

[282] Gifford R. Enviromental psychology: principles and practices[M]. Cranbury: Allyn and Bacon, 1997.

[283] Park R S. Improving pedestrian access to transit stations in less walkable environment[EB/OL]. http://www.walk21.com/papers/Park.pdf, 2010.

[284] Geurs K T, vanWee B. Accessibility evaluation of land-use and transport strategies: review and research directions[J]. Journal of Transport Geography, 2004, 12(2): 127-140.

[285] 姜涛，王妍．城市步行空间质量评价初探[J]．交通标准化，2006，2（3）：152-154．

[286] 陈泳，何宁．轨道交通站地区宜步行环境及影响因素分析[J]．城市规划学刊，2012（6）：96-104．

[287] 罗志文．基于城市步行环境要素探讨公共场所的营造[J]．价值工程，2013（27）：286-287．

[288] 杨玲艳，姚道先．谈香港“以人为本”的步行环境[J]．科技情报开发与经济，2008，18(27)：112-113.

[289] Steg L. Promoting household energy conservation [J]. Energy Policy, 2008, 36(12): 4449-4453.

[290] Babooram A, Hurst M. Uptake of water-and energy-conservation devices in the home [J]. Canadian Social Trends Winter, 2010(91): 12-19.

附录 A　问卷量表变量属性说明

个体社会经济、家庭结构及住房使用模块基本变量说明				
变量特征	变量编号	变量名称	变量类型	初始变量选项说明
个体社会经济特征	a2-1	被访者性别	两分变量	男性为 1，女性为 0
	a2-2	被访者年龄	有序变量	20 岁以下，21~35 岁，36~50 岁，51~65 岁，66~80 岁，81 岁以上，分类编码为 1~6
	a2-3	被访者户籍状况	名义变量	无填写或不知道，本地常住户籍，本市其他地区常住户籍，持有居住证常住户籍，非上海户籍，分类编码为 0~4
	a2-4	被访者婚姻状况	名义变量	无填写或不知道，未婚，已婚，离婚，丧偶，分类编码为 0~4
	a2-5	被访者教育状况	有序变量	无填写或不知道，无任何教育，小学，初中，高中，中专，大专，本科，研究生及以上，分类编码为 0~8
	a2-6	被访者就业状况	名义变量	无填写或不知道，全职就业，临时就业，离退休不上班，离退休上班，无业，全职家务，上学及其他，分类编码为 0~7
	a2-7	被访者职业状况	名义变量	无填写或不知道，国家机关、党群组织、企业、事业单位负责人，专业技术人员，办事人员和有关人员，商业、服务业人员，农、林、牧、渔、水利业生产人员，生产、运输设备操作人员，军人，其他从业人员，分类编码为 0~8
	a2-8	被访者个人月收入状况	距离变量	无填写或不知道为 0

续表

个体社会经济、家庭结构及住房使用模块基本变量说明				
变量特征	变量编号	变量名称	变量类型	初始变量选项说明
住房使用特征	b1-1	住房建筑使用面积	距离变量	无填写或不知道为 0
	b1-2	居室厨房状况	名义变量	无填写或不知道，原有独立厨，原有独立卫，原有独立厨卫，改造独立厨卫，合用厨卫，分类编码为 0~5
	b1-3	合用厨卫户数	有序变量	无填写或不知道，3 户，4 户，5 户，6 户及 6 户以上，分类编码为 0~5
	b1-4	住房所有权状况	名义变量	无填写或不知道，独立产权商品房，独立产权房改房，公房承租，合同承租房，借住，其他，分类编码为 0~6
	b1-5	住房建造年代	有序变量	无填写或不知道，1950—1959 年，1960—1969 年，1970—1979 年，1980—1989 年，1990—1999 年，2000—2010 年，分类编码为 0~6
	b1-6	住房入住时间	名义变量	无填写或不知道为 0
	b1-7	若为自购房，则房屋具体来源	名义变量	无填写或不知道，自购一手商品房，自购二手商品房，拆迁安置房，售后公房，单位分房，其他，分类编码为 0~6
家庭结构特征	b2-1	家庭年收入状况	距离变量	无填写或不知道为 0
	b2-2	家庭人均年收入状况	距离变量	无填写或不知道为 0
	b2-3	家庭人数	距离变量	无填写或不知道为 0
交通出行行为模块变量说明				
变量特征	变量编号	变量名称	变量类型	初始变量说明
工作地点区位	d2-1	工作地城市区位	名义变量	无填写或不知道，曹杨新村，普陀区，长宁区，闸北区，杨浦区，闵行区，虹口区，黄浦区，卢湾区，静安区，浦东新区，宝山区，松江区，嘉定区，徐汇区，青浦区，金山区，奉贤区，市区外，分类编码为 0~19

续表

交通出行行为模块变量说明				
变量特征	变量编号	变量名称	变量类型	初始变量说明
工作出行交通方式	d2-2-1	工作出行交通方式为私家车	两分变量	1为是，0为否
	d2-2-2	工作出行交通方式为出租车	两分变量	1为是，0为否
	d2-2-3	工作出行交通方式为地铁和轻轨	两分变量	1为是，0为否
	d2-2-4	工作出行交通方式为公共汽车	两分变量	1为是，0为否
	d2-2-5	工作出行交通方式为单位通勤车	两分变量	1为是，0为否
	d2-2-6	工作出行交通方式为电动摩托车	两分变量	1为是，0为否
	d2-2-7	工作出行交通方式为自行车	两分变量	1为是，0为否
	d2-2-8	工作出行交通方式为步行	两分变量	1为是，0为否
工作交通出行距离时间	d3-1	工作交通出行单程所花费的时间	有序变量	无填写或不知道，20分钟以内，21~30分钟，31~40分钟，41~50分钟，51~60分钟，1~2小时，2小时以上，分类编码为0~7
	d3-2	工作交通出行距离区段	有序变量	无填写或不知道，0.1~15.0千米，15.1~30.0千米，30.1~45.0千米，45.1千米以上，分类编码为0~4
休闲出行交通方式	d4-1	去本区之外购物中心采用的主要交通方式	名义变量	无填写或不知道，私家车，出租车，地铁轻轨，公共汽车，电动摩托车，自行车，步行，分类编码为0~7
	d4-2	去本区之外大型超市采用的主要交通方式	名义变量	无填写或不知道，私家车，出租车，地铁轻轨，公共汽车，电动摩托车，自行车，步行，分类编码为0~7
	d4-3	去本区之外美术馆、博物馆采用的主要交通方式	名义变量	无填写或不知道，私家车，出租车，地铁轻轨，公共汽车，电动摩托车，自行车，步行，分类编码为0~7

续表

交通出行行为模块变量说明				
变量特征	变量编号	变量名称	变量类型	初始变量说明
休闲出行交通方式	d4-4	去本区之外体育活动场馆采用的主要交通方式	名义变量	无填写或不知道，私家车，出租车，地铁轻轨，公共汽车，电动摩托车，自行车，步行，分类编码为0~7
休闲交通出行时间	d5-1	去本区之外购物中心单程花费的时间	有序变量	无填写或不知道，10分钟以内，11~20分钟，21~30分钟，31~40分钟，41~50分钟，51~60分钟，60分钟以上，分类编码为0~7
	d5-2	去本区之外大型超市单程花费的时间	有序变量	无填写或不知道，10分钟以内，11~20分钟，21~30分钟，31~40分钟，41~50分钟，51~60分钟，60分钟以上，分类编码为0~7
	d5-3	去本区之外美术馆、博物馆单程花费的时间	有序变量	无填写或不知道，10分钟以内，11~20分钟，21~30分钟，31~40分钟，41~50分钟，51~60分钟，60分钟以上，分类编码为0~7
	d5-4	去本区之外体育活动场馆单程花费的时间	有序变量	无填写或不知道，10分钟以内，11~20分钟，21~30分钟，31~40分钟，41~50分钟，51~60分钟，60分钟以上，分类编码为0~7
公共交通使用特征	d6-1	一周乘坐公共汽车次数	距离变量	0为无填写或不知道
	d6-2	一周乘坐轨道交通次数	距离变量	0为无填写或不知道
	d6-3	步行到公共交通站点时间	有序变量	无填写或不知道，0~5分钟，6~10分钟，11~15分钟，16~20分钟，21~25分钟，26~30分钟，30分钟以上，分类编码为0至7
私家车与停车设施使用	d7-1	是否拥有私家车	两分变量	无填写或不知道，没有，有，分类编码为0~2
	d7-2	拥有私家车数量	距离变量	0为无填写或没有私家车
	d7-3	每天行驶里程	距离变量	0为无填写或没有私家车
	d7-4	总行驶里程	距离变量	0为无填写或没有私家车

续表

交通出行行为模块变量说明				
变量特征	变量编号	变量名称	变量类型	初始变量说明
私家车使用选择替代方式	d8-1	在被访者拥有私家车的前提下，为出行替代方式首选	名义变量	无填写或不知道，公共汽车，地铁轻轨，出租车，电动摩托车，自行车，步行，别无选择，分类编码为 0~7
	d8-2	在被访者拥有私家车的前提下，为出行替代方式其次	名义变量	无填写或不知道，公共汽车，地铁轻轨，出租车，电动摩托车，自行车，步行，别无选择，分类编码为 0~7
	d8-3	在被访者拥有私家车的前提下，为出行替代方式第三	名义变量	无填写或不知道，公共汽车，地铁轻轨，出租车，电动摩托车，自行车，步行，别无选择，分类编码为 0~7
设施使用行为模块变量说明				
变量特征	变量编号	变量名称	变量类型	初始变量说明
住区内部服务设施使用频次特征	c1-1	每周去社区综合百货店次数	距离变量	0 为无填写或不知道
	c1-2	每周去社区餐饮店次数	距离变量	0 为无填写或不知道
	c1-3	每周去社区便利店次数	距离变量	0 为无填写或不知道
	c1-4	每周去社区报刊亭次数	距离变量	0 为无填写或不知道
	c1-5	每周去社区便民服务中心次数	距离变量	0 为无填写或不知道
	c1-6	每周去社区健身场地次数	距离变量	0 为无填写或不知道
	c1-7	每周去社区公园广场次数	距离变量	0 为无填写或不知道
	c1-8	每月去社区医疗服务中心次数	距离变量	0 为无填写或不知道
	c1-9	每月去社区老年服务中心次数	距离变量	0 为无填写或不知道
	c1-10	每月去社区文化服务中心次数	距离变量	0 为无填写或不知道

续表

设施使用行为模块变量说明				
变量特征	变量编号	变量名称	变量类型	初始变量说明
住区外部服务设施使用频次特征	c2-1	每年去本区外电影院次数	距离变量	0 为无填写或不知道
	c2-2	每年去本区外剧院次数	距离变量	0 为无填写或不知道
	c2-3	每年去本区外美术馆次数	距离变量	0 为无填写或不知道
	c2-4	每年去本区外博物馆次数	距离变量	0 为无填写或不知道
	c2-5	每年去本区外大型超市次数	距离变量	0 为无填写或不知道
	c2-6	每年去本区外商业中心次数	距离变量	0 为无填写或不知道
	c2-7	每年去本区外体育场馆次数	距离变量	0 为无填写或不知道
	c2-8	每年去本区外大型公园绿地次数	距离变量	0 为无填写或不知道
	c3-1	步行到最近的幼儿园时间	有序变量	无填写或不知道，很近（0~5 分钟），较近（6~10 分钟），一般近（11~15 分钟），较远（16~20 分钟），一般远（21~25 分钟），远（26 分钟以上），分类编码为 0~6
	c3-2	步行到最近的小学时间	有序变量	无填写或不知道，很近（0~5 分钟），较近（6~10 分钟），一般近（11~15 分钟），较远（16~20 分钟），一般远（21~25 分钟），远（26 分钟以上），分类编码为 0~6
	c3-3	步行到最近的中学时间	有序变量	无填写或不知道，很近（0~5 分钟），较近（6~10 分钟），一般近（11~15 分钟），较远（16~20 分钟），一般远（21~25 分钟），远（26 分钟以上），分类编码为 0~6
	c3-4	步行到最近的超市时间	有序变量	无填写或不知道，很近（0~5 分钟），较近（6~10 分钟），一般近（11~15 分钟），较远（16~20 分钟），一般远（21~25 分钟），远（26 分钟以上），分类编码为 0~6

续表

设施使用行为模块变量说明				
变量特征	变量编号	变量名称	变量类型	初始变量说明
	c3-5	步行到最近的综合活动中心时间	有序变量	无填写或不知道，很近（0~5分钟），较近（6~10分钟），一般近（11~15分钟），较远（16~20分钟），一般远（21~25分钟），远（26分钟以上），分类编码为0至6
	c3-6	步行到最近的农贸市场时间	有序变量	无填写或不知道，很近（0~5分钟），较近（6~10分钟），一般近（11~15分钟），较远（16~20分钟），一般远（21~25分钟），远（26分钟以上），分类编码为0~6
	c3-7	步行到最近的社区医院时间	有序变量	无填写或不知道，很近（0~5分钟），较近（6~10分钟），一般近（11~15分钟），较远（16~20分钟），一般远（21~25分钟），远（26分钟以上），分类编码为0~6
	c3-8	步行到最近的公园绿地时间	有序变量	无填写或不知道，很近（0~5分钟），较近（6~10分钟），一般近（11~15分钟），较远（16~20分钟），一般远（21~25分钟），远（26分钟以上），分类编码为0~6
家庭能耗行为模块变量说明				
变量特征	变量编号	变量名称	变量类型	初始变量说明
家庭每月能耗费用	e1-1	家庭每月水费支出	距离变量	0为无填写或不知道
	e1-2-2	家庭每月电费支出（夏季）	距离变量	0为无填写或不知道
	e1-2-3	家庭每月电费支出（冬季）	距离变量	0为无填写或不知道
	e1-3	家庭每月煤气费支出	距离变量	0为无填写或不知道
	e1-4	家庭平均生活固定费总支出	距离变量	0为无填写或不知道

续表

家庭能耗行为模块变量说明				
变量特征	变量编号	变量名称	变量类型	初始变量说明
家用电器拥有特征	e2-1	家庭拥有电视机数量	距离变量	0为没有，-1为无填写或不知道
	e2-2	家庭拥有电冰箱数量	距离变量	0为没有，-1为无填写或不知道
	e2-3	家庭拥有洗衣机数量	距离变量	0为没有，-1为无填写或不知道
	e2-4	家庭拥有空调数量	距离变量	0为没有，-1为无填写或不知道
	e2-5	家庭拥有取暖器数量	距离变量	0为没有，-1为无填写或不知道
	e2-6	家庭拥有电风扇数量	距离变量	0为没有，-1为无填写或不知道
	e2-7	家庭拥有热水器数量	距离变量	0为没有，-1为无填写或不知道
	e2-8	家庭拥有电饭煲数量	距离变量	0为没有，-1为无填写或不知道
	e2-9	家庭拥有吸尘器数量	距离变量	0为没有，-1为无填写或不知道
	e2-10	家庭拥有电脑数量	距离变量	0为没有，-1为无填写或不知道
冬季采暖时间特征	e3-1	冬季取暖月份周期区段	有序变量	不需要电器取暖，1个月，2个月，3个月，4个月，5个月，6个月，分类编码为0~6
	e3-2	冬季每天采暖小时数区段	有序变量	不需要电器取暖，1~4小时，5~8小时，9~12小时，13~16小时，17~20小时，21~24小时，分类编码为0~6
夏季降温时间特征	e4-1	夏季降温月份周期区段	有序变量	不需要电器降温，1个月，2个月，3个月，4个月，5个月，6个月，7个月，分类编码为0~7
	e4-2	夏季每天降温小时数区段	有序变量	不需要电器降温，1~4小时，5~8小时，9~12小时，13~16小时，17~20小时，21~24小时，分类编码为0~6

续表

家庭能耗行为模块变量说明				
变量特征	变量编号	变量名称	变量类型	初始变量说明
冬季采暖方式特征	e5-1	冬季取暖方式为空调	二分变量	1为是，0为未选
	e5-2	冬季取暖方式为地暖	二分变量	1为是，0为未选
	e5-3	冬季取暖方式为电暖器	二分变量	1为是，0为未选
	e5-4	冬季取暖方式为电热毯	二分变量	1为是，0为未选
	e5-5	冬季不需要取暖	二分变量	1为是，0为未选
夏季降温方式特征	e6-1	夏季降温方式为空调	二分变量	1为是，0为未选
	e6-2	夏季降温方式为地冷	二分变量	1为是，0为未选
	e6-3	夏季降温方式为电风扇	二分变量	1为是，0为未选
	e6-4	夏季降温方式为自然通风	二分变量	1为是，0为未选
	e6-5	夏季不需要降温	二分变量	1为是，0为未选
室外温度感知条件	e7-1	采用电器降温的室外摄氏温度	距离变量	无填写或不知道为99
	e7-2	采用电器取暖的室外摄氏温度	距离变量	无填写或不知道为99
行为态度感知评价模块变量说明				
变量特征	变量编号	变量名称	变量类型	初始变量说明
住房居住满意度评价	b3-1	住房室内活动状况的满意度	有序变量	无填写或不知道，不满意，不太满意，一般，满意，很满意，分类编码为0~5
	b3-2	住房卧室空间状况的满意度	有序变量	无填写或不知道，不满意，不太满意，一般，满意，很满意，分类编码为0~5

续表

行为态度感知评价模块变量说明				
变量特征	变量编号	变量名称	变量类型	初始变量说明
住房居住满意度评价	b3-3	住房厨卫空间状况的满意度	有序变量	无填写或不知道，不满意，不太满意，一般，满意，很满意，分类编码为 0~5
	b3-4	住房结构设备状况的满意度	有序变量	无填写或不知道，不满意，不太满意，一般，满意，很满意，分类编码为 0~5
	b3-5	住房面积拥挤程度的满意度	有序变量	无填写或不知道，不满意，不太满意，一般，满意，很满意，分类编码为 0~5
出行环境满意度感知评价	d6-1	日常步行环境安全性的满意度	有序变量	无填写或不知道，不满意，不太满意，一般，满意，很满意，分类编码为 0~5
	d6-2	日常步行环境便捷性的满意度	有序变量	无填写或不知道，不满意，不太满意，一般，满意，很满意，分类编码为 0~5
	d6-3	日常步行环境舒适性的满意度	有序变量	无填写或不知道，不满意，不太满意，一般，满意，很满意，分类编码为 0~5
	d6-4	日常步行环境愉悦性的满意度	有序变量	无填写或不知道，不满意，不太满意，一般，满意，很满意，分类编码为 0~5
居民节能行为能力评价	e8-1	尽量减少冰箱的开门次数	有序变量	无填写或不知道，从没做到，偶尔做到，约半做到，大多做到，每次做到，分类编码为 0~5
	e8-2	积累足够衣服才使用洗衣机	有序变量	无填写或不知道，从没做到，偶尔做到，约半做到，大多做到，每次做到，分类编码为 0~5
	e8-3	开启取暖或降温电器时注意关闭门窗	有序变量	无填写或不知道，从没做到，偶尔做到，约半做到，大多做到，每次做到，分类编码为 0~5
	e8-4	做饭时注意减少燃气的能耗	有序变量	无填写或不知道，从没做到，偶尔做到，约半做到，大多做到，每次做到，分类编码为 0~5
	e8-5	生活中节水	有序变量	无填写或不知道，从没做到，偶尔做到，约半做到，大多做到，每次做到，分类编码为 0~5

附录 B　住区交通出行能耗碳排放估算数值表

住区人口用地规模				年交通出行目的人均分项碳排放（千克 / 人）						碳排放量（千克 / 人）		
小区ID	小区名称	小区用地面积（公顷）	人口规模（人）	通勤交通出行人均碳排放	休闲交通出行人均碳排放	商业购物出行人均碳排放	大型超市出行人均碳排放	美术馆、博物馆出行人均碳排放	体育活动场馆出行人均碳排放	小区交通出行人均总碳排放	小区交通出行能耗总碳排放	小区交通出行碳排放强度
1	梅园	2.473	1816	757.55	170.25	11182.48	1258.76	1213.76	3369.92	927.79	1684.87	681.18
2	曹杨华府	1.393	1046	859.47	175.28	15055.27	1376.27	319.63	776.78	1034.75	1082.35	775.20
3	杏园东	0.245	229	1264.51	339.25	26180.88	7140.48	271.25	332.76	1603.76	367.26	1498.74
4	西部秀苑	1.058	495	853.48	170.69	16069.76	556.80	442.80	0.00	1024.17	506.97	479.00
5	杏园西	3.076	3380	948.17	588.46	54267.98	1331.76	982.95	2563.28	1536.63	5193.79	1688.43
6	金杨园一西	1.936	1937	869.24	159.58	10982.93	4213.06	370.92	391.28	1028.82	1992.79	1029.56
7	芙蓉园	1.970	1921	2457.56	180.82	14813.52	735.50	2137.13	395.40	2638.37	5068.31	2573.23
8	金杨园一东	0.570	629	1392.11	294.46	20397.33	8302.50	722.62	23.20	1686.57	1060.85	1859.68
9	杏李园	0.367	222	1089.22	87.25	4928.04	2387.84	1147.83	261.61	1176.47	261.18	712.15
10	五星公寓	1.208	1071	1316.60	257.46	7867.78	11075.13	3000.36	3803.02	1574.06	1685.82	1395.61

续表

住区人口用地规模				年交通出行目的人均分项碳排放（千克/人）						碳排放量（千克/人）		
小区ID	小区名称	小区用地面积（公顷）	人口规模（人）	通勤交通出行人均碳排放	休闲交通出行人均碳排放	商业购物出行人均碳排放	大型超市出行人均碳排放	美术馆、博物馆出行人均碳排放	体育活动场馆出行人均碳排放	小区交通出行人均总碳排放	小区交通出行能耗总碳排放	小区交通出行碳排放强度
11	恒陇丽晶	0.515	190	1504.15	134.78	6563.70	3606.00	185.60	3122.67	1638.93	311.40	605.15
12	花溪园	1.204	797	1249.34	395.11	11717.03	1107.00	0.00	26687.31	1644.46	1310.63	1088.75
13	兰花园	1.481	1269	1598.20	761.18	70604.36	3921.67	207.60	1484.84	2359.39	2994.06	2021.81
14	兰花公寓	0.662	1242	1186.76	225.25	10392.04	1124.38	195.34	10812.95	1412.01	1753.72	2647.76
15	曹杨一村西	1.298	718	1253.50	62.75	5881.54	197.81	181.08	14.65	1316.25	645.07	727.98
16	曹杨一村东	2.894	2124	635.87	111.37	4411.55	1839.92	132.89	4752.71	747.24	1587.14	548.37
17	曹杨一村北	1.875	1152	989.60	74.93	5148.08	1201.67	129.26	1014.17	1064.54	1226.34	654.09
18	沙田新苑	2.007	1386	848.15	311.63	21107.09	8172.50	828.76	1054.51	1159.78	1607.46	801.12
19	沙溪园	1.825	2019	1765.83	166.17	10106.03	2703.35	175.02	3632.55	1932.00	3900.70	2137.50
20	桂杨园	5.517	4131	1067.38	126.80	7487.42	2792.20	58.89	2341.20	1194.18	4933.16	956.55
21	桂巷新村	1.073	1537	145.17	92.16	7001.73	2012.73	201.27	0.00	237.32	364.77	340.55
22	中关村公寓	3.657	1928	309.62	99.75	7994.09	1756.06	149.91	74.95	409.37	789.27	215.82

续表

住区人口用地规模				年交通出行目的人均分项碳排放（千克/人）						碳排放量（千克/人）		
小区ID	小区名称	小区用地面积（公顷）	人口规模（人）	通勤交通出行人均碳排放	休闲交通出行人均碳排放	商业购物出行人均碳排放	大型超市出行人均碳排放	美术馆、博物馆出行人均碳排放	体育活动场馆出行人均碳排放	小区交通出行人均总碳排放	小区交通出行能耗总碳排放	小区交通出行碳排放强度
23	中桥公寓	1.002	1156	554.17	56.45	4062.35	1424.72	83.52	74.24	610.62	705.88	704.17
24	桂花园	0.641	416	1107.00	26.88	1739.57	948.86	0.00	0.00	1133.88	471.70	736.30
25	北枫桥苑	0.553	638	241.56	96.05	4207.20	4587.09	492.21	18.67	337.61	215.40	389.74
26	星港景苑	1.549	906	867.72	101.21	6938.08	1892.85	534.09	755.66	968.93	877.85	566.79
27	枫桥苑	1.052	748	1011.00	179.19	16627.59	184.87	369.00	768.00	1190.19	890.26	846.56
28	枫岭园	1.395	1548	1258.66	70.92	5878.78	363.21	0.00	849.85	1329.58	2058.19	1475.74
29	杏梅园	2.398	1935	841.53	293.29	20360.42	1277.60	144.48	7546.98	1134.82	2195.88	915.62
30	桐柏园	0.900	857	1208.26	1481.35	143933.64	756.62	1710.11	1734.16	2689.61	2304.99	2560.37
31	桐柏公寓	1.162	580	874.17	157.26	10244.93	5319.47	0.00	161.78	1131.43	656.23	564.86
32	枣阳园	1.602	1553	750.63	71.21	4706.32	2294.89	0.00	119.76	821.84	1276.31	796.88
33	香山苑	1.245	1249	916.30	20.66	2042.58	23.20	0.00	0.00	836.95	1045.36	839.31
34	杏杨园	2.652	2321	1021.62	156.21	13614.76	1516.20	239.96	250.56	1177.83	2733.75	1030.81

续表

住区人口用地规模				年交通出行目的人均分项碳排放（千克/人）						碳排放量（千克/人）		
小区ID	小区名称	小区用地面积（公顷）	人口规模（人）	通勤交通出行人均碳排放	休闲交通出行人均碳排放	商业购物出行人均碳排放	大型超市出行人均碳排放	美术馆、博物馆出行人均碳排放	体育活动场馆出行人均碳排放	小区交通出行人均总碳排放	小区交通出行能耗总碳排放	小区交通出行碳排放强度
35	南溪园	3.920	3800	1020.97	73.46	6351.21	606.79	37.47	350.78	1094.44	4158.86	1060.82
36	梅花园	2.598	2297	382.30	70.83	2837.09	1746.61	1102.58	1396.99	453.14	1040.85	400.70
37	常高公寓	1.946	1088	1443.05	14.78	1199.80	46.40	46.40	185.60	1457.84	1586.13	815.03
38	梅岭园	1.625	1430	392.04	98.80	9253.92	390.45	173.21	62.86	490.85	701.91	432.08
39	南杨园	5.147	5006	915.72	169.07	12042.99	3774.23	238.65	850.74	1084.79	5430.44	1055.10
40	南岭园	2.996	2890	807.11	101.74	6222.85	1425.42	1139.78	1385.83	908.85	2626.57	876.57
41	北梅园—北	1.300	1199	940.86	285.37	25559.55	2466.98	245.81	264.94	1226.23	1470.25	1131.31
42	北梅园—南	1.682	1877	495.02	70.86	5546.00	547.99	112.10	879.49	565.87	1062.14	631.42
43	梅岭苑	1.562	2492	2018.11	337.92	20720.43	10300.61	2501.97	269.12	2356.06	5871.23	3757.81
44	北杨园	5.293	4352	1553.10	296.15	23809.22	4336.43	117.71	1351.25	1849.25	8047.93	1520.40
45	北岭园—南	0.967	1185	1416.19	329.33	29223.75	69.60	0.00	3640.00	1745.52	2068.44	2139.55
46	北岭园—西	1.196	863	1450.39	402.68	33323.63	4415.05	319.64	2209.98	1853.07	1599.20	1337.02

续表

住区人口用地规模				年交通出行目的人均分项碳排放（千克/人）						碳排放量（千克/人）		
小区ID	小区名称	小区用地面积（公顷）	人口规模（人）	通勤交通出行人均碳排放	休闲交通出行人均碳排放	商业购物出行人均碳排放	大型超市出行人均碳排放	美术馆、博物馆出行人均碳排放	体育活动场馆出行人均碳排放	小区交通出行人均总碳排放	小区交通出行能耗总碳排放	小区交通出行碳排放强度
47	君悦苑	1.830	1200	397.92	12.06	1113.60	46.40	0.00	46.40	409.98	491.98	268.88
48	联农大厦	0.304	383	943.04	153.79	13917.50	34.80	34.80	1392.00	1096.83	420.08	1383.54
49	东元大楼	0.418	482	653.25	4.18	278.40	34.80	34.80	69.60	657.42	316.88	757.55
50	兰溪园	2.671	3497	484.26	85.86	7060.46	354.96	99.74	1070.48	570.12	1993.70	746.34
51	兰岭园一东	2.747	2343	1338.71	76.03	6394.88	567.05	350.04	291.05	1414.74	3314.74	1206.57
52	兰岭园一北	2.000	1830	2245.10	144.30	10528.44	267.26	1295.79	2338.57	2389.40	4372.61	2185.94
53	兰岭园一西	2.098	2240	464.27	101.09	7648.42	487.20	609.51	1364.16	565.36	1266.41	603.61
54	兰岭园一东	2.995	2879	719.92	67.50	6142.67	398.71	79.73	129.26	787.42	2267.00	757.04

附录C　住区家庭直接能耗碳排放估算数值表

住区人口用地规模				年家庭能耗结构分项人均碳排放（kg/人）				碳排放总量与碳排放强度		
小区ID	小区名称	小区用地面积（公顷）	人口规模（人）	年水费碳排放	年夏季电费碳排放	年冬季电费碳排放	年冬煤气费碳排放	小区家庭能耗年均碳排放总量（kg/人）	小区家庭能耗碳排放总量（t）	小区碳排放强度（kg/人）
1	梅园	2.473	1816	33.68	565.32	382.18	714.76	1695.93	3079.82	1245.15
2	曹杨华府	1.393	1046	30.03	414.15	240.72	451.91	1136.81	1189.10	851.66
3	杏园东	0.245	229	32.12	522.99	311.64	712.80	1579.55	361.72	1476.12
4	西部秀苑	1.058	495	26.27	466.70	303.97	518.40	1315.33	651.09	615.18
5	杏园西	3.076	3380	34.88	496.17	304.58	579.87	1415.50	4784.39	1555.34
6	金杨园一西	1.936	1937	30.87	538.71	387.98	697.82	1655.38	3206.48	1656.56
7	芙蓉园	1.970	1921	42.72	557.05	297.91	679.74	1577.43	3030.24	1538.48
8	金杨园一东	0.570	629	27.95	642.73	376.63	641.83	1689.14	1062.47	1862.51
9	杏李园	0.367	222	35.92	528.10	464.39	659.57	1687.98	374.73	1021.78
10	五星公寓	1.208	1071	46.82	544.99	474.68	587.83	1654.31	1771.77	1466.77
11	恒陇丽晶	0.515	190	36.83	606.85	541.11	815.72	2000.50	380.10	738.65

续表

住区人口用地规模				年家庭能耗结构分项人均碳排放（kg/人）				碳排放总量与碳排放强度		
小区ID	小区名称	小区用地面积（公顷）	人口规模（人）	年水费碳排放	年夏季电费碳排放	年冬季电费碳排放	年冬煤气费碳排放	小区家庭能耗年均碳排放总量（kg/人）	小区家庭能耗碳排放总量（t）	小区碳排放强度（kg/人）
12	花溪园	1.204	797	29.47	741.49	688.84	745.20	2205.00	1757.38	1459.87
13	兰花园	1.481	1269	35.81	631.40	428.21	687.50	1782.92	2262.53	1527.82
14	兰花公寓	0.662	1242	28.84	501.29	398.28	734.70	1663.11	2065.59	3118.62
15	曹杨一村西	1.298	718	25.80	545.24	391.97	589.28	1552.29	1114.54	858.52
16	曹杨一村东	2.894	2124	39.95	897.69	487.83	925.28	2350.75	4993.00	1725.13
17	曹杨一村北	1.875	1152	32.76	487.83	379.87	632.93	1533.39	1766.46	942.18
18	沙田新苑	2.007	1386	30.84	914.82	602.93	757.40	2305.99	3196.11	1592.87
19	沙溪园	1.825	2019	37.73	532.89	548.37	751.31	1870.30	3776.14	2069.24
20	桂杨园	5.517	4131	27.33	419.16	300.30	514.67	1261.47	5211.12	1010.44
21	桂巷新村	1.073	1537	30.61	385.60	308.48	556.52	1281.21	1969.23	1835.79
22	中关村公寓	3.657	1928	34.09	404.84	276.93	583.59	1299.45	2505.35	685.08
23	中桥公寓	1.002	1156	25.54	529.67	385.67	467.28	1408.17	1627.84	1623.90
24	桂花园	0.641	416	32.61	424.12	399.47	717.12	1573.32	654.50	1021.66

续表

住区人口用地规模				年家庭能耗结构分项人均碳排放（kg/人）				碳排放总量与碳排放强度		
小区ID	小区名称	小区用地面积（公顷）	人口规模（人）	年水费碳排放	年夏季电费碳排放	年冬季电费碳排放	年冬煤气费碳排放	小区家庭能耗年均碳排放总量（kg/人）	小区家庭能耗碳排放总量（t）	小区碳排放强度（kg/人）
25	北枫桥苑	0.553	638	25.74	458.51	333.96	592.17	1410.38	899.82	1628.16
26	星港景苑	1.549	906	36.17	508.48	409.72	702.37	1656.74	1501.01	969.13
27	枫桥苑	1.052	748	25.33	330.31	218.09	641.18	1214.91	908.75	864.14
28	枫岭园	1.395	1548	29.59	532.55	425.25	767.42	1754.81	2716.44	1947.71
29	杏梅园	2.398	1935	36.16	486.49	349.85	667.52	1540.02	2979.93	1242.55
30	桐柏园	0.900	857	26.90	480.00	390.45	451.44	1348.79	1155.91	1283.98
31	桐柏公寓	1.162	580	32.24	450.41	263.52	687.44	1433.61	831.49	715.73
32	枣阳园	1.602	1553	29.99	480.38	297.56	680.80	1488.73	2311.99	1443.52
33	香山苑	1.245	1249	26.70	359.13	293.13	505.86	1184.73	1479.84	1188.15
34	杏杨园	2.652	2321	29.81	516.27	374.88	716.21	1637.17	3799.87	1432.82
35	南溪园	3.920	3800	32.82	442.34	308.45	546.25	1329.86	5053.46	1289.00
36	梅花园	2.598	2297	32.62	484.83	323.49	973.51	1814.45	4167.79	1604.50
37	常高公寓	1.946	1088	21.93	282.80	237.55	968.59	1510.87	1643.82	844.67

续表

住区人口用地规模				年家庭能耗结构分项人均碳排放（kg/人）				碳排放总量与碳排放强度		
小区ID	小区名称	小区用地面积（公顷）	人口规模（人）	年水费碳排放	年夏季电费碳排放	年冬季电费碳排放	年冬煤气费碳排放	小区家庭能耗年均碳排放总量（kg/人）	小区家庭能耗碳排放总量（t）	小区碳排放强度（kg/人）
38	梅岭园	1.625	1430	27.16	444.48	274.56	490.83	1237.03	1768.95	1088.91
39	南杨园	5.147	5006	26.63	543.06	359.58	559.87	1489.16	7454.71	1448.41
40	南岭园	2.996	2890	38.67	686.27	349.67	721.00	1795.61	5189.31	1731.84
41	北梅园—北	1.300	1199	30.15	480.00	351.33	548.64	1410.12	1690.74	1300.97
42	北梅园—南	1.682	1877	31.67	499.67	352.71	576.54	1460.60	2741.55	1629.78
43	梅岭苑	1.562	2492	30.13	391.64	285.61	476.93	1184.31	2951.31	1888.94
44	北杨园	5.293	4352	35.35	612.09	469.80	585.30	1702.54	7409.45	1399.78
45	北岭园—南	0.967	1185	31.30	550.21	524.42	622.08	1827.01	2047.69	2118.09
46	北岭园—西	1.196	863	37.06	812.17	487.50	564.14	1900.87	1640.45	1371.50
47	君悦苑	1.830	1200	18.74	466.67	280.53	286.48	1074.43	1289.32	704.66
48	联农大厦	0.304	383	43.04	627.58	361.08	712.80	1744.50	668.14	2200.51
49	东元大楼	0.418	482	26.68	558.81	390.77	577.31	1553.57	748.82	1790.19
50	兰溪园	2.671	3497	20.00	437.03	304.96	410.23	1172.21	4099.22	1534.54

续表

住区人口用地规模				年家庭能耗结构分项人均碳排放（kg/人）				碳排放总量与碳排放强度		
小区ID	小区名称	小区用地面积（公顷）	人口规模（人）	年水费碳排放	年夏季电费碳排放	年冬季电费碳排放	年冬煤气费碳排放	小区家庭能耗年均碳排放总量（kg/人）	小区家庭能耗碳排放总量（t）	小区碳排放强度（kg/人）
51	兰岭园一东	2.747	2343	16.96	264.34	182.70	343.49	807.50	1891.97	688.68
52	兰岭园一北	2.000	1830	17.41	276.32	203.01	341.04	837.78	1533.15	766.45
53	兰岭园一西	2.098	2240	15.10	132.81	110.00	271.45	529.36	1185.76	565.17
54	兰岭园一东	2.995	2879	25.77	382.47	231.10	443.50	1082.84	3117.50	1041.05